全国高等职业教育规划教材

# S7-200 PLC 基础教程
## 第 3 版

廖常初　主编

机械工业出版社

本书全面介绍了 PLC 的工作原理、S7-200 的硬件结构、指令系统、编程软件和仿真软件的使用方法；通过大量的例程，介绍了功能指令的使用方法；介绍了数字量控制系统梯形图的一整套先进完整的设计方法，这些方法易学易用，可以节约大量的设计时间。本书还介绍了计算机通信的国际标准、工业控制网络和 S7-200 的通信功能、PID 控制和 PID 参数的整定方法、提高 PLC 控制系统可靠性的措施、PLC 控制变频器、触摸屏的组态和应用以及常用的编程向导的使用方法。各章配有习题，附录中有 30 多个实验指导书。本书的 40 多个例程可以在网上下载。

本书可以作为高职高专院校电类和机电一体化专业的教材，也可供工程技术人员自学。

本书配套授课电子课件，需要的教师可登录 www.cmpedu.com 免费注册、审核通过后下载，或联系编辑索取（QQ：1239258369，电话：010-88379739）。

## 图书在版编目（CIP）数据

S7-200 PLC 基础教程 / 廖常初主编. —3 版. —北京：机械工业出版社，2014.4
全国高等职业教育规划教材
ISBN 978-7-111-46195-1

Ⅰ. ①S…  Ⅱ. ①廖…  Ⅲ. ①可编程序控制器－高等职业教育－教材  Ⅳ. ①TP332.3

中国版本图书馆 CIP 数据核字（2014）第 053685 号

机械工业出版社（北京市百万庄大街 22 号　邮政编码 100037）
责任编辑：王　颖
责任印制：李　洋
北京宝昌彩色印刷有限公司印刷
2014 年 6 月第 3 版·第 1 次印刷
184mm×260mm·15 印张·368 千字
0001—3000 册
标准书号：ISBN 978-7-111-46195-1
定价：32.00 元

凡购本书，如有缺页、倒页、脱页，由本社发行部调换

| 电话服务 | 网络服务 |
| --- | --- |
| 社服务中心：（010）88361066 | 教材网：http://www.cmpedu.com |
| 销售一部：（010）68326294 | 机工官网：http://www.cmpbook.com |
| 销售二部：（010）88379649 | 机工官博：http://weibo.com/cmp1952 |
| 读者购书热线：（010）88379203 | **封面无防伪标均为盗版** |

# 前　言

本书介绍了国内广泛使用的西门子 S7-200 PLC，第 3 版根据最新的编程软件和最新的技术资料，作了全面的修订。

第 1 章介绍了 PLC 的硬件及其工作原理。第 2 章通过实例详细介绍了编程软件和仿真软件的使用方法。第 3 章介绍了 PLC 编程的基础知识、位逻辑指令、定时器与计数器指令的应用。第 4、5 章通过大量的编程实例，深入浅出地介绍了设计数字量控制系统梯形图的一整套先进完整的方法。这些方法易学易用，可以节约大量的设计时间。第 6 章增加了大量的例程，全面介绍了功能指令的使用方法。第 7 章介绍了计算机通信的国际标准、工业控制网络和 S7-200 的通信功能。第 8 章介绍了提高控制系统可靠性的措施、PID 闭环控制、PID 参数的物理意义和整定方法，介绍了由编者编写的模拟被控对象的子程序和例程做 PID 闭环实验、手动调节 PID 参数和 PID 参数自整定的方法，还介绍了 PLC 对 V20 变频器的控制和 SMART 700 IE 触摸屏的组态与应用。

S7-200 的编程软件为 PLC 的高级应用提供了大量的编程向导，只需要输入一些参数，就可以自动生成用户程序。本书详细介绍了常用的编程向导的使用方法。

本书各章配有习题，附录中有 30 多个实训的实验指导书。每个实训都给出了详细的实验步骤，实训内容贴近工程实践，有验证性的内容，也有需要学生编程的内容。本书的 40 多个例程可在金书网的下载中心搜索书名后下载。本书有配套的授课电子课件，需要的教师可登录 www.cmpedu.com 免费注册、审核通过后下载。

本书的姊妹篇《PLC 编程及应用》荣获中国书刊发行业协会"年度全行业优秀畅销品种"称号，是西门子公司重点推荐图书。该书第 4 版的内容比本书更为丰富，配套的光盘中有 S7-200 的中文编程软件和中英文系统手册、产品目录、30 多个免费视频教程和 60 多个例程，适合工程技术人员和本科教学使用。

本书可作为高职高专院校电类和机电一体化专业的教材，也可供工程技术人员自学。

本书由廖常初主编，范占华、关朝旺、余秋霞、陈曾汉、陈晓东、李远树、万莉、左源洁、郑群英、文家学、孙剑、唐世友、孙明渝、廖亮、王云杰参加了编写工作。

因编者水平有限，书中难免有错漏之处，恳请读者批评指正。

作者 E-mail 地址：liaosun@cqu.edu.cn。欢迎读者访问作者在中华工控网的博客。

重庆大学电气工程学院　廖常初

# 目　　录

# 第 1 章　PLC 的硬件及其工作原理

## 1.1　概述

可编程序控制器（Programmable Logic Controller，PLC）是基于微处理器的通用工业控制装置。它能执行各种形式和各种级别的复杂控制任务，应用面广，功能强大，使用方便，是当代工业自动化的主要支柱之一。PLC 对用户友好，不熟悉计算机但是熟悉继电器系统的人很快就能学会用 PLC 编程和操作。PLC 已经广泛地应用在各种机械设备和生产过程的自动控制系统中，在其他领域的应用也得到了迅速的发展。

本书以西门子公司的 S7-200 系列小型 PLC 为主要讲授对象。S7-200 具有极高的可靠性、强大的通信功能和品种丰富的扩展模块，可以用梯形图、语句表和功能块图这 3 种语言来编程。它的指令丰富，指令功能强，易于掌握，操作方便，集成有高速计数器、高速输出、PID 控制器和 RS-485 通信/编程接口，由于它有极强的通信功能，在网络控制系统中也能充分发挥其作用。S7-200 以其极高的性能价格比，在国内占有很大的市场份额。

### 1.1.1　PLC 的基本结构

PLC 主要由 CPU 模块、输入模块、输出模块、编程计算机和编程软件组成，其控制系统示意图如图 1-1 所示。PLC 的特殊功能模块用来完成某些特殊的任务。

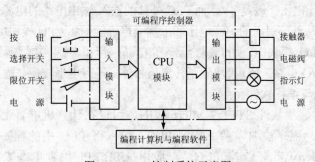

图 1-1　PLC 控制系统示意图

#### 1. CPU 模块

CPU 模块主要由微处理器（CPU 芯片）和存储器组成。在 PLC 控制系统中，CPU 模块相当于人的大脑和心脏，它不断地采集输入信号，执行用户程序，刷新系统的输出。存储器用来储存程序和数据。S7-200 将 CPU 模块简称为 CPU。

PLC 的程序分为操作系统和用户程序。操作系统使 PLC 具有基本的智能，能够完成 PLC 设计者规定的各种工作。操作系统由 PLC 生产厂家设计并固化在只读存储器（ROM）中，用户不能读取。用户程序由用户设计，它使 PLC 能完成用户要求的特定功能。用户程序存储器的容量以字节（Byte，简称为 B）为单位。

PLC 使用以下几种物理存储器。

（1）随机存取存储器（RAM）

用户程序和编程软件 STEP 7-Micro/WIN 可以读出 RAM 中的内容，也可以将数据写入 RAM，因此 RAM 又叫做读/写存储器。它是易失性的存储器，在断开 RAM 芯片的电源后，储存的信息将会丢失。

RAM 的工作速度高、价格便宜、改写方便。在关断 PLC 的外部电源后，可以用锂电池保存 RAM 中的用户程序和某些数据。

（2）只读存储器（ROM）

ROM 的内容只能读出，不能写入。它是非易失性的，在电源消失后，仍能保存储存的内容。ROM 用来存放 PLC 的操作系统。

（3）电擦除可编程序只读存储器（E²PROM）

它是非易失性的，PLC 运行时可以改写它。它兼有 ROM 的非易失性和 RAM 的随机存取优点，但是写入数据所需的时间比 RAM 长得多，改写的次数有一定的限制。S7-200 用 E²PROM 来存储用户程序和需要长期保存的重要数据。

**2．I/O 模块**

输入（Input）模块和输出（Output）模块简称为 I/O 模块，它们是系统的眼、耳、手和脚，是联系外部现场设备和 CPU 模块的桥梁。

输入模块用来接收和采集输入信号。开关量输入模块用来接收从按钮、选择开关、数字拨码开关、限位开关、接近开关、光电开关和压力继电器等提供的开关量输入信号；模拟量输入模块用来接收各种变送器提供的连续变化的模拟量电流和电压信号。开关量输出模块用来控制接触器、电磁阀、电磁铁、指示灯、数字显示装置和报警装置等输出设备，模拟量输出模块用来控制调节阀、变频器等执行装置。

CPU 模块的工作电压一般是 5V，而 PLC 外部的输入/输出电路的电源电压较高，例如 DC 24V 和 AC 220V。从外部引入的尖峰电压和干扰噪声可能损坏 CPU 模块中的元器件或使 PLC 不能正常工作。在 I/O 模块中，用光耦合器、光电晶闸管和小型继电器等器件来隔离 PLC 的内部电路和外部的 I/O 电路。I/O 模块除了传递信号外，还有电平转换与隔离的作用。

**3．编程计算机与编程软件**

使用 S7-200 的编程软件 STEP 7-Micro/WIN，可以在计算机屏幕上直接生成和编辑梯形图或语句表程序，程序被编译后下载到 PLC。可以将 PLC 中的程序上载到计算机，还可以用 STEP 7-Micro/WIN 监控 PLC。一般用 USB/PPI 编程电缆来实现编程计算机与 PLC 的通信。

**4．电源**

PLC 使用 AC 220V 电源或 DC 24V 电源。内部的开关电源为各模块提供不同电压等级的直流电源。小型 PLC 可以为输入电路和外部的电子传感器（例如接近开关）提供 DC 24V 电源，驱动 PLC 负载的直流电源一般由用户提供。

**5．获取 S7-200 的资料、软件和本书配套例程的途径**

可以在西门子工业业务领域的下载网站 http://www.ad.siemens.com.cn/download/下载西门子工控产品的中英文资料和软件，也可以在网站 http://www.gongyeku.com 下载 S7-200 的编程软件 STEP7 MicroWIN_V4 SP9 完整版。

　　由编者主编的 S7-200 本科教材《PLC 编程及应用　第 4 版》适合本科教学和工程技术人员使用，它的内容比本书更为丰富，其随书光盘提供了 STEP7 MicroWIN_V4.0 SP9 完整版、OPC 服务器软件 PC Access、指令库和编者编写的 PLC 串口通信调试软件、S7-200 和相关产品的用户手册及产品样本，还提供了 30 多个免费视频教程和 60 多个例程。用户手册等资料一般为 PDF 格式的文件，需要用 Adobe 阅读器阅读，该阅读器可以在互联网下载。

　　本书的 40 多个例程可在金书网的下载中心搜索书名后下载。

## 1.1.2　S7-200 的特点

　　西门子公司具有品种非常丰富的 PLC 产品，S7-200、S7-1200 和 S7-200 SMART 是小型 PLC，S7-300/S7-400 和 S7-1500 是模块式大、中型 PLC。WinAC 是在个人计算机（PC）上实现 PLC 功能的"软 PLC"。S7-200 PLC 具有下列特点。

　　**1．功能强**

　　1）S7-200 有 6 种 CPU 模块，最多可以扩展 7 个扩展模块，扩展到 256 点数字量 I/O 或 45 路模拟量 I/O，最多有 24KB 用户程序存储空间和 10KB 用户数据存储空间。

　　2）集成了 6 个有 13 种工作模式的高速计数器以及两点高速脉冲发生器/脉冲宽度调制器。CPU 224XP 高速计数器的最高计数频率为 200kHz，高速输出的最高频率为 100kHz。

　　3）直接读/写模拟量 I/O 模块，不需要复杂的编程。CPU 224XP 集成有两路模拟量输入，一路模拟量输出。

　　4）使用 PID 调节控制面板，可以实现 PID 参数自整定。

　　5）S7-200 的 CPU 模块集成了很强的位置控制功能，此外，还有位置控制模块 EM 253。使用位置控制向导可以方便地实现位置控制的编程。

　　6）有配方和数据记录功能，以及相应的编程向导，配方数据和数据记录用存储卡保存。

　　7）普通型 S7-200 的温度适用范围为 0～55℃，宽温型 S7-200 SIPLUS 的温度适用范围为 −25～+70℃。

　　**2．先进的程序结构**

　　S7-200 的程序结构简单清晰，由主程序、子程序和中断程序组成。使用各程序块中的局部变量，易于将程序块移植到其他项目中。子程序用输入/输出参数作软件接口，便于实现结构化编程。S7-200 的指令功能强，易于掌握。

　　**3．灵活方便的存储器结构**

　　S7-200 的输入（I）、输出（Q）、位存储器（M）、顺序控制继电器（S）、变量存储器（V）和局部变量（L）均可以按位（bit）、字节、字和双字进行读/写。

　　**4．功能强大、使用方便的编程软件**

　　编程软件 STEP 7-Micro/WIN 可以使用包括中文在内的多种语言，具有梯形图、语句表和功能块图编程语言以及 SIMATIC、IEC 61131-3 两种编程模式。

　　STEP 7-Micro/WIN 的监控功能形象直观、使用方便。可以用 3 种编程语言监控程序的执行情况。用状态表监视、修改和强制变量，用趋势图监视变量的波形。用系统块设置参数方便直观。STEP 7-Micro/WIN 具有强大的中文在线帮助、右键快捷菜单、指令和子程序的拖放功能，使编程软件的使用非常方便。

S7-200 有 4 种加密级别。此外，还可以对单独的程序块和项目文件进行加密。

STEP 7-Micro/WIN 提供包含时间标记和事件标志的事件记录，以"后进先出"的原则存储在缓冲区中。

**5. 简化复杂编程任务的向导功能**

PID 控制、网络通信、高速输入、高速输出、位置控制、数据记录、配方和文本显示器等编程和应用是 PLC 程序设计中的难点，用普通的方法对它们编程既烦琐又容易出错。STEP 7-Micro/WIN 为此提供了大量的编程向导，只需要在向导的对话框中输入一些参数，就可以自动生成包括中断程序在内的用户程序。

**6. 强大的通信功能**

S7-200 的 CPU 模块有一个或两个标准的 RS-485 端口，可用于编程或通信，不需增加硬件就可以与其他 S7-200、S7-300/400 PLC、变频器和计算机进行通信。S7-200 可以使用 S7、PPI、MPI、Modbus RTU 从站、Modbus RTU 主站和 USS 等通信协议以及自由端口通信模式。

通过不同的通信模块，可以将 S7-200 连接到以太网、互联网和现场总线 PROFIBUS-DP、AS-i。通过 Modem 模块 EM 241，可以用模拟电话线实现与远程设备的通信。STEP 7-Micro/WIN 提供多种与通信有关的向导。

PC AccessV1.0 是专门为 S7-200 设计的 OPC 服务器软件，支持所有的 S7-200 数据形式和所有的 S7-200 协议，支持多 PLC 连接及标准的 OPC 客户机，并具有内置的客户机测试功能。

**7. 品种丰富的配套人机界面**

S7-200 有品种丰富的配套人机界面，KP 300 Basic mono PN 用于替换文本显示器 TD 400C 和面板 OP 73micro。S7-200 可以使用 Smart 700 IE、Smart 1000 IE、K-TP 178micro 和 TP 177micro 等触摸屏。

**8. 有竞争力的价格**

为了更好地贴近并服务于中国用户，S7-200CN 系列在国内生产，其售价比国外生产的产品显著降低。S7-200CN 只限于在中国销售和使用，与 STEP 7-Micro/WIN 4.0 SP3 及以上版本配合使用，语言应设置为"中文"。

**9. 完善的网上技术支持**

在西门子公司的网站可以下载 S7-200 的软件和手册，可以在技术论坛与网友切磋技艺、交流经验，在网上向西门子的工程师提交问题或咨询硬件方案。在"找答案"网页可以提出问题，或回答别人的问题。

# 1.2 PLC 的硬件

## 1.2.1 CPU 模块

CPU 的用户存储器使用 $E^2PROM$，布尔量运算指令执行时间为 0.22μs/指令，存储器位（M）、顺序控制继电器各有 256 点，计数器和定时器各有 256 个；有两点定时中断，最大时间间隔为 255ms；有 4 点外部硬件输入中断和 PID 参数自整定功能。

S7-200 CPU 模块的技术指标见表 1-1。CPU 221 无扩展功能，适于作为小点数的微型控制器。CPU 222 有扩展功能，CPU 224 是具有较强控制功能的控制器，其外形如图 1-2 所示。

表 1-1　S7-200 CPU 模块的技术指标

| 特　　性 | CPU 221 | CPU 222 | CPU 224 | CPU 224XP/ CPU 224XPsi | CPU 226 |
|---|---|---|---|---|---|
| 本机数字量 I/O<br>本机模拟量 I/O | 6DI/4DO<br>— | 8DI/6DO<br>— | 14DI/10DO<br>— | 14DI/10DO<br>2AI/1AO | 24DI/16DO |
| 扩展模块数量 | — | 2 | 7 | 7 | 7 |
| 最大数字量点数 | 6DI/4DO | 48DI / 46DO | 114DI/110DO | 114DI/110DO | 128DI/128DO |
| AI/AO/最大模拟量点数 | — | 16/8/16 | 32/28/44 | 32/29/45，集成 2AI/1AO | 32/28/44 |
| 掉电保持时间（电容）/h | 50 | 50 | 100 | 100 | 100 |
| 用户程序存储器/KB | 4 | 4 | 12 | 16 | 24 |
| 用户数据存储器/KB | 2 | 2 | 8 | 10 | 10 |
| 单相高速计数器<br>A/B 相高速计数器 | 4 路 30kHz<br>其中 2 路 20kHz | | 6 路 30kHz<br>其中 4 路 20kHz | 4 路 30kHz，2 路 200kHz<br>其中 3 路 20kHz，1 路 100kHz | 6 路 30kHz<br>其中 4 路 20kHz |
| 高速脉冲输出 | 2 路 20kHz | | 2 路 20kHz | 2 路 100kHz | 2 路 20kHz |
| 模拟量调节电位器 | 一个，8 位分辨率 | | 两个，8 位分辨率 | | |
| RS-485 通信口/个 | 1 | 1 | 1 | 2 | 2 |
| 实时时钟 | 有（时钟卡） | 有（时钟卡） | 有 | 有 | 有 |
| 可选卡件 | 存储卡、电池卡和实时时钟卡 | | 存储卡和电池卡 | | |
| 脉冲捕捉输入/个 | 6 | 8 | 14 | | 24 |
| 外形尺寸/mm | 90×80×62 | 90×80×62 | 120.5×80×62 | 140×80×62 | 196×80×62 |
| DC 24V 传感器电流/mA | 180 | 180 | 280 | 280 | 400 |

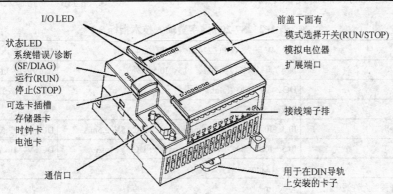

图 1-2　CPU 224 模块的外形图

CPU 224XP 集成有 2 路模拟量输入（10 位±DC 10V）、一路模拟量输出（10 位，DC 0～10V 或 0～20mA）和两个 RS-485 通信端口，高速脉冲输出频率提高到 100kHz，高速计数器频率提高到 200kHz。

CPU 226 适用于复杂的中小型控制系统，可扩展到 256 点数字量和 44 路模拟量，有两个 RS-485 通信端口。

S7-200 采用主程序、最多 8 级子程序和中断程序的程序结构。监控定时器（看门狗）的

5

定时时间为 500ms，最多可以使用 8 个 PID 控制器。

数字量输入中有 4 点用做硬件中断，6 点用于高速计数功能。DC 输出型 CPU 的两个高速输出点可以输出频率和宽度可调的脉冲列。

RS-485 串行通信端口的外部信号与逻辑电路之间没有隔离，支持 PPI、自由通信口协议和点对点 PPI 主站模式，可以做 MPI 从站。通信端口可以用于与运行 STEP 7-Micro/WIN 的计算机通信、与文本显示器和操作员面板的通信以及 S7-200 CPU 之间的通信；通过自由端口模式、Modbus 和 USS 协议，可以与其他设备进行串行通信。通过 AS-i 通信接口模块，可以接入 496 个远程数字量输入/输出点。

可选的存储卡可以永久保存用户程序、数据记录、配方和文档记录，或用来传输程序。可选的电池卡保存数据的时间典型值为 200 天。

宽温型 PLC S7-200 SIPLUS 的温度适用范围为 −25～+70℃，可用于腐蚀性凝露环境。

## 1.2.2 数字量输入/输出电路

各数字量 I/O 点的通/断状态用发光二极管（LED）显示，PLC 与外部接线的连接采用接线端子。大多数 CPU 和扩展模块有可拆卸的端子排，不需断开端子排上的外部连线，就可以迅速地更换模块。

**1. 数字量输入电路**

图 1-3 是 S7-200 的直流输入点的内部电路和外部接线图，图中只画出了一路输入电路，输入电流为数毫安（见表 1-2）。1M 是同一组输入点各内部输入电路的公共点。S7-200 可以用 CPU 模块内部的 DC 24V 电源作输入回路的电源（见图 1-13），它还可以为接近开关、光电开关之类的传感器提供电源。

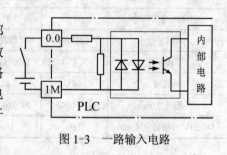

图 1-3 一路输入电路

表 1-2 S7-200 数字量输入技术指标

| 项　　目 | DC 24V 输入（CPU 224XP 和 CPU 224XPsi） | DC 24V 输入（其他 CPU） |
|---|---|---|
| 输入类型 | 漏型/源型（IEC 类型 1, I0.3～I0.5 除外） | 漏型/源型（IEC 类型 1） |
| 输入电压额定值 | DC 24V，典型值 4mA | |
| 输入电压浪涌值 | 35V/ 0.5s | |
| 逻辑 1 信号（最小） | I0.3～I0.5 为 DC 4V, 8mA；其余为 DC 15V, 2.5mA | DC 15V, 2.5mA |
| 逻辑 0 信号（最大） | I0.3～I0.5 为 DC 1V, 1mA；其余为 DC 5V, 1mA | DC 5V, 1mA |
| 输入延迟 | 0.2～12.8ms 可选 | |
| 连接 2 线式接近开关的允许漏电流 | 最大 1mA | |
| 光电隔离 | AC 500V, 1min | |
| 高速计数器输入逻辑 1 电平 | DC 15～30V：单相 20kHz，两相 10kHz；DC 15～26V：单相 30kHz，两相 20kHz | |
| CPU 224XP 的 HSC4 和 HSC5 的输入 | 逻辑 1 电平>DC 4V 时，单相为 200kHz，两相为 100kHz | |
| 电缆长度 | 非屏蔽电缆为 300m，屏蔽电缆为 500m，高速计数器为 50m | |

图 1-3 中的外接触点接通时，光耦合器中两个反并联的发光二极管中的一个亮，光敏晶体管饱和导通；外接触点断开时，光耦合器中的发光二极管熄灭，光敏晶体管截止，信号经

内部电路传送给 CPU 模块。显然，可以改变图 1-3 中输入回路的电源极性。

S7-200 的数字量输入滤波器用来过滤输入接线上可能对输入状态造成不良影响的噪声。可以用 STEP 7-Micro/WIN 的系统块来设置输入滤波器的延迟时间。

S7-200 有 AC 120V/230V 数字量输入模块。交流输入方式适合于在有油雾、粉尘的恶劣环境下使用。直流输入模块可以直接与接近开关、光电开关等电子输入装置连接。

**2．数字量输出电路**

S7-200 的 CPU 模块的数字量输出电路的功率元件有驱动直流负载的场效应晶体管和小型继电器，后者既可以驱动交流负载，又可以驱动直流负载，负载电源由外部提供。输出电流的额定值与负载的性质有关。例如，S7-200 的继电器输出电路可以驱动 2A 的电阻性负载，但是只能驱动 200W 的白炽灯。输出电路一般分为若干组，对每一组的总电流也有限制。图 1-4 是继电器输出电路。继电器同时起隔离和功率放大作用，每一路只给用户提供一对常开触点。

图 1-5 是使用场效应晶体管（MOSFET）的输出电路，Q0.0 和 Q0.1 的工作频率可达 20kHz 或 100kHz（见表 1-3）。输出信号送给内部电路中的输出锁存器，再经光耦合器送给场效应晶体管，后者的饱和导通状态和截止状态相当于触点的接通和断开。图中的稳压管用来抑制关断过电压和外部的浪涌电压，以保护场效应晶体管。

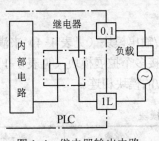

图 1-4　继电器输出电路

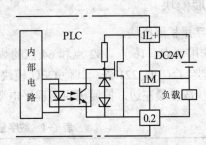

图 1-5　场效应晶体管输出电路

表 1-3　S7-200 数字量输出技术指标

| 输出类型 | DC 24V 输出（CPU 221、CPU 222、CPU 224 和 CPU 226） | DC 24V 输出（CPU 224XP /CPU 224XPsi） | 继电器型输出 |
|---|---|---|---|
| 输出电压额定值 | DC 24V | DC 24V | DC 24V 或 AC 250V |
| 输出电压范围 | DC 20.4～28.8V | DC 5～28.8V（Q0.0～Q0.4）<br>DC 20.4～28.8V（Q0.5～Q1.1） | DC 5～30V, AC 5～250V |
| 浪涌电流 | 最大 8A, 100ms | | 5A, 4s, 占空比 0.1 |
| 逻辑 1 最小输出电压<br>逻辑 0 最大输出电压 | DC 20V，最大电流时<br>DC 0.1V，10kΩ 负载 | 见表后正文中的说明 | |
| 逻辑 1 最大输出电流<br>逻辑 0 最大漏电流<br>灯负载<br>接通状态电阻<br>每个公共端的额定电流 | 0.75A（电阻负载）<br>10μA<br>5W<br>0.3Ω，最大 0.6Ω<br>6A | 0.75A（电阻负载）<br>10μA<br>5W<br>0.3Ω，最大 0.6Ω<br>3.75A/7.5A | 2A（电阻负载）<br>—<br>DC 30W / AC 200W<br>新的时候最大 0.2Ω<br>10A |
| 感性钳位电压 | L±DC 48V，1W 功耗 | L±DC 48V，1W 功耗/<br>1M +DC 48V，1W 功耗 | — |
| 从关断到接通最大延时<br>从接通到关断最大延时<br>切换最大延时 | Q0.0 和 Q0.1 为 2μs，其他为 15μs<br>Q0.0 和 Q0.1 为 10μs，其他为 130μs | Q0.0 和 Q0.1 为 0.5μs，其他为 15μs<br>Q0.0 和 Q0.1 为 1.5μs，其他为 130μs | —<br>—<br>10ms |
| 最高脉冲频率 | 20kHz（Q0.0 和 Q0.1） | 100kHz（Q0.0 和 Q0.1） | 1Hz |

继电器输出的开关延时最大为 10ms，无负载时触点的机械寿命为 10 000 000 次，额定负载时触点寿命为 100 000 次。非屏蔽电缆最大长度为 150m，屏蔽电缆为 500m。

S7-200 的数字量扩展模块中还有一种用双向晶闸管作为输出元器件的 AC 230V 的输出模块。每点的额定输出电流为 0.5A，灯负载为 60W。最大漏电流为 1.8mA，由接通到断开的最大时间为 0.2ms 与工频半周期之和。

继电器输出模块的使用电压范围广，导通压降小，承受瞬时过电压和过电流的能力较强，但是动作速度较慢，寿命（动作次数）有一定的限制。如果系统输出量的变化不是很频繁，建议优先选用继电器型的输出模块。

场效应晶体管型输出模块用于直流负载，它的反应速度快、寿命长，过载能力稍差。CPU 224XPsi 具有 MOSFET 漏型输出（电流从输出端子流入），可以驱动具有源型输入的设备。S7-200 所有其他场效应晶体管型输出的 CPU 都是 MOSFET 源型输出的（电流从输出端子流出）。

DC 输出的 CPU 224XP 逻辑 1 最小输出电压为 L+减 0.4V（最大电流时），逻辑 0 最大输出电压为 DC 0.1V（10kΩ 负载）。DC 输出的 CPU 224XPsi 逻辑 1 最小输出电压为外部电压减 0.4V（外部接 10kΩ 上拉电阻），逻辑 0 最大输出电压为同一组输入点各内部输入电路的公共点 1M 再加上 0.4V（最大负载时）。

### 1.2.3 扩展模块

#### 1. 数字量扩展模块

可以选用 8 点、16 点、32 点和 64 点的数字量输入/输出模块（见表 1-4）来满足不同的控制需要。除了 CPU 221 外，其他 CPU 模块均可以配接多个扩展模块（见表 1-1），连接时将 CPU 模块放在最左边，扩展模块用扁平电缆与它左边的模块相连。

**表 1-4　数字量输入/输出模块**

| 型　号 | 数字量输入 | 数字量输出 |
| --- | --- | --- |
| EM221，8 数字量输入 DC 24V | 8×DC 24V | — |
| EM221，8 数字量输入 AC 120V/230V | 8×AC 120V/230V | — |
| EM221，16 数字量输入 DC 24V | 16×DC 24V | — |
| EM222，4 数字量输出 DC 24V，5A | — | 4×DC 24V，5A |
| EM222，4 继电器输出，10A | — | 4×继电器，10A |
| EM222，8 数字量输出 DC 24V | — | 8×DC 24V，0.75A |
| EM222，8 继电器输出 | — | 8×继电器，2A |
| EM222，8 数字量输出 AC 120V/230V | — | 8×AC 120V/230V |
| EM223，DC 24V 数字量组合 4 输入/4 输出 | 4×DC 24V | 4×DC 24V，0.75A |
| EM223，DC 24V 数字量组合 4 输入/4 继电器输出 | 4×DC 24V | 4×继电器，2A |
| EM223，DC 24V 数字量组合 8 输入/8 输出 | 8×DC 24V | 8×DC 24V，0.75A |
| EM223，DC 24V 数字量组合 8 输入/8 继电器输出 | 8×DC 24V | 8×继电器，2A |
| EM223，DC 24V 数字量组合 16 输入/16 输出 | 16×DC 24V | 16×DC 24V，0.75A |
| EM223，DC 24V 数字量组合 16 输入/16 继电器输出 | 16×DC 24V | 16×继电器，2A |
| EM223，DC 24V 数字量组合 32 输入/32 输出 | 32×DC 24V | 32×DC 24V，0.75A |
| EM223，DC 24V 数字量组合 32 输入/32 继电器输出 | 32×DC 24V | 32×继电器，2A |

## 2．PLC 对模拟量的处理

在工业控制中，某些输入量（例如压力、温度、流量和转速等）是模拟量，某些执行机构（例如电动调节阀和变频器等）要求 PLC 输出模拟量信号，而 PLC 的 CPU 只能处理数字量。模拟量首先被传感器和变送器转换为标准量程的电流或电压，例如 DC 4～20mA、1～5V 和 0～10V，模拟量输入模块的 A-D 转换器将它们转换成数字量。带正、负号的电流或电压在 A-D 转换后用二进制补码表示。

模拟量输出模块的 D-A 转换器将 PLC 中的数字量转换为模拟量电压或电流，再去控制执行机构。模拟量 I/O 模块的主要任务就是实现 A-D 转换（模拟量输入）和 D-A 转换（模拟量输出）。

A-D 转换器和 D-A 转换器的二进制位数反映了它们的分辨率，位数越多，分辨率越高。模拟量输入/输出模块的另一个重要指标是转换时间。

### 3．模拟量输入模块

S7-200 有 9 种模拟量扩展模块（见表 1-5），RTD 是热电阻的简称。可以用模拟量输入模块上的 DIP 开关来设置多种量程。EM 231 模拟量输入模块有 5 档量程，即 DC 0～10V、0～5V、0～20mA、±2.5V 和±5V。EM 235 模块的输入信号有 16 档量程。

模拟量输入模块的分辨率为 12 位，单极性全量程输入范围对应的数字量输出为 0～32 000。双极性全量程输入范围对应的数字量输出为–32 000～+32 000。电压输入时输入阻抗≥2MΩ，电流输入时输入阻抗为 250Ω。A-D 转换时间<250μs，模拟量输入的阶跃响应时间为 1.5ms（达到稳态值的 95％时）。

图 1-6 为模拟量输入数据字的格式。图中的 MSB 和 LSB 分别是最高有效位和最低有效位。最高有效位是符号位，0 表示正值，1 表示负值。模拟量转换为数字量得到的 12 位数被尽可能地往高位移动，称为左对齐。移位后单极性格式的最低位是 3 个连续的 0，相当于 A-D 转换值被乘以 8。双极性格式的最低位是 4 个连续的 0，相当于 A-D 转换值被乘以 16。

表 1-5　9 种模拟量扩展模块

| 型　号 |
| --- |
| EM231 模拟量输入，4 输入 |
| EM231 模拟量输入，8 输入 |
| EM232 模拟量输出，2 输出 |
| EM232 模拟量输出，4 输出 |
| EM235 模拟量组合，4 输入/1 输出 |
| EM231 模拟量输入热电偶，4 输入 |
| EM231 模拟量输入热电偶，8 输入 |
| EM231 模拟量输入 RTD，2 输入 |
| EM231 模拟量输入 RTD，4 输入 |

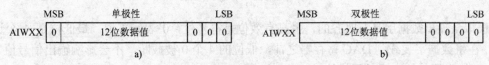

图 1-6　模拟量输入数据字的格式

a) 单极性格式　b) 双极性格式

### 4．将模拟量输入模块的输出值转换为实际的物理量

转换时应考虑变送器的输入/输出量程和模拟量输入模块的量程，找出被测物理量与 A-D 转换后的数字值之间的比例关系。

【例 1-1】某发电机的电压互感器的电压比为 10kV/100V（线电压），电流互感器的电流比为 1 000A/5A，功率变送器的额定输入电压和额定输入电流分别为 AC 100V 和 5A，额定输出电压为 DC ±5V，模拟量输入模块将 DC ±5V 的输入信号转换为数字−32 000～+32 000。设转换后得到的数字为 N，试求以 kW 为单位的有功功率值。

**解：** 在设计功率变送器时已考虑了功率因数对功率计算的影响，因此在推导转换公式时，可以按功率因数为 1 来处理。根据互感器额定值计算的一次回路的有功功率额定值为

$$\sqrt{3} \times 10\,000 \times 1\,000\text{W} = 17\,321\,000\text{W} = 17\,321\text{kW}$$

由以上关系不难推算出互感器一次回路的有功功率与转换后的数字值之间的关系为 17 321 / 32 000kW／字。设转换后的数字为 N，如果以 kW 为单位显示功率 P，采用定点数运算时的计算公式为

$$P = N \times 17\,321 / 32\,000 \ （\text{kW}）$$

**【例 1-2】** 量程为 0～10MPa 的压力变送器的输出信号为 DC 4～20mA，模拟量输入模块将 0～20mA 转换为 0～32 000 的数字量，设转换后得到的数字为 N，试求以 kPa 为单位的压力值。

**解：** 4～20mA 的模拟量对应于数字量 6 400～32 000，即 0～10 000kPa 对应于数字量 6 400～32 000，压力的计算公式为

$$P = \frac{(10\,000 - 0)}{(32\,000 - 6\,400)}(N - 6\,400) = \frac{100}{256}(N - 6\,400)(\text{kPa})$$

**5. 模拟量输出模块**

模拟量输出模块 EM 232 的量程有 ±10V 和 0～20mA 两种，对应的数字量分别为 −32 000～+32 000 和 0～32 000。模拟量输出数据字的格式如图 1-7 所示。满量程时电压输出和电流输出的分辨率分别为 12 位和 11 位。25℃ 时的精度典型值为±0.5%，电压输出和电流输出的稳定时间分别为 100μs 和 2ms。最大驱动能力如下：电压输出时，负载阻抗最小为 5kΩ；电流输出时，负载阻抗最大为 500Ω。

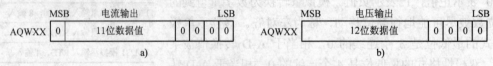

图 1-7　模拟量输出数据字的格式

a) 电流输出格式　b) 电压输出格式

模拟量输出数据字是左对齐的，最高有效位是符号位，0 表示正值。最低位是 4 个连续的 0，在将数据字装载到 DAC 寄存器之前，低位的 4 个 0 被截断，不会影响输出信号值。

**6. 热电偶、热电阻扩展模块**

热电偶模块 EM 231 可以与 S、T、R、E、N、K、J 型热电偶配套使用，用模块上的 DIP 开关来选择热电偶的类型。热电偶输出的电压范围为 ±80mV，模块输出的数字量为 ±27 648。

热电阻（RTD）的接线方式有 2 线、3 线和 4 线 3 种，4 线方式的精度最高。因为受接线误差的影响，2 线方式的精度最低。热电阻模块 EM 231 可以通过 DIP 开关来选择热电阻的类型、断线故障的表示方式、测量单位、是否启用断线检测和冷端补偿。连接到同一个扩展模块上的热电阻必须是相同类型的。改变 DIP 开关后必须将 PLC 断电后再通电，新的设置才能起作用。

热电偶 EM 231 和热电阻模块具有冷端补偿电路，如果环境温度迅速变化，将会产生额外的误差，建议将热电偶和热电阻模块安装在环境温度稳定的地方。

2 路热电阻模块和 4 路热电偶模块的采样周期为 405ms（Pt10000 为 700ms），4 路热电阻和 8 路热电偶模块的采样周期是上述模块的两倍。基本误差和重复性分别为满量程的 0.1 % 和 0.05 %。

### 7. 称重模块与位置控制模块

称重模块 SIWAREX MS 可以用做电子秤、料斗秤、台秤和吊车秤，或用来监测输送带张力、测量工业货梯或轧制生产线的负荷。

位置控制模块 EM 253 用于以步进电动机作为执行机构的单轴开环位置控制，它自带 5 个数字量输入点和 4 个数字量输出点。STEP 7-Micro/WIN 为位置控制模块的组态和编程提供了位置控制向导和 EM 253 控制面板。

## 1.3 逻辑运算与 PLC 的工作原理

### 1.3.1 用触点和线圈实现逻辑运算

数字量控制系统中，变量仅有两种相反的工作状态。当物理继电器或梯形图中的位元件（例如输出 Q）的线圈通电、常开触点接通、常闭触点断开时，为 1 状态，用逻辑代数中的 1 来表示；当线圈断电、常开触点断开、常闭触点闭合时，为 0 状态，用逻辑代数中的 0 来表示。在波形图中，用高电平表示 1 状态，用低电平表示 0 状态。

"与"、"或"、"非"逻辑运算的输入/输出关系如表 1-6 所示。用梯形图或继电器电路可以实现"与"、"或"、"非"的基本逻辑运算（见图 1-8）。用多个触点的串、并联电路可以实现复杂的逻辑运算。

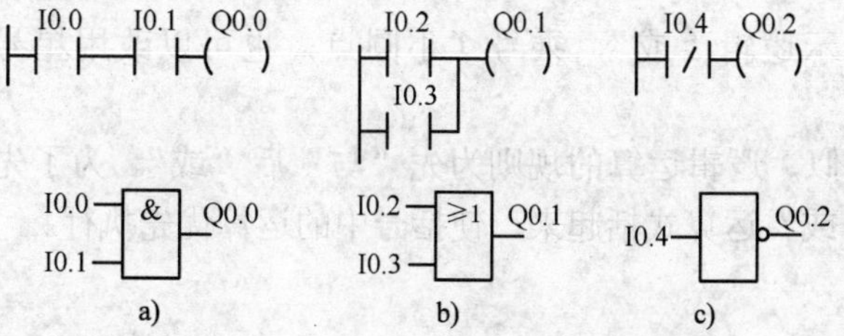

图 1-8 "与"、"或"、"非"基本逻辑运算

a) 与运算　b) 或运算　c) 非运算

**表 1-6　逻辑运算的输入/输出关系表**

| 与 | | | 或 | | | 非 | |
|---|---|---|---|---|---|---|---|
| $Q0.0 = I0.0 \cdot I0.1$ | | | $Q0.1 = I0.2 + I0.3$ | | | $Q0.2 = \overline{I0.4}$ | |
| I0.0 | I0.1 | Q0.0 | I0.2 | I0.3 | Q0.1 | I0.4 | Q0.2 |
| 0 | 0 | 0 | 0 | 0 | 0 | 0 | 1 |
| 0 | 1 | 0 | 0 | 1 | 1 | 1 | 0 |
| 1 | 0 | 0 | 1 | 0 | 1 | | |
| 1 | 1 | 1 | 1 | 1 | 1 | | |

图 1-9 是用交流接触器控制异步电动机的主电路、控制电路和有关信号的波形图。接触器 KM 的结构和工作原理与继电器的基本相同，区别仅在于继电器触点的额定电流较小（例如几十毫安），而接触器是用来控制大电流负载的，例如它可以控制额定电流为几十安甚至上千安的异步电动机。

按下起动按钮 SB₁，其常开触点接通，电流经过 SB₁ 的常开触点和停止按钮 SB₂、热继电器 FR 的常闭触点，流过交流接触器 KM 的线圈，接触器的衔铁被吸合，使主电路中 KM 的 3 对常开触点闭合，异步电动机 M 的三相电源接通，电动机开始运行，控制电路中接触器 KM 的辅助常开触点同时接通。放开起动按钮 SB₁ 后，其常开触点断开，电流经 KM 的辅助常开触点和 SB$_2$、FR 的常闭触点流过 KM 的线圈，电动机继续运行。KM 的辅助常开触点实现的这种功能称为"自锁"或"自保持"，它使继电器电路具有类似于 R-S 触发器的记忆功能。

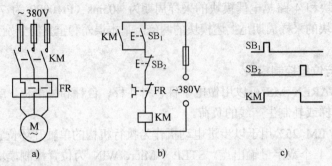

图 1-9  用交流接触器控制异步电动机的主电路、控制电路和信号波形图

a) 主电路  b) 控制电路  c) 有关信号的波形图

在电动机运行时按停止按钮 SB$_2$，其常闭触点断开，使 KM 的线圈失电，KM 的主触点断开，异步电动机的三相电源被切断，电动机停止运行，同时控制电路中 KM 的辅助常开触点断开。停止按钮 SB$_2$ 被放开、其常闭触点闭合后，KM 的线圈仍然失电，电动机继续保持停止运行状态。图 1-9c 给出了有关信号的波形图。图中用高电平表示 1 状态（线圈通电、按钮被按下），用低电平表示 0 状态（线圈断电、按钮被放开）。

图中的热继电器（FR）用于过载保护，电动机过载时，经过一段时间延时后，FR 的常闭触点断开，使 KM 的线圈断电，电动机停转。

在继电器电路图和梯形图中，线圈的状态是输出量或被控量，触点的状态是输入量。图 1-9 中的继电器电路实现的逻辑运算可以用逻辑代数式表示为

$$KM = (SB_1 + KM) \cdot \overline{SB_2} \cdot \overline{FR}$$

上式左边的 KM 与图中的线圈相对应，右边的 KM 与 KM 的常开触点相对应，$\overline{SB_2}$ 对应于 SB$_2$ 的常闭触点。上式中的加号表示逻辑"或"，乘号（小圆点，也可以改用星号"*"）表示逻辑"与"。

与普通算术运算"先乘除后加减"类似，逻辑运算的规则为先"与"后"或"。为了先作"或"运算（触点的并联），用括号将"或"运算式括起来，使括号中的运算优先执行。

### 1.3.2  PLC 的工作原理

#### 1. PLC 的操作模式

PLC 有两种操作模式，即运行（RUN）模式与停止（STOP）模式。在 CPU 模块的面板上用 RUN 和 STOP 发光二极管（LED）显示当前的操作模式。在 RUN 模式，通过执行反映控制要求的用户程序来实现控制功能；在 STOP 模式，CPU 不执行用户程序，可以用编程软件将用户程序和硬件组态信息下载到 PLC 中。

如果有致命错误，在消除它之前不允许从 STOP 模式进入 RUN 模式。PLC 操作系统储存非致命错误供用户检查，但是不会从 RUN 模式自动进入 STOP 模式。

CPU 模块上的模式开关在 STOP 位置时，将停止用户程序的运行；在 RUN 位置时，将启动用户程序的运行。模式开关在 STOP 或 TERM（terminal，终端）位置时，电源通电后

CPU 自动进入 STOP 模式；在 RUN 位置时，电源通电后自动进入 RUN 模式。模式开关在 RUN 位置时，STEP 7-Micro/WIN 与 PLC 之间建立起通信连接后，单击工具栏上的运行按钮 ▶，确认后进入 RUN 模式；单击停止按钮 ■，确认后进入 STOP 模式。在程序中插入 STOP 指令，可以使 CPU 由 RUN 模式进入 STOP 模式。

**2. PLC 的扫描工作方式**

PLC 通电后，首先对硬件和软件作一些初始化操作。为了使 PLC 的输出及时地响应各种输入信号，初始化后反复不停地分阶段处理各种不同的任务，扫描流程如图 1-10 所示。这种周而复始的循环工作方式称为扫描工作方式。每次循环的时间称为扫描周期。在 RUN 模式，扫描周期由下面的 5 个阶段组成。

（1）读取输入

在 PLC 的存储器中，有 128 点过程映像输入寄存器和 128 点过程映像输出寄存器，用来存放输入信号和输出信号的状态。

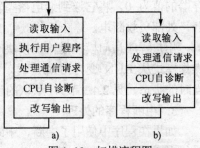

图 1-10 扫描流程图
a) RUN 模式 b) STOP 模式

在读取输入阶段，PLC 把所有外部数字量输入电路的通、断状态读入过程映像输入寄存器。外接的输入电路闭合时，对应的过程映像输入寄存器为 1 状态（或称为 ON），梯形图中对应的输入点的常开触点接通，常闭触点断开；外接的输入电路断开时，对应的过程映像输入寄存器为 0 状态（或称为 OFF），梯形图中对应的输入点的常开触点断开，常闭触点接通。

如果没有启用模拟量输入滤波，CPU 在正常扫描周期中不会读取模拟量输入值。用户程序访问模拟量输入时，将立即从扩展模块中读取模拟量值。

（2）执行用户程序

PLC 的用户程序由若干条指令组成，指令在存储器中顺序排列。在 STOP 模式，不执行用户程序。在 RUN 模式的程序执行阶段，如果没有跳转指令，CPU 从第一条指令开始，逐条顺序地执行用户程序。

CPU 在执行指令时，从 I/O 过程映像寄存器或别的位元件寄存器中读出其 0、1 状态，并根据指令的要求执行相应的逻辑运算，将运算的结果写入到线圈对应的映像寄存器中，因此，各寄存器（只读的过程映像输入寄存器除外）的内容随着程序的执行而变化。

在程序执行阶段，即使外部输入信号的状态发生了变化，过程映像输入寄存器的状态也不会随之而变，输入信号变化了的状态只能在下一个扫描周期的读取输入阶段被读入。执行程序时，对输入/输出的存取通常是通过过程映像寄存器，而不是实际的 I/O 点，这样做有以下好处。

1）在整个程序执行阶段，各输入点的状态是固定不变的，程序执行完后再用过程映像输出寄存器的值更新输出点，使系统的运行稳定。

2）用户程序读/写 I/O 映像寄存器比读/写 I/O 点快得多，这样可以提高程序的执行速度。

3）I/O 点是位实体，必须以位或字节为单位来存取，但是可以将映像寄存器作为位、字节、字或双字来存取。

（3）处理通信请求

在处理通信请求阶段，执行通信所需的所有任务。

*13*

（4）CPU 自诊断

自诊断测试功能用来保证固件、程序存储器和所有的扩展模块正常工作。

（5）改写输出

CPU 执行完用户程序后，将过程映像输出寄存器的 0、1 状态传送到输出模块并锁存起来。梯形图中某一输出位的线圈"通电"时，对应的过程映像输出寄存器为 1 状态。信号经输出模块隔离和功率放大后，继电器型输出模块中对应的硬件继电器的线圈通电，其常开触点闭合，使外部负载通电工作。若梯形图中输出点的线圈"断电"，对应的过程映像输出寄存器的值为 0，将它送到继电器型输出模块，对应的硬件继电器的线圈断电，其常开触点断开，外部负载断电，停止工作。

用户程序访问模拟量输出模块时，模拟量输出被立即刷新，而与扫描周期无关。CPU 的操作模式从 RUN 变为 STOP 时，数字量输出被置为系统块中的输出表定义的状态，或保持当时的状态（见 2.4.3 节），默认的设置是将所有的数字量输出清零。

**3．中断程序的处理**

如果在程序中使用了中断，中断事件发生时，CPU 将会停止正常的扫描工作方式，立即执行中断程序。中断功能可以提高 PLC 对某些事件的响应速度。

**4．立即 I/O 处理**

在程序执行过程中，使用立即 I/O 指令可以直接读/写 I/O 点的值。用立即 I/O 指令读输入点的值时，相应的过程映像输入寄存器的值未被更新；用立即 I/O 指令改写输出点时，相应的过程映像输出寄存器的值被更新。

**5．扫描周期**

PLC 在 RUN 工作状态时，执行一次图 1-10 所示的扫描过程所需的时间称为扫描周期，其典型值为 1～100ms。指令执行所需的时间与用户程序的长短、指令的种类和 CPU 执行指令的速度有很大的关系。用户程序较长时，指令执行时间在扫描周期中占相当大的比例。

**6．PLC 工作过程举例**

下面用一个简单的例子来进一步说明 PLC 的扫描工作过程，图 1-11 中的 PLC 控制系统与图 1-9 中的继电器控制电路的功能相同。起动按钮 $SB_1$ 和停止按钮 $SB_2$ 的常开触点分别接在编号为 0.1 和 0.2 的输入端，接触器 KM 的线圈接在编号为 0.0 的输出端。如果热继电器 FR 动作（其常闭触点断开）后需要手动复位，可以将 FR 的常闭触点与接触器 KM 的线圈串联，这样可以少用一个 PLC 的输入点。

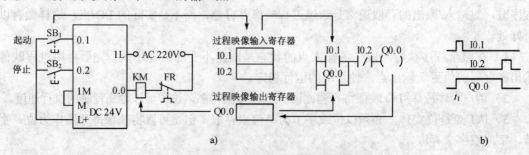

图 1-11　PLC 外部接线图、梯形图和波形图

a) PLC 外部接线图与梯形图　b) 波形图

图 1-11a 的梯形图中的 I0.1 与 I0.2 是输入变量，Q0.0 是输出变量，它们都是梯形图中的编程元件。I0.1 与接在输入端子 0.1 上的 $SB_1$ 的常开触点和过程映像输入寄存器 I0.1 相对应，Q0.0 与接在输出端子 0.0 上的 PLC 内的输出电路和过程映像输出寄存器 Q0.0 相对应。

梯形图以指令的形式储存在 PLC 的用户程序存储器中，图 1-11a 中的梯形图与下面的 4 条指令相对应，"//"之后是该指令的注释。

|  |  |  |
|---|---|---|
| LD | I0.1 | //接在左侧"电源线"上的 I0.1 的常开触点 |
| O | Q0.0 | //与 I0.1 的常开触点并联的 Q0.0 的常开触点 |
| AN | I0.2 | //与并联电路串联的 I0.2 的常闭触点 |
| = | Q0.0 | //Q0.0 的线圈 |

图 1-11a 中的梯形图完成的逻辑运算为

$$Q0.0 = (I0.1 + Q0.0) \cdot \overline{I0.2}$$

在读取输入阶段，CPU 将 $SB_1$ 和 $SB_2$ 的常开触点的接通/断开状态读入相应的过程映像输入寄存器中，外部触点接通时将二进制数 1 存入寄存器中，反之存入 0。

执行第一条指令时，从过程映像输入寄存器 I0.1 中取出二进制数，并存入堆栈的栈顶，堆栈是存储器中的一片特殊的区域。

执行第二条指令时，从过程映像输出寄存器 Q0.0 中取出二进制数，并与栈顶中的二进制数相"或"（触点的并联对应"或"运算），将运算结果存入栈顶。运算结束后只保留运算结果，不保留参与运算的数据。

执行第三条指令时，因为是常闭触点，所以取出过程映像输入寄存器 I0.2 中的二进制数后，将它取反（将 0 变为 1，1 变为 0），取反后与前面的运算结果相"与"（电路的串联对应"与"运算），然后存入栈顶。

执行第四条指令时，将栈顶中的二进制数送入 Q0.0 的过程映像输出寄存器。

在改写输出阶段，CPU 将各过程映像输出寄存器中的二进制数传送给输出模块，并锁存起来，如果 Q0.0 中存放的是二进制数 1，外接的 KM 线圈将通电，反之将断电。

I0.1、I0.2 和 Q0.0 波形中的高电平表示按下按钮或 KM 线圈通电，$t < t_1$ 时，读入过程映像输入寄存器 I0.1 和 I0.2 的值均为二进制数 0，此时过程映像输出寄存器 Q0.0 的值亦为 0，在程序执行阶段，经过上述逻辑运算过程之后，运算结果仍为 Q0.0 = 0，所以 KM 的线圈处于断电状态。$t = t_1$ 时，按下起动按钮 $SB_1$，I0.1 变为 ON，经逻辑运算后 Q0.0 也变为 ON，在输出处理阶段，将 Q0.0 对应的过程映像输出寄存器中的数据 1 送给输出模块，输出模块中与 Q0.0 对应的物理继电器的常开触点接通，使接触器 KM 的线圈通电。

**7. 输入/输出滞后时间**

输入/输出滞后时间又称为系统响应时间，是指 PLC 的外部输入信号发生变化的时刻至它控制的有关外部输出信号发生变化的时刻之间的时间间隔，它由输入电路滤波时间、输出电路的滞后时间和因扫描工作方式产生的滞后时间 3 部分组成。

数字量输入点的滤波器用来滤除由输入端引入的干扰噪声，消除因外接输入触点动作时产生的抖动引起的不良影响，CPU 模块集成的输入点的输入滤波器延迟时间可以用系统块来设置。输出模块的滞后时间与模块的类型有关，继电器型输出电路的滞后时间一般为 10ms 左右；场效应晶体管型输出电路的滞后时间最短，为微秒级，最长的为 100 多微秒。由扫描工作方式引起的滞后时间最长可达两、三个扫描周期。

PLC 总的响应延迟时间一般只有几毫秒至几十毫秒，对于一般的系统是无关紧要的。对于要求输入/输出滞后时间尽量短的系统，可以选用扫描速度快的 PLC，或采用硬件中断、立即输入/立即输出等措施。

## 1.4 I/O 点的地址分配与接线

### 1. I/O 地址分配

S7-200 CPU 有一定数量的本机 I/O，本机 I/O 有固定的地址。可以用扩展 I/O 模块来增加 I/O 点数，扩展模块安装在 CPU 模块的右边。I/O 模块分为数字量输入、数字量输出、模拟量输入和模拟量输出 4 类。CPU 分配给数字量 I/O 模块的地址以字节为单位，一个字节由 8 个数字量 I/O 点组成。扩展模块 I/O 点的字节地址由 I/O 的类型和模块在同类 I/O 模块链中的位置来决定。以图 1-12 中的 CPU 224XP 的 I/O 地址分配为例，分配给 CPU 模块的字节地址为 QB0 和 QB1，分配给 0 号扩展模块的字节地址为 QB2，分配给 3 号扩展模块的字节地址为 QB3 等。

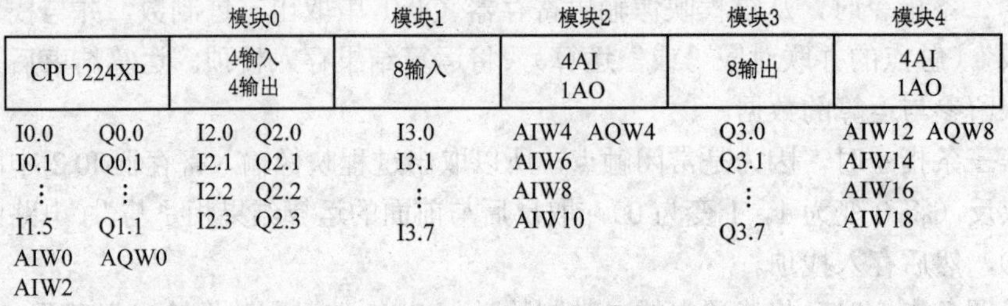

模块0
模块1
模块2
模块3
模块4
CPU 224XP
4输入
4输出
8输入
4AI
1AO
8输出
4AI
1AO
I0.0 Q0.0
I0.1 Q0.1
⋮ ⋮
I1.5 Q1.1
AIW0 AQW0
AIW2
I2.0 Q2.0
I2.1 Q2.1
I2.2 Q2.2
I2.3 Q2.3
I3.0
I3.1
⋮
I3.7
AIW4 AQW4
AIW6
AIW8
AIW10
Q3.0
Q3.1
⋮
Q3.7
AIW12 AQW8
AIW14
AIW16
AIW18


图 1-12　CPU 224XP 的 I/O 地址分配实例

某个模块的数字量 I/O 点如果不是 8 的整倍数，最后一个字节中未用的位（例如图 1-12 中的 I1.6 和 I1.7）不会分配给 I/O 链中的后续模块。可以像内部存储器位（M）那样来使用输出模块最后一个字节中未用的位。输入模块在每次更新输入时都将输入字节中未用的位清零，因此不能将它们用做内部存储器位。模拟量扩展模块以 2 点（4B）递增的方式来分配地址，所以图 1-12 中模块 2 的模拟量输出的地址应为 AQW4，而不是未使用的 AQW2。

### 2. 交流电源系统的外部接线

S7-200 采用 0.5～1.5mm$^2$ 的导线，交流电源系统的外部接线如图 1-13 所示。用开关将电源与 PLC 隔离开，可以用过流保护设备（例如低压断路器）保护 CPU 的电源和 I/O 电路，也可以为输出点分组或分点设置熔断器。S7-200 的交流电源线和 I/O 点之间的隔离电压为 AC 1500V，可以作为交流电源线和低压电路之间的安全隔离。

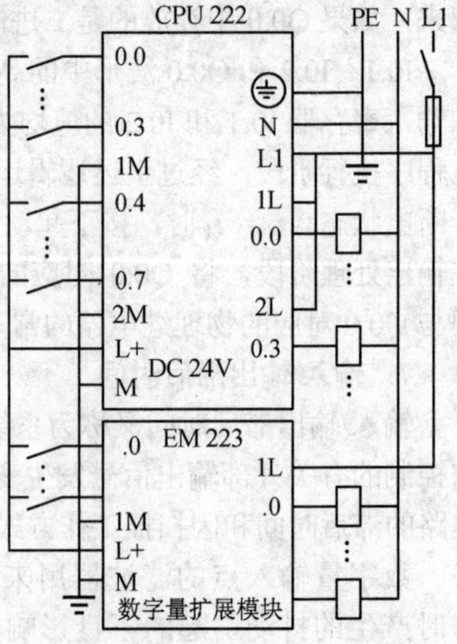

CPU 222
PE N L1
0.0
⋮
0.3
1M
0.4
⋮
0.7
2M
L+
M
DC 24V
N
L1
1L
0.0
2L
0.3
EM 223
.0
1M
L+
M
1L
.0
数字量扩展模块


图 1-13　交流电源系统的外部接线图

以 CPU 222 模块为例，它的 8 个输入点 I0.0～I0.7 被分为两组，1M 和 2M 分别是两组输入点内部电路的公共端。L+和 M 端子分别是模块提供的 DC 24V 电源的正极和负极。图中用该电源作为输入电路的电源。6 个输出点 Q0.0～Q0.5 分为两组，1L 和 2L 分别是两组输出点内部电路的公共端。

PLC 的交流电源接在 L1（相线）和 N（零线）端子上，此外还有保护接地（PE）端子。

**3．直流电源系统的外部接线**

直流电源系统的外部接线如图 1-14 所示。图中用开关将电源与 PLC 隔离开，过电流保护设备、短路保护和接地的处理与交流电源系统相同。

外部 AC/DC 电源的输出端有大容量的电容器，在负载突变时，它可以维持电压稳定，以确保 DC 电源有足够的抗冲击能力。把所有的 DC 电源接地可以获得最佳的噪声抑制。

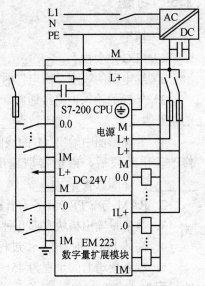

未接地的 DC 电源公共端 M 与保护地 PE 之间用 RC 并联电路连接，电阻和电容的典型值为 4700pF 和 1MΩ。电阻提供了静电释放通路，电容用来提供高频噪声通路。

应对 DC 24V 电源回路与设备之间、AC 220V 电源与危险环境之间提供安全电气隔离。

**4．对感性负载的处理**

感性负载有储能作用，触点断开时，电路中的感性负载会产生高于电源电压数倍甚至数十倍的反电势；触点闭合时，触点的抖动会产生电弧。可见，它们都会对系统产生干扰。对此可以采取以下措施。

图 1-14　直流电源系统的外部接线图

输出端接有直流感性负载时，应在它两端并联一个续流二极管。如果需要更快的断开时间，可以串接一个稳压管（见图 1-15），二极管可选 IN4001，直流输出可以选 8.2V/5W 的稳压管，继电器输出可以选 36V 的稳压管。

输出端接有 AC 220V 感性负载时，应在它两端并联 RC 电路（见图 1-15b），可以选 0.1μF 的电容和 100～120Ω的电阻。电容的额定电压应大于电源峰值电压。要求较高时，还可以在负载两端并联压敏电阻，其压敏电压应大于额定电压有效值的 2.2 倍。

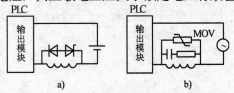

图 1-15　对输出电路的处理

a) 输出端接有直流感性负载　b) 输出端接有 AC 220V 感性负载

普通的白炽灯的工作温度在千度以上，冷态电阻比工作时的电阻小得多，其浪涌电流是工作电流的十多倍。可以驱动 AC 220V、2A 电阻负载的继电器输出点只能驱动 200W 的白炽灯。频繁切换的灯负载应使用浪涌限制器。

**5．电源的选择**

每一个 S7-200 的 CPU 模块都有一个 DC 24V 传感器电源，它为本机和扩展模块的输入点提供电源，如果要求的负载电流大于该电源的额定值，应增加一个 DC 24V 电源为扩展模块供电。CPU 模块为扩展模块提供 DC 5V 电源，如果扩展模块对 DC 5V 电源的需求超过其额定值，必须减少扩展模块。

DC 24V 传感器电源不能与外部的 DC 24V 电源并联，这种并联可能会使一个或两个电源失效，并使 PLC 产生不正确的操作，上述两个电源之间只能有一个连接点。

## 1.5　习题

1．填空

1）PLC 主要由_____、_____、_____和_____组成。

2）继电器的线圈"断电"时，其常开触点_____，常闭触点_____。

3）外部的输入电路接通时，对应的过程映像输入寄存器为_____状态，梯形图中后者的常开触点_____，常闭触点_____。

4）若梯形图中输出 Q 的线圈"断电"，对应的过程映像输出寄存器为_____状态，在修改输出阶段后，继电器型输出模块中对应的硬件继电器的线圈_____，其常开触点_____，外部负载_____。

2．RAM 与 $E^2PROM$ 各有什么特点？

3．数字量输出模块有哪几种类型？它们各有什么特点？

4．简述 PLC 的扫描工作过程。

5．频率变送器的量程为 45～55Hz，输出信号为 DC 0～10V，模拟量输入模块输入信号的量程为 DC 0～10V，转换后的数字量为 0～32 000，设转换后得到的数字为 $N$，试求以 0.01Hz 为单位的频率值。

6．温度变送器将 −10～100℃ 的温度转换为 DC 4～20mA 的电流，模拟量输入模块将 0～20mA 的电流转换为 0～32 000 的数字，设转换后的数字为 $N$，试求以 0.1℃ 为单位的温度值。

# 第 2 章　STEP 7-Micro/WIN 编程软件
## 与 S7-200 仿真软件的使用

## 2.1　STEP 7-Micro/WIN 编程软件概述

STEP 7-Micro/WIN 是专门为 S7-200 设计、在个人计算机上运行的编程软件。它的功能强大，使用方便，简单易学。本章是在 STEP 7-Micro/WIN V4.0 SP 9 的基础上编写的。

### 2.1.1　编程软件的安装与项目的组成

**1．编程软件的安装**

用鼠标双击编程软件"STEP 7-Micro_WIN V4.0+SP9"中的 setup.exe，开始安装编程软件，使用默认的安装语言 English，单击"Next"（下一步）按钮，出现"Preparing Setup"（准备安装）窗口，开始安装。单击欢迎（Welcome）窗口中的"Next"按钮，再单击"License Agreement"（许可协议）窗口的"Yes"按钮。单击"Choose Destination Location"窗口的"Browse"按钮，可以选择安装软件的目标文件夹。单击"Next"按钮，开始安装。

安装结束后，出现"InstallShield Wizart Complete"对话框，表示安装完成。去掉复选框"Yes，I want to view the Read Me file now"中的对钩，不阅读软件的自述文件。单击"Finish"按钮退出安装程序。

安装成功后，用鼠标双击桌面上的 STEP 7-Micro/WIN 图标，打开编程软件，看到的是英文的界面。执行菜单命令"Tools"（工具）→"Options"（选项），单击出现的对话框左边的"General"（常规），在"General"选项卡中，选择"Language"（语言）为"Chinese"（中文）。先后单击"确定"按钮和"否"按钮，退出 STEP 7-Micro/WIN 后，再进入该软件，此时界面和帮助文件均已变成中文的了。

安装好 STEP 7-Micro_WIN V4.0 后，再安装 STEP 7-Micro WIN V3.2 指令库。

**2．指令树与浏览条**

图 2-1 是 STEP 7-Micro/WIN 的界面。指令树是包含所有项目对象和所有指令的树型视图。用鼠标双击指令树中的某个对象，将会打开对应的窗口。可以将常用的指令拖放到指令树的"收藏夹"文件夹中。

单击指令树中文件夹左边带加、减号的小方框，可以打开或关闭该文件夹。也可以用鼠标双击某个文件夹打开或关闭它。右键单击指令树中的某个文件夹，可以用快捷菜单中的命令进行打开、插入等操作，允许的操作与具体的文件夹有关。右键单击文件夹中的某个对象，可以进行打开、剪切、复制、粘贴、插入、删除、重命名和设置属性等操作，允许的操作与具体的对象有关。

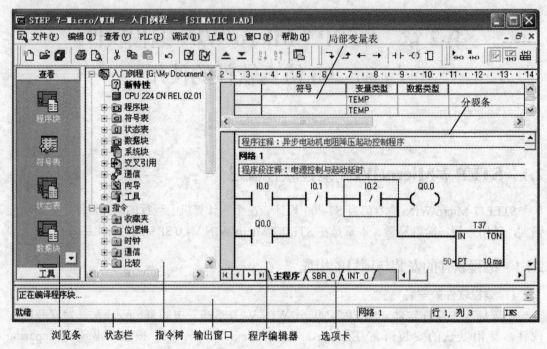

图 2-1　STEP 7-Micro/WIN 的界面

　　将光标放到指令树右侧的垂直分界线上，光标将变为水平方向的双向箭头，按住鼠标左键，移动鼠标，可以拖动垂直分界线，调节指令树的宽度。

　　浏览条的功能与指令树重叠，占的面积也不小。可以用右键单击浏览条，执行出现的快捷菜单中的"隐藏"命令，关闭浏览条。

**3．程序编辑器**

　　程序编辑器窗口包含局部变量表和程序视图。局部变量表用来对局部变量赋值，局部变量仅限于在它所在的程序中使用。

　　将光标放到局部变量表和程序视图之间的分裂条上，光标将变为垂直方向的双向箭头，按住鼠标左键上下移动鼠标，可以改变分裂条的位置。单击程序编辑器窗口底部的选项卡，可以选择显示哪一个程序。

**4．输出窗口**

　　在编译程序或指令库后，输出窗口提供编译的信息。用鼠标双击输出窗口中某条程序编译后的错误信息，将会在程序编辑器窗口中显示错误所在的程序块和网络。

**5．状态栏**

　　状态栏位于主窗口底部，提供软件中执行操作的状态信息。例如光标所在的网络号、网络中的行号和列号，当前是插入（INS）模式还是覆盖（OVR）模式。可以按计算机键盘上的〈Insert〉键切换这两种模式。

**6．项目的组成**

　　项目包括下列基本组件。

1）程序块由可执行的代码和注释组成，可执行的代码由主程序（OB1）、可选的子程序和中断程序组成。代码被编译并下载到 PLC 中，程序注释被忽略。

2）数据块用来对 V 存储器（变量存储器）赋初值，其使用方法详见 6.8.1 节。

3）系统块用来设置系统的参数（见 2.4 节），系统块下载到 PLC 后才起作用。

4）符号表允许程序员用符号来代替存储器的地址。符号地址便于记忆，使程序更容易理解。符号表中定义的符号为全局变量，可以用于所有的程序。程序编译后下载到 PLC 时，所有的符号地址被转换为绝对地址，符号信息不会下载到 PLC。

5）状态表用表格或趋势图来监视、修改和强制程序执行时指定的变量的状态，状态表并不下载到 PLC。

6）交叉引用表用于检查程序中地址的赋值情况，可以防止无意间的重复赋值。程序编译成功后才能看到交叉引用表的内容。

用鼠标双击指令树的"交叉引用"文件夹中的"交叉引用"，可以打开交叉引用表（见图 2-2）。

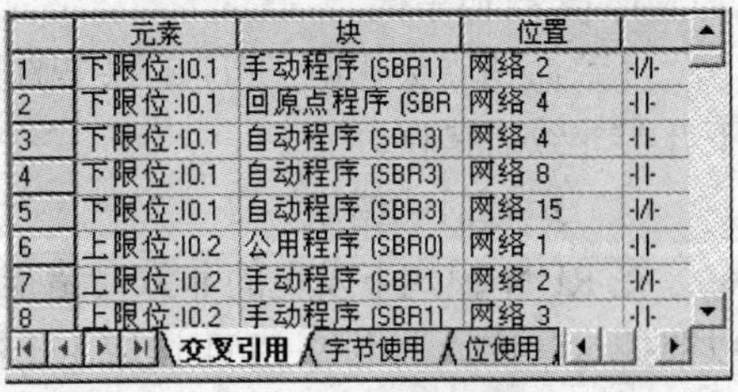

| | 元素 | 块 | 位置 | |
|---|---|---|---|---|
| 1 | 下限位:I0.1 | 手动程序 (SBR1) | 网络 2 | -/l- |
| 2 | 下限位:I0.1 | 回原点程序 (SBR | 网络 4 | -|l- |
| 3 | 下限位:I0.1 | 自动程序 (SBR3) | 网络 4 | -|l- |
| 4 | 下限位:I0.1 | 自动程序 (SBR3) | 网络 8 | -/l- |
| 5 | 下限位:I0.1 | 自动程序 (SBR3) | 网络 15 | -/l- |
| 6 | 上限位:I0.2 | 公用程序 (SBR0) | 网络 1 | -|l- |
| 7 | 上限位:I0.2 | 手动程序 (SBR1) | 网络 2 | -/l- |
| 8 | 上限位:I0.2 | 手动程序 (SBR1) | 网络 3 | -|l- |

交叉引用 \ 字节使用 \ 位使用

图 2-2　交叉引用表

交叉引用表列举出程序中同一个地址所有的触点、线圈等出现在哪一个程序块的哪一个网络中，以及使用的指令助记符。单击交叉引用表下面的"字节使用"或"位使用"选项卡，可以察看哪些存储器区域已经被使用，是作为位（b）使用，还是作为字节（B）、字（W）或双字（D）使用。在 RUN 模式下编辑程序时，可以察看程序当前正在使用的正、负向转换触点的编号。交叉引用表并不下载到 PLC。

用鼠标双击交叉引用表中的某一行，可以显示出该行的操作数和指令所在的网络。

## 2.1.2　帮助功能的使用与出错处理

### 1. 使用在线帮助

单击指令树中的某个文件夹或文件夹中的某个对象、选中某个菜单项、单击某个窗口、单击指令树或程序编辑器中的某条指令，按〈F1〉键可以得到选中的对象的在线帮助。

### 2. 从菜单获得帮助

1）用菜单命令"帮助"→"目录和索引"打开帮助窗口，借助目录浏览器可以寻找需要的帮助主题，窗口中的索引部分提供了按字母顺序排列的主题关键词，用鼠标双击某一关键词，可以获得有关的帮助。

2）执行菜单命令"帮助"→"这是什么"，出现带问号的光标，用它单击窗口中的用户接口（例如工具栏上的按钮、程序编辑器和指令树中的对象等），将会打开相应的帮助窗口。

3）执行菜单命令"帮助"→"网上 S7-200"，可以访问为 S7-200 提供技术支持和产品信息的西门子互联网站。单击"中文"，可以切换到中文显示模式。

### 3. S7-200 的致命错误

与 PLC 建立起通信连接后，使用菜单命令"PLC"→"信息"，可以查看错误信息，例如错误的代码。

致命错误使 PLC 停止执行程序，取决于错误的致命程度，致命错误使 PLC 无法执行某一功能或全部功能。CPU 检测到致命错误时，自动进入 STOP 模式，点亮 SF/DIAG（系统错误/诊断）和 STOP 发光二极管（LED），并关闭输出。在消除致命错误之前，CPU 一直保持这种状态。

消除了引起致命错误的故障后，必须用下面的方法重新启动 CPU。将 PLC 断电后再通电，将模式开关从 TERM 或 RUN 扳至 STOP 位置。如果发现其他致命错误条件，CPU 将会重新点亮提示系统错误的 LED。

有些错误使 PLC 无法进行通信，此时在计算机上看不到 CPU 的错误代码。这表示硬件出错或 CPU 模块需要修理，修改程序或清除 PLC 的存储器不能消除这种错误。

**4. 非致命错误**

非致命错误会影响 CPU 的某些性能，但是不会使它无法执行用户程序和更新 I/O。有以下几类非致命错误。

（1）运行时间错误

在 RUN 模式下发现的非致命错误会影响特殊存储器标识位（SM）的状态，用户程序可以监控这些位。上电时 CPU 读取 I/O 配置，并将信息存储在 SM 中。如果在运行时 CPU 发现 I/O 配置变化，将会在模块错误字节中设置配置改变位。I/O 模块必须与保存在系统数据存储器中的 I/O 配置符合，CPU 才会对该位复位。它被复位之前，不会更新 I/O 模块。

（2）程序编译错误

CPU 编译程序成功后才能下载程序，如果编译时检测到程序违反了编译规则，不会下载程序，并在输出窗口生成错误代码。CPU 的 E²PROM 中原有的程序依然存在，不会丢失。

（3）程序执行错误

程序运行时，用户程序可能会产生错误。例如，因为在程序执行过程中修改了一个编译时正确的间接地址指针，它可能指向超出范围的地址。此时，可以用菜单命令"PLC"→"信息"来判断错误的类型，只有通过修改用户程序才能改正运行时的编程错误。

与某些错误条件相关的信息存储在特殊存储器（SM）中，用户程序可以用它们来监控和处理错误。例如，可以用 SM5.0（I/O 错误）的常开触点控制 STOP 指令，在出现 I/O 错误时使 CPU 切换到 STOP 模式。

## 2.2 程序的编写与下载

### 2.2.1 生成用户程序

**1. 创建项目或打开已有的项目**

在为控制系统编程之前，首先应创建一个项目。执行菜单命令"文件"→"新建"，或者单击工具栏最左边的"新建项目"按钮，生成一个新的项目。执行菜单命令"文件"→"另存为"，可以修改项目的名称和项目文件所在的文件夹。执行菜单命令"文件"→"打开"，或者单击工具栏上的按钮，可以打开已有的项目。项目存放在扩展名为.mwp 的文件中。

**2. 设置 PLC 的型号**

在给 PLC 编程之前，应正确地设置其型号，执行菜单命令"PLC"→"类型"，在出现的"PLC 类型"对话框（见图 2-3）中设置 PLC 的型号。如果已经成功地建立起与 PLC 的通信连接，单击对话框中的"读取 PLC"按钮，可以通过通信读出 PLC 的型号和 CPU 的版本号。单击"确认"按钮后，启用新的型号和版本号。

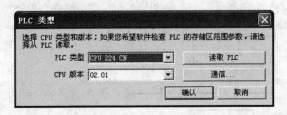

图 2-3 "PLC 类型"对话框

### 3. 控制要求

下面通过一个简单的例子介绍怎样用 STEP 7-Micro/WIN 编写、下载和调试梯形图程序。

控制两台异步电动机的 PLC 外部接线图和梯形图程序如图 2-4 所示。输入电路使用 CPU 模块提供的 DC 24V 电源。按下起动按钮后，输出点 Q0.0 变为 ON，$KM_1$ 的线圈通电，起动 1 号电动机。同时定时器 T37 开始定时，5s 后 T37 的定时时间到，使 Q0.1 变为 ON，$KM_2$ 的线圈通电，起动 2 号电动机。按下停止按钮后，Q0.0 变为 OFF，1 号电动机停止运行；T37 被复位，其常开触点断开，Q0.1 变为 OFF，2 号电动机也停止运行。1 号电动机过载时，经过一定的时间后，接在 0.2 输入端的热继电器的常开触点闭合，使梯形图中 I0.2 的常闭触点断开，也会使两台电动机停止运行。

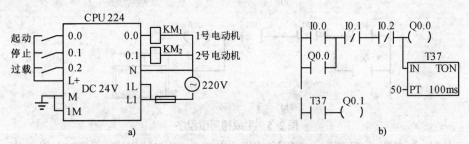

图 2-4 控制两台异步电动机的 PLC 外部接线图与梯形图程序

a) PLC 外部接线图 b) 梯形图程序

这是一个很简单的数字量控制系统。程序全部在主程序（OB1）中，没有子程序、中断程序和数据块，没有使用局部变量表。

本例对 CPU 模块和输入/输出的参数没有特殊的要求，可以全部采用系统块的默认设置。

### 4. 编写用户程序

生成新项目后，自动打开主程序 MAIN（OB1），网络 1 最左边的箭头处有一个矩形光标（见图 2-5a）。单击工具栏上的触点按钮 ┤├，然后单击出现的对话框中的常开触点，在矩形光标所在的位置出现一个常开触点（见图 2-5b）。

触点上面红色的问号??.?表示地址未赋值，选中它以后输入触点的地址 I0.0，光标移动到触点的右边（见图 2-5c）。

单击工具栏上的触点按钮 ┤├，然后单击出现的对话框中的常闭触点，生成一个常闭触点，输入触点的地址 I0.1。用同样的方法生成 I0.2 的常闭触点（见图 2-5d）。单击工具栏上的线圈按钮 ()，然后单击出现的对话框中的 ()，生成一个线圈，设置线圈的地址为 Q0.0。

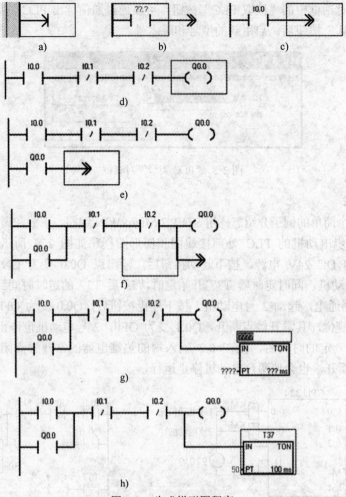

图 2-5 生成梯形图程序

a) 矩形光标  b) 放置一个常开触点  c) 光标移动到触点右边  d) 生成常闭触点和线圈  e) 生成 Q0.0 的常开触点

f) 生成触点的并联电路  g) 放置定时器  h) 输入结束后的梯形图程序

如果用鼠标双击指令列表的"位逻辑"文件夹中的某个触点或线圈，将在光标处生成一个相同的元件。可以将常用的编程元件拖放到指令列表的"收藏夹"文件夹中，在编程时使用它们。

将光标放到 I0.0 的常开触点的下面，生成 Q0.0 的常开触点（见图 2-5e）。将光标放到新生成的触点上，单击工具栏上的"向上连线"按钮 ，将 Q0.0 的触点并联到它上面 I0.0 的触点上（见图 2-5f）。

将光标放到 I0.2 的触点上，单击工具栏上的"向下连线"按钮 ，生成带双箭头的折线（见图 2-5f）。

有 3 种方法可以在程序中生成接通延时定时器。

1）将指令列表的"定时器"文件夹中的 TON 图标拖放到图 2-5f 中的双箭头所在的位置（见图 2-5g）上。

2）将光标放到图 2-5f 的双箭头上，然后用鼠标双击指令列表中的 TON 图标，在光标处生成接通延时定时器。

3）将光标放到图 2-5f 的双箭头上，单击工具栏上的"指令盒"按钮□，向下拖动打开的指令列表中的垂直滚动条，显示出指令 TON 后单击它，在光标处生成接通延时定时器。

出现指令列表后输入 TON，将会显示并选中指令列表中的 TON，单击它将在光标处生成接通延时定时器。

在 TON 方框上面输入定时器的地址 T37。单击 PT 输入端的红色问号????，输入以 100ms 为单位的时间预置值 50（5s）。图 2-5h 是网络 1 输入结束后的梯形图。

在网络 2 生成用 T37 的常开触点控制 Q0.1 线圈的电路（见图 2-4）。

**5. 对网络的操作**

梯形图程序被划分为若干个网络，编辑器自动给出网络的编号。一个网络只能有一块不能分开的独立电路，某些网络可能只有一条指令（例如 SCRE）。如果一个网络中有两块独立电路，编译时将会出现错误，显示"无效网络或网络太复杂无法编译"。

语句表允许将若干个独立电路对应的语句放在一个网络中。没有语法错误的梯形图一定能转换为语句表程序。但是只有将语句表正确地划分为网络，才能将语句表转换为梯形图。不能转换的网络将在网络编号处用红色显示"无效"。

程序编辑器中输入的参数或数字用红色文本表示非法的语法，数值下面的红色波浪线表示数值超出范围或数值对该指令不正确。数值下面的绿色波浪线表示正在使用的变量或符号尚未定义。STEP 7-Micro/WIN 允许先编写程序，后定义变量和符号。

用鼠标左键单击程序区垂直电源线左边的灰色部分（见图 2-5a），对应的网络被选中，整个网络的背景色变为深蓝色。此时，按住鼠标左键，在灰色区域内往上或往下拖动，可以选中相邻的若干个网络。可以按〈Delete〉键删除选中的网络，或者通过剪贴板复制、剪切和粘贴选中的网络中的程序。

用矩形光标选中梯形图中单个编程元件后，可以删除它，或者通过剪贴板复制和粘贴。

选中指令列表或程序中的某条指令后，按〈F1〉键，可以得到与该指令有关的在线帮助。

**6. 打开和关闭注释**

主程序、子程序和中断程序总称为程序组织单元（Program Organizational Unit，POU）。可以在程序编辑器中为 POU 和网络添加注释（见图 2-1）。单击工具栏上的"POU 注释"按钮▨或"网络注释"按钮▨，可以打开或关闭对应的注释。

**7. 编译程序**

单击工具栏上的"编译"按钮▨，编译当前打开的程序块或数据块。单击"全部编译"按钮▨，编译全部项目组件（程序块、数据块和系统块）。如果程序有语法错误，编译后在编辑器下面出现的输出窗口将会显示错误和警告的个数、各条错误的原因和它们在程序中的位置。用鼠标双击某一条错误，将会打开出错的程序块，用光标指示出错的位置。必须改正程序中所有的错误后才能下载。编译成功后，显示生成的程序和数据块的大小。

如果没有编译程序，在下载之前，STEP 7-Micro/WIN 将会自动地对程序进行编译，并在输出窗口显示编译的结果。

**8. 设置程序编辑器的参数**

执行菜单命令"工具"→"选项"，或单击工具栏上的"选项"按钮▨，打开"选项"

窗口，可进行程序编辑器的参数设置（见图 2-6）。单击左边窗口中的某个对象，再打开右边窗口的某个选项卡，可以进行有关的参数设置。

选中左边窗口的"程序编辑器"，可对程序编辑器进行参数设置（见图 2-6）。可以选择只显示符号或同时显示符号和地址，还可以设置网格（即矩形光标）的宽度、字符的大小、字体和样式（字符是否加粗或用斜体显示）。可以总体设置（在"类别"列表中选中"所有类别"），也可以分类设置。

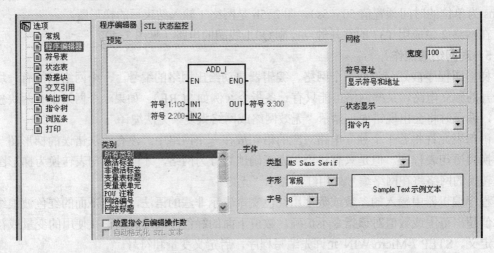

图 2-6　设置程序编辑器的参数

选中左边窗口的"常规"，在右边窗口的"常规"选项卡中可以选择使用"IEC 1131-3"或"SIMATIC"编程模式，一般选择 SIMATIC 编程模式，还可以选择使用"国际"或"SIMATIC"助记符集，它们分别使用英语和德语的指令助记符。单击右边窗口的"默认值"选项卡中的"浏览"按钮，可以设置默认的文件位置。

选中图 2-6 左边窗口中的其他选项，可以设置 STEP 7-Micro/WIN 的其他参数。读者可以通过实际操作，了解和熟悉设置 STEP 7-Micro/WIN 参数的方法。

## 2.2.2　下载与调试用户程序

为了实现 PLC 与计算机的通信，必须配备下列设备中的一种。

1）RS-232/PPI 多主站电缆或 USB/PPI 多主站电缆。

2）一块插在个人计算机中的通信处理器（CP 卡），其价格较高。

**1. RS-232/485 转换的 PC/PPI 多主站编程通信电缆**

PC/PPI 多主站编程电缆用于 PLC 与有 RS-232 端口的计算机通信。订货号为 6ES7 901-3CB30-0XA0，带光电隔离，最大波特率为 187.5 kbit/s。

目前几乎所有的笔记本电脑都没有 RS-232 端口，台式计算机有 RS-232 端口的也越来越少，所以这种编程电缆用得很少。使用时需要设置多主站电缆护套的 8 个 DIP 开关（见图 2-7），设置方法见 S7-200 的系统手册的"技术规范"中的"S7-200 RS-232/PPI 多主站电缆"。

图 2-7　多主站电缆护套的 DIP 开关

**2．USB/RS485 转换的 PC/PPI 多主站编程通信电缆**

目前用得最多的是 USB/RS-485 转换的 PC/PPI 多主站编程通信电缆，订货号为 6ES7 901-3DB30-0XA0，带光电隔离，最大波特率为 187.5 kbit/s。它是一种即插即用设备，无需设置开关和安装驱动程序。

**3．国产的 USB/PPI 编程通信电缆**

目前市面上有很多国产的与西门子产品兼容的 USB 电缆，它们大多数是 USB/RS-232 转换器和 PC/PPI 适配器的组合，将 USB 端口映射为一个 RS-232C 端口（俗称为 COM 口）。注意低档的产品不能在 Windows 7 操作系统下使用，不支持 187.5 kbit/s 的波特率。

用这种电缆连接好计算机的 USB 端口和 PLC 的 RS-485 端口，安装好 USB 电缆的驱动程序后，打开 Windows 控制面板的"\系统\硬件\设备管理器"，在"端口（COM 和 LPT）"文件夹中，可以看到 USB 端口映射的 RS-232C 端口，例如"Prolific USB-to-Serial Bridge （COM3）"，表示 USB 端口被映射为 RS-232C 端口 COM3。端口的编号与使用计算机的哪个 USB 物理端口有关。

**4．设置 PG/PC 接口**

用鼠标双击指令树"通信"文件夹中的"设置 PG/PC 接口"，选中打开的对话框中的"PC/PPI cable（PPI）"，单击"属性"按钮，打开属性对话框的"本地连接"选项卡。如果是 USB/PPI 多主站编程通信电缆，设置连接到 USB。如果是 RS-232/PPI 多主站编程通信电缆，或国产兼容的编程电缆，设置计算机与 PLC 通信使用的 COM 端口，例如 USB 端口映射的 COM3（见图 2-8）。

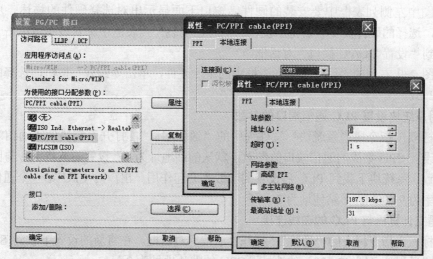

图 2-8　"设置 PG/PC 接口"对话框

在"PPI"选项卡中设置波特率等参数，运行 STEP 7-Micro/WIN 的计算机默认的站地址为 0。传输速率应与用系统块设置并下载到 CPU 的传输速率相同。"超时"时间是与通信设备建立联系的最长时间，可采用默认值 1s。最高站地址是 STEP 7-Micro/WIN 停止寻找网络中的其他主站的地址。

对于多主站网络，应设置使用 PPI 协议，并选中"高级 PPI"复选框和"多主站网络"

复选框。如果使用 PPI 多主站电缆，可以忽略这两个复选框。在多主站网络中，两台 S7-200 CPU 之间可以用网络读/写指令相互读、写数据，实现点对点通信。

高级 PPI 功能允许在 PPI 网络中与一个或多个 S7-200 CPU 建立多个连接，S7-200 CPU 的通信口 0 和通信口 1 分别可以建立 4 个连接，EM 277 可以建立 6 个连接。也可以使用计算机的通信处理器卡（例如 CP 5511 或 CP 5611）与 CPU 通信。

### 5．通信接口的安装与卸载

单击图 2-8 中的"设置 PG/PC 接口"对话框中的"选择"按钮，出现"安装/删除接口"对话框（见图 2-9），可以用它来安装或卸载通信硬件。对话框的左侧是可供选择的通信硬件，右侧是已经安装好驱动程序的通信硬件。

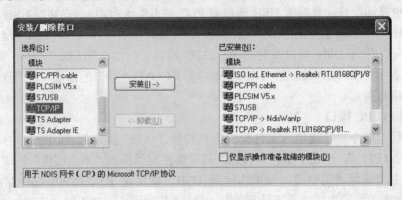

图 2-9 "安装/删除接口"对话框

选中图中左侧列表框中要安装的硬件，窗口下面显示出对选择硬件的描述。单击"安装"按钮，选择的硬件被安装后将出现在右侧"已安装"列表框中。安装完后单击"关闭"按钮，回到"设置 PG/PC 接口"对话框。

选中图 2-9 右侧的"已安装"列表框中的某一硬件，单击"卸载"按钮，选择的硬件驱动程序被卸载。

### 6．用系统块设置 PLC 通信端口的参数

用鼠标双击指令树"系统块"文件夹中的"通信端口"，打开系统块的"通信端口"窗口，可以设置 CPU 集成的通信端口的参数，默认的站地址为 2。设置的波特率应与图 2-8 中设置的一致。系统块下载到 PLC 后设置的参数才会起作用。出厂时 CPU 第一个通信端口默认的波特率为 9 600bit/s，站地址为 2。

### 7．建立计算机与 PLC 的在线连接

用鼠标双击指令树中的"通信"，打开"通信"对话框。在将新的设置下载到 S7-200 之前，应设置远程站（即 S7-200）的地址，CPU 的默认地址为 2。

用鼠标双击"通信"对话框中的"双击刷新"（见图 2-10），STEP 7-Micro/WIN 将会自动搜索连接在网络上的 S7-200，并用图标显示搜索到的 S7-200。这一步不是建立通信连接必需的操作。不能确定 PLC 端口的波特率时，可以选中"通信"对话框中的复选框"搜索所有波特率"。

图 2-10 "双击刷新"自动搜索 S7-200

**8．下载程序**

计算机与 PLC 建立起通信连接后，单击工具栏上的"下载"按钮，或者执行菜单命令"文件"→"下载"，出现"下载"对话框（见图 2-11）。

单击"选项"按钮，可以打开或关闭图 2-11 中该按钮下面的选项区。用户可以用复选框选择是否下载程序块、数据块、系统块、存储卡中的配方和数据记录配置。单击"下载"按钮，开始下载。

如果设置的 PLC 型号与 PLC 实际的型号不一致，将会显示提示信息。单击出现的"改动项目"按钮，自动修改 PLC 的型号后，提示信息会将消失，此时再进行下载操作。

下载应在 STOP 模式进行，可以设置在下载之前将 CPU 自动切换到 STOP 模式，和在下载结束后自动切换到 RUN 模式是否需要提示。建议最下面的 3 个复选框采用图 2-11 中的设置，最为方便快捷。

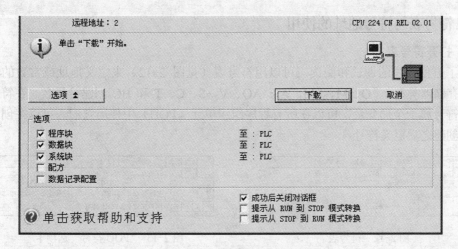

图 2-11 "下载"对话框

**9．上载程序**

上载前应建立起计算机与 PLC 之间的通信连接，在 STEP 7-Micro/WIN 中新建一个空项目来保存上载的块，项目中原有的内容将被上载的内容覆盖。

单击工具栏上的"上载"按钮，打开上载对话框。上载对话框与下载对话框的结构基本上相同，只是在对话框的右下部仅有复选框"成功后关闭对话框"。

用户可以用复选框选择是否上载程序块、数据块、系统块、存储卡中的配方和数据记录配置。单击"上载"按钮，开始上载。

**10．运行和调试程序**

下载程序后，将 PLC 的工作模式开关拨到 RUN 位置，"RUN" LED 亮，用户程序开始运行。工作模式开关在 RUN 位置时，可以用 STEP 7-Micro/WIN 工具栏上的 RUN 按钮和STOP 按钮切换 PLC 的操作模式。

在 RUN 模式，用接在端子 I0.0～I0.2 上的小开关来模拟按钮提供的起动信号、停止信号和过载信号，将开关接通后马上断开，观察 Q0.0 和 Q0.1 对应的 LED 的状态变化是否正确。

**11. PLC 中信息的读取**

执行菜单命令"PLC"→"信息…"，将显示出 PLC 的 RUN / STOP 状态、以 ms 为单位的扫描周期、CPU 的型号和固件版本号、错误信息以及 I/O 模块的配置和状态。"刷新扫描周期"按钮用来读取扫描周期的最新数据。

如果 CPU 配有智能模块，选中要查看的模块，单击"EM 信息…"按钮，将出现一个对话框，显示模块型号、模块版本号、模块错误信息和其他有关的信息。

**12. CPU 事件的历史记录**

S7-200 保留一份带时间标记的主要 CPU 事件的历史记录，包括上电、进入 RUN 模式、进入 STOP 模式和出现致命错误的时间。应设置实时时钟，这样才能得到事件记录中正确的时间标记。与 PLC 建立通信连接后，执行菜单命令"PLC"→"信息"，在打开的对话框中单击"历史事件"按钮，可以查看 CPU 事件的历史记录。

### 2.2.3 符号表与符号地址的使用

**1. 打开符号表**

为了方便程序的调试和阅读，可以用符号表（见图 2-12）来定义地址或常数的符号。可以为存储器类型 I、Q、M、SM、AI、AQ、V、S、C、T 和 HC 创建符号名。在符号表中定义的符号属于全局变量，可以在所有程序组织单元（POU）中使用它们。可以在创建程序之前或创建之后定义符号。

图 2-12　符号表　　　　　　　　　　图 2-13　"POU 符号"选项卡

**2. POU 符号表**

用鼠标双击指令树"符号表"文件夹中的图标，打开符号表。单击符号表窗口下面的"POU 符号"选项卡（见图 2-13），可以看到自动生成的主程序、子程序和中断程序的默认名称。该表格为只读表格，不能用它来修改 POU 符号。可用右键单击指令树文件夹中的某个 POU，并用快捷菜单中的"重命名"命令修改它的名称。

**3. 使用多个符号表**

可以创建多个符号表，但是不同的符号表不能使用相同的符号名和相同的地址。用鼠标右键单击指令树中的"符号表"，执行快捷菜单中的"插入"→"新符号表"命令，将生成新的符号表。成功插入新的符号表后，符号表窗口底部将会出现一个新的选项卡，可以单击这些选项卡来打开不同的符号表。

**4. 生成符号**

在符号表的"符号"列键入符号名，例如"起动按钮"（见图 2-12），在"地址"列中键入地址或常数。符号名最多可以包含 23 个字符，可以使用英语字母、数字字符、下划线和汉字。可以在"注释"列键入最多 79 个字符的注释。

在为符号指定地址或常数值之前，用绿色波浪下划线表示该符号为未定义符号。在"地址"列键入地址或常数后，绿色波浪下划线消失。键入时用红色的文本表示下列语法错误：符号以数字开始、使用关键字作符号或使用无效的地址。红色波浪下划线表示用法无效，例如重复的符号名和重复的地址。

符号表用 ▭ 图标表示地址重叠的符号（例如 VB0 和 VD0），用 ▭ 图标表示未使用的符号。

**5．表格的通用操作**

将鼠标的光标放在表格的列标题分界处，光标出现水平方向的双向箭头 ✛ 后，按住鼠标的左键，将列分界线拉至所需的位置，可以调节列的宽度。

用鼠标右键单击表格中的某一单元，执行弹出的菜单中的"插入"→"行"命令，可以在所选行的上面插入新的行。将光标置于表格最下面一行的任意单元后，按计算机键盘上的〈↓〉键，在表格的底部将会增添新的一行。

按〈Tab〉键光标将移至表格右边的下一个单元格。单击某个单元格，按住〈Shift〉键同时单击另一单元格，将会同时选中两个所选单元格定义的矩形范围内所有的单元格。

单击最左边的行号，可选中整个行。按住鼠标左键在最左边的行号列拖动，可以选中连续的若干行。按〈Delete〉键，可删除选中的行或单元格，可以用剪贴板复制和粘贴选中的对象。

**6．在程序编辑器或状态表中定义、编辑和选择符号**

在程序编辑器或状态表中，用右键单击未连接任何符号的地址，例如 T37。执行出现的快捷菜单中的"定义符号"命令，可以在打开的"定义符号"对话框中定义符号（见图 2-14）。单击"确认"按钮，确认操作并关闭对话框。被定义的符号将同时在程序编辑器或状态表和符号表中出现。

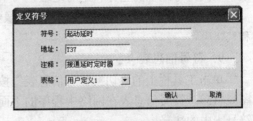

图 2-14 "定义符号"对话框

用右键单击程序编辑器或状态表中的某个符号，执行快捷菜单中的"编辑符号"命令，可以编辑该符号的地址和注释。用右键单击某个未定义的地址，执行快捷菜单中的"选择符号"命令，出现"选择符号"列表，可以为变量选用表中的某个符号。

可以在程序中指令的参数域键入尚未定义的有效的符号名。这样生成一组未分配存储器地址的符号名。单击工具栏上的"建立未赋值符号表"按钮 ⁿᵐ，将这组符号名称传送到新的符号表选项卡，可以在这个新符号表中为符号定义地址。

**7．符号表的排序**

为了方便在符号表中查找符号，可以对符号表中的符号排序。单击"符号"所在的列标题，表中的各行按符号升序排列，即按符号的字母或汉语拼音从 A～Z 的顺序排列。再次单击"符号"列标题，表中的各行按符号降序排列。也可以单击地址列的列标题，按地址排序。

**8．切换程序编辑器或状态表中地址的显示方式**

执行菜单命令"查看"→"符号寻址"，可以在程序中切换显示符号地址或绝对地址。图 2-15 是使用符号地址的电动机控制梯形图中的第一个网络，仅显示符号。在符号地址显示方式输入地址时，可以输入符号地址或绝对地址，输入后按设置的显示方式显示地址。

执行菜单命令"工具"→"选项",选中"选项"对话框左边的"程序编辑器"选项,在"程序编辑器"选项卡(见图 2-6)中,可以用选择框选择"仅显示符号"或"显示符号和地址"。图 2-15 仅显示符号,而图 2-16 同时显示符号和地址。

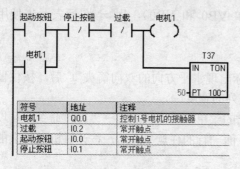

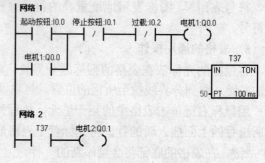

图 2-15　仅显示符号　　　　　　　　图 2-16　同时显示符号和地址

单击工具栏上的"应用项目中的所有符号"按钮，将符号表中定义的所有符号应用到项目,从显示绝对地址切换到显示符号地址。

在程序编辑器或状态表中按〈Ctrl+Y〉组合键,可以在符号地址或绝对地址显示方式之间进行切换。如果符号地址过长,并且选择了显示符号地址或同时显示符号地址和绝对地址,程序编辑器只能显示部分符号名。将鼠标的光标放在这样的符号上,可以在出现的小方框中看到符号地址的全称和绝对地址。

在程序编辑器中引用符号时,可以像绝对地址一样,对符号名使用间接寻址的记号&和*。

### 9. 符号信息表

单击工具栏上的"切换符号信息表"按钮，可以打开或关闭各网络的符号信息表(见图 2-15)。符号信息表在网络中程序的下面,它列出了网络中使用的符号地址、绝对地址和符号表中的注释。

## 2.3　用编程软件监控与调试程序

### 2.3.1　用程序状态监控与调试程序

#### 1. 启动程序状态监控

在运行 STEP 7-Micro/WIN 的计算机与 PLC 之间建立起通信连接,并将程序下载到 PLC后,在程序编辑器中打开要监控的 POU,执行菜单命令"调试"→"开始程序状态监控",或单击工具栏上的"程序状态监控"按钮，就启动了程序状态监控功能。

如果 CPU 中的程序和打开的项目程序不同,或者在切换使用的编程语言后启用监控功能,将会出现"时间戳记不匹配"对话框(见图 2-17),单击"比较"按钮,经检查确认PLC 中的程序和打开的项目中的程序相同,对话框中显示"已通过",此时单击"继续"按钮,开始监控。如果 CPU 处于 STOP 模式,将出现对话框询问是否切换到 RUN 模式。如果检查后未通过,应重新下载程序。

图 2-17 "时间戳记不匹配"对话框

单击工具栏上的"暂停程序状态监控"按钮![icon]，暂停程序状态监控，当前的数据会保留在屏幕上。再次单击该按钮，继续执行程序状态监控。

**2. 梯形图程序的程序状态监控**

（1）运行状态的程序状态监控

必须在梯形图程序状态操作开始之前选择程序状态监控的数据采集模式。执行菜单命令"调试"→"使用执行状态"后，进入执行状态，该命令行的前面出现一个"√"。在这种状态模式下，只有在 PLC 处于 RUN 模式时才刷新网络中的状态值。不能显示未执行的程序区（例如未调用的子程序、中断程序或被 JMP 指令跳过的区域）的程序状态。

在 RUN 模式启动程序状态功能后，将用颜色显示出梯形图中各元件的状态（见图 2-18），左边的垂直"电源线"和与它相连的水平"导线"变为蓝色。如果位操作数为 1（为 ON），其常开触点和线圈变为蓝色，它们中间出现蓝色方块，有"能流"流过的"导线"也变为蓝色。如果有能流流入方框指令的 EN（使能）输入端，且该指令被成功执行时，方框指令的方框变为蓝色。定时器和计数器的方框为绿色表示它们包含有效数据。红色方框表示执行指令时出现了错误。灰色表示无能流、指令被跳过、未调用或 PLC 处于 STOP（停止）模式。

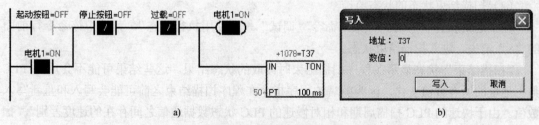

图 2-18 用颜色显示梯形图程序中各元件的状态

a) 梯形图程序 b) "写入"对话框

在 RUN 模式启用程序状态监控后，将以连续方式采集状态值。"连续"并非意味着实时，而是指编程设备不断地从 PLC 轮询状态信息，并在屏幕上显示，按照通信允许的最快速度更新显示。可能捕获不到某些快速变化的值（例如流过正、负向检测触点的能流），并在屏幕中显示，或者因这些值变化太快而无法读取。

开始监控图 2-18 中的梯形图时，各输入点均为 OFF，梯形图中 I0.0 的常开触点断开，

I0.1 和 I0.2 的常闭触点接通。用接在端子 I0.0 上的小开关来模拟起动按钮信号，将开关接通后马上断开，梯形图中 Q0.0 的线圈"通电"，T37 开始定时，定时器方框上面 T37 的当前值不断增大。当前值大于、等于预设值 50（5s）时，梯形图中 T37 的常开触点接通，Q0.1 的线圈"通电"（见图 2-16）。启用程序状态监控，可以形象直观地看到触点、线圈的状态和定时器当前值的变化情况。

用接在端子 I0.1 上的小开关来模拟停止按钮信号，梯形图中 I0.1 的常闭触点断开后马上接通。Q0.0 和 Q0.1 的线圈断电，T37 被复位。

在 T37 定时的时候，用鼠标右键单击 T37 的当前值，执行出现的快捷菜单中的"写入"命令，可以用出现的对话框（见图 2-18）执行写入操作来修改 T37 的当前值。

图 2-19 为梯形图的程序状态监控。图中用定时器 T38 的常闭触点控制它自己的 IN 输入端。进入 RUN 模式时 T38 的常闭触点接通，它开始定时。2s 后定时时间到，T38 的常开触点闭合，使 MB10 加 1；常闭触点断开，使它自己复位，复位后 T38 的当前值变为 0。下一扫描周期因为它的常闭触点被接通，使它自己的 IN 输入端重新"得电"，所以又开始定时。T38 将这样周而复始地工作。从上面的分析可知，图 2-19 上面的网络是一个脉冲信号发生器，脉冲周期等于 T38 的预设值 2s。T38 的当前值按图 2-23 中的锯齿波形不断变化。

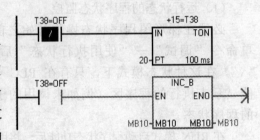

图 2-19　梯形图的程序状态监控

单击工具栏上的"暂停状态开/关"按钮，暂停程序状态的采集，T38 的当前值停止变化。再次单击该按钮，T38 的当前值又重新开始变化。

为了节省篇幅，本书一般省略了梯形图中的网络编号，用左侧垂直母线上的断点表示相邻网络的分界点。

（2）扫描结束状态的状态监控

在上述的执行状态时执行菜单命令"调试"→"使用执行状态"，菜单中该命令行前面的"√"消失，进入扫描结束状态。

"扫描结束"状态显示在程序扫描结束时读取的状态结果。这些结果可能不会反映 PLC 数据地址的所有数值变化，因为随后的程序指令在程序扫描结束之前可能会写入和重新写入数值。由于快速的 PLC 扫描周期和相对慢速的 PLC 状态数据通信之间存在的速度差别，"扫描结束"状态显示的是几个扫描周期结束时采集的数据值。

只有在 RUN 模式才会显示触点和线圈中的颜色块，以区别 RUN 和 STOP 模式。

**3. 语句表程序的程序状态监控**

在语句表显示方式单击"程序状态监控"按钮，启动语句表的程序状态监控功能。程序编辑器窗口分为代码区和用蓝色字符显示数据的状态区。图 2-20 为语句表的程序状态监控。图中"操作数 3"的右边是逻辑堆栈中的值。最右边的列是方框指令的使能输出位（ENO）的状态。

**网络 1**

| | | 操作数 1 | 操作数 2 | 操作数 3 | 0123 | 中 |
|---|---|---|---|---|---|---|
| LD | 起动按钮 | OFF | | | 0000 | 0 |
| O | 电机1 | ON | | | 1000 | 1 |
| AN | 停止按钮 | OFF | | | 1000 | 1 |
| AN | 过载 | OFF | | | 1000 | 1 |
| = | 电机1 | ON | | | 1000 | 1 |
| TON | T37, 50 | +350 | 50 | | 1000 | 1 |

图 2-20　语句表的程序状态监控

在图 2-20 中的"操作数 1"列可以看到 T38 的当前值不断变化。用接在端子 I0.0 和 I0.1 上的小开关来模拟按钮信号，可以看到指令中的位地址的 ON/OFF 状态的变化和 T37 当前值的变化。

用菜单命令"工具"→"选项"打开"选项"对话框，在"程序编辑器"的"STL 状态监控"选项卡中，可以设置语句表程序状态监控的内容（见图 2-21），每条指令最多可以监控 17 个操作数、逻辑堆栈中 4 个当前值和 1 个指令状态位。

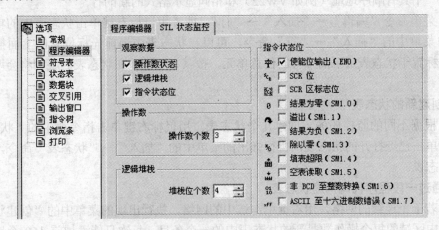

图 2-21　设置语句表程序状态监控的内容

状态信息从位于编辑窗口顶端的第一条 STL 语句开始显示。向下滚动编辑器窗口时，将从 CPU 获取新的信息。

## 2.3.2　用状态表监控与调试程序

在程序编辑器中能同时监控的变量非常有限，使用状态表可以在一个画面中同时监视、修改和强制用户感兴趣的全部变量。

### 1. 打开和编辑状态表

在程序运行时，可以用状态表来读、写、强制和监控 PLC 中的变量。用鼠标双击指令树的"状态表"文件夹中的"用户定义 1"图标，或者执行菜单命令"查看"→"组件"→"状态表"，均可以打开状态表，并对它进行编辑。如果项目中有多个状态表，可以用状态表编辑器底部的选项卡切换它们。

在状态表的"地址"列键入要监控变量的绝对地址或符号地址（见图 2-22），可以采用默认的显示格式，或者用"格式"列隐藏的下拉式列表更改显示格式。定时器和计数器可以分别按位或按字监控。按位监控显示的是它们的输出位的 ON/OFF 状态，按字监控显示的是

*35*

它们的当前值。

| | 地址 | 格式 | 当前值 | 新值 |
|---|---|---|---|---|
| 1 | I0.0 | 位 | 2#0 | |
| 2 | I0.1 | 位 | 2#0 | |
| 3 | IW0 | 二进制 | 2#0000_0000_0000_0000 | |
| 4 | Q0.0 | 位 | 2#1 | |
| 5 | T37 | 位 | 2#1 | |
| 6 | T37 | 有符号 | +54 | +0 |
| 7 | T38 | 有符号 | +14 | |
| 8 | M10.0 | 位 | 2#1 | |

图 2-22　状态表监控

选中符号表中的符号单元或地址单元，并将其复制到状态表的"地址"列，可以快速创建要监控的变量。

单击状态表某个"地址"列的单元格（例如 VW20）后按〈Enter〉键，可以在下一行插入或添加一个具有顺序地址（例如 VW22）和相同显示格式的新的行。

执行菜单命令"编辑"→"插入"→"行"，或者用鼠标右键单击状态表中的单元，执行弹出的菜单中的"插入"→"行"命令，可以在状态表中当前光标位置的上面插入新的行。将光标置于状态表最下面一行的任意单元，按〈↓〉键，在状态表的底部将会增添新的一行。

**2. 创建新的状态表**

可以根据不同的监控任务，创建几个状态表。用鼠标右键单击指令树中的"状态表"，或用右键单击已经打开的状态表，执行弹出的菜单中的"插入"→"状态表"命令，可以创建新的状态表。

**3. 通过一段程序代码构建状态表**

选中若干个连续的网络，用右键单击选中的网络，执行出现的菜单中的"创建状态表"命令，选中区域的每个操作数是新的状态表中的一个条目，每次只能添加前 150 个地址。创建后可以编辑表中的条目。

**4. 启动和关闭状态表的监控功能**

与 PLC 的通信连接成功后，打开状态表，执行菜单命令"调试"→"开始状态表监控"，或单击工具栏上的"状态表监控"按钮 （见图 2-24），该按钮被"按下"，将会启动状态表的监控功能。STEP 7-Micro/WIN 从 PLC 收集状态信息，在状态表的"当前值"列出现从 PLC 中读取的动态数据。这时，还可以强制修改状态表中的变量。

启动监控后，用接在输入端子上的小开关来模拟起动按钮和停止按钮信号，可以看到各个位地址的 ON/OFF 状态和定时器当前值变化的情况。执行菜单命令"调试"→"停止状态表监控"或单击"状态表监控"按钮 ，可以关闭状态表的监控功能。

用二进制格式监控字节、字或双字（见图 2-22 中对 IW0 的监控），可以在一行中同时监控 8 点、16 点或 32 点位变量。

**5. 单次读取状态信息**

状态表的监控功能被关闭时，或将 PLC 切换到 STOP 模式，执行菜单命令"调试"→"单次读取"或单击工具栏上的"单次读取"按钮 ，可以从 PLC 收集当前的数据，并在状态表的"当前值"列显示出来。

### 6. 趋势图

趋势图（见图 2-23）用随时间变化的曲线跟踪 PLC 的状态数据。启用状态表监控功能后，单击工具栏上的趋势图按钮 ![icon]，可以在表格视图与趋势图之间进行切换。图 2-19 中的定时器 T38 的当前值按图 2-23 中的锯齿波变化。T38 的常开触点每 2s 产生一个脉冲，将字节 MB10 的值加 1。MB10 的最低位 M10.0 的 ON/OFF 状态以 4s 的周期变化。

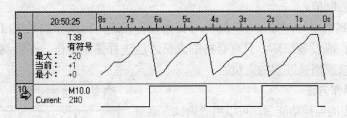

图 2-23 趋势图

用鼠标右键单击趋势图，执行弹出的菜单中的命令，可以修改趋势图的时间基准（即时间轴的刻度）。如果更改趋势图的时间基准（0.25s～5min），整个图的数据都会被清除，并用新的时间基准重新显示。执行弹出的菜单中的"属性"命令，在弹出的对话框中，可以修改被单击的行变量的地址和显示格式，以及显示的上限和下限。

启动趋势图后，单击工具栏上的"暂停趋势图"按钮 ![icon]，或执行菜单命令"调试"→"暂停趋势图"，可以"冻结"趋势图。再次单击该按钮将结束暂停。

实时趋势功能不支持历史趋势，即不会保留超出趋势图窗口的时间范围的趋势数据。

将光标放到两行的分界线上，光标变为垂直方向的双向箭头 ![icon]，按住鼠标左键上、下移动鼠标，拖动水平分界线，可以调整上面一行的高度。

## 2.3.3 写入与强制数值

本节介绍用程序编辑器和状态表将新的值写入或强制给操作数的方法。

### 1. 写入数据

"写入"功能用于将数值写入 PLC 的变量。将变量新的值键入状态表的"新值"列后（见图 2-22），单击工具栏上的"全部写入"按钮 ![icon]，将"新值"列所有的值传送到 PLC 中。在 RUN 模式时因为用户程序的执行，修改的数值可能很快被程序改写成新的数值，不能用写入功能改写物理输入点（地址 I 或 AI）的状态。

在程序状态监控时，用鼠标右键单击梯形图中的某个地址或语句表中的某个操作数的值，可以用快捷菜单中的"写入"命令和出现的"写入"对话框来完成写入操作（见图 2-18）。

### 2. 强制的基本概念

强制（Force）功能通过强制 V、M 来模拟逻辑条件，通过强制 I/O 点来模拟物理条件。例如，可以通过对输入点的强制代替输入端外接的小开关来调试程序。

可以强制所有的 I/O 点，还可以同时强制最多 16 个 V、M、AI 或 AQ 地址。强制功能可以用于 I、Q、V、M 的字节、字和双字，只能从偶数字节开始以字为单位强制 AI 和

AQ。不能强制 I 和 Q 之外的位地址。强制的数据用 CPU 的 E$^2$PROM 永久性地存储。

在 RUN 模式且对控制过程影响较小的情况下，可以对程序中的某些变量强制性地赋值。在读取输入阶段，强制值被当做输入读入；在程序执行阶段，强制数据用于立即读和立即写指令指定的 I/O 点。在通信处理阶段，强制值用于通信的读/写请求；在修改输出阶段，强制数据被当做输出写到输出电路中。进入 STOP 模式时，输出将变为强制值，而不是系统块中设置的值。虽然在一次扫描过程中，程序可以修改被强制的数据，但是新扫描开始时，会重新应用强制值。

在写入或强制输出时，如果 S7-200 与其他设备相连，可能导致系统出现无法预料的情况而引起人员伤亡或设备损坏，只有合格的人员才能进行强制操作。在强制程序值后，务必通知所有有权维修或调试过程的人员。

**3. 强制的操作方法**

在启动状态表的监控功能后，可以用"调试"菜单中的命令或工具栏上与调试有关的按钮（见图 2-24），来执行下述的与强制有关的操作。用鼠标右键单击状态表中的某个操作数，从弹出的菜单中可以选择对该操作数强制或取消强制。

| 地址 | 格式 | 当前值 |
|---|---|---|
| 10 VW0 | 十六进制 | 🔒 16#1234 |
| 11 VB0 | 十六进制 | 🔒 16#12 |
| 12 VW1 | 十六进制 | 🔓 16#3400 |

图 2-24  用状态表强制变量

（1）强制

将要强制的新的值 16#1234 键入状态表中 VW0 的"新值"列，单击工具栏上的"强制"按钮，VW0 被强制为新的值。在"当前值"列的左端出现强制图标（见图 2-24）。

要强制程序状态中的某个地址，可以用鼠标右键单击它，执行快捷菜单中的"强制"命令，然后用出现的"强制"对话框进行强制操作。

一旦使用了强制功能，每次扫描都会将强制的数值用于该操作数，直到取消对它的强制为止。即使关闭 STEP 7-Micro/WIN ，或者断开 S7-200 的电源，都不能取消强制。

黄色的显式强制图标（一把合上的锁）表示该地址被显式强制，在对它取消强制之前，用其他方法不能改变此地址的值。

图 2-24 中的 VW0 被显示强制，VB0 是 VW0 的一部分，因此它被隐式强制。灰色的隐式强制图标（合上的灰色的锁）表示该地址被隐式强制。

VW0 被显示强制，因为 VW1 的第一个字节 VB1 是 VW0 的第二个字节，VW1 的一部分也被强制，因此 VW1 被部分隐式强制。灰色的部分隐式强制图标（半把灰色的锁）表示该地址被部分隐式强制。

不能直接取消对 VB0 的隐式强制和对 VW1 的部分隐式强制，必须取消对 VW0 的显式强制，才能同时取消上述的隐式强制和部分隐式强制。

（2）取消对单个操作数的强制

选择一个被显式强制的操作数，然后单击工具栏上的"取消强制"按钮，被选择的地址的强制图标将会消失。也可以用鼠标右键单击程序状态中被强制的地址，用快捷菜单中的命令取消对它的强制。

（3）取消全部强制

单击工具栏上的"取消全部强制"按钮，可以取消对被强制的全部地址的强制，使用该功能之前不必选中某个地址。

（4）读取全部强制

单击工具栏上的"读取全部强制"按钮，状态表中的当前值列将会为已被显式强制、隐式强制和部分隐式强制的所有地址显示出相应的强制图标。

### 4. 在 STOP 模式下写入和强制输出

如果在写入或强制输出点 Q 时已将 S7-200 连接到设备，这些更改将会传送到该设备中，这可能导致设备出现异常，从而造成人员伤亡或设备损坏。必须执行菜单命令"调试"→"STOP（停止）模式下写入-强制输出"，才能在 STOP 模式下启用该功能。打开 STEP7-Micro/WIN 或打开不同的项目时，作为默认状态，没有选中该菜单选项，以防止在 PLC 处于 STOP 模式时写入或强制输出。

## 2.3.4 调试用户程序的其他方法

### 1. 在 RUN 模式下编辑用户程序

在 RUN（运行）模式下，不必转换到 STOP（停止）模式，便可以对程序进行较小的改动，并将改动下载到 PLC 中。

建立好计算机与 PLC 之间的通信连接后，在 RUN 模式执行菜单命令"调试"→"RUN（运行）模式下程序编辑"，出现"上载"对话框和警告信息。单击"上载"按钮，程序被上载。上载结束后，进入 RUN 模式编辑状态，出现一个跟随鼠标移动的 PLC 图标。再次执行菜单命令"调试"→"RUN（运行）模式下程序编辑"，将退出 RUN 模式编辑。

编辑前应退出程序状态监控，修改程序后，需要将改动下载到 PLC 中。下载之前一定要仔细考虑可能对设备或操作人员造成的各种安全后果。

在 RUN 模式编辑状态下修改程序后，关于 CPU 对修改的处理方法可以查阅系统手册。

在 RUN 模式编辑过程中，STEP 7-Micro/WIN 在正、负向转换触点上面为 EU/ED 指令分配一个临时的编号。同时交叉引用表中出现"沿使用"选项卡，列出程序中所有的 EU/ED 指令，P 和 N 分别表示 EU 和 ED 指令。修改程序时可以参考该表，禁止使用编号重复的 EU/ED 指令。

### 2. 使用书签

工具栏上的"切换书签"按钮用于在当前光标位置对指定的网络设置或删除书签，单击按钮或，光标将移动到程序中下一个或上一个标有书签的网络。单击按钮将删除程序中所有的书签。

### 3. 单次扫描

从 STOP 模式进入 RUN 模式，首次扫描位（SM0.1）在第一次扫描时为 ON。由于执行速度太快，所以在程序运行状态观察不到首次扫描刚结束时某些编程元件的状态。

在 STOP 模式下，执行菜单命令"调试"→"首次扫描"，PLC 进入 RUN 模式，执行一次扫描后，自动回到 STOP 模式，此时可以观察到首次扫描后的状态。

### 4. 多次扫描

PLC 处于 STOP 模式时，执行菜单命令"调试"→"多次扫描"，在出现的对话框中指定执行程序扫描的次数（1~65 535 次）。单击"确认"按钮，在执行完指定的扫描次数后，自动返回 STOP 模式。

## 2.4 使用系统块设置 PLC 的参数

执行菜单命令"查看"→"组件"→"系统块",可以打开系统块。单击指令树"系统块"文件夹中的某个图标(见图 2-25),可以直接打开系统块中对应的对话框。

### 2.4.1 断电数据保持的设置与编程

#### 1. S7-200 保存数据的方法

S7-200 CPU 中的数据存储区分为易失性的 RAM 存储区和不需要供电就可以永久保存数据的 $E^2PROM$ 存储区。前者的电源消失后,存储的数据将会丢失,而后者的电源消失后,存储的数据不会丢失。CPU 在工作时,V、M、T、C、Q 等存储区的数据都保存在 RAM 中。

图 2-25 指令树

S7-200 用内置的 $E^2PROM$ 永久保存程序块、数据块、系统块、强制值和组态为断电保持的存储区,以及在用户程序控制下写入 $E^2PROM$ 中的指定值。配方和数据记录组态用存储卡保存。

从 CPU 模块上载用户程序时,CPU 将从 $E^2PROM$ 上载程序块、数据块和系统块,同时从存储卡上载配方和数据记录组态。通过 S7-200 的资源管理器上载数据记录中的数据。S7-200 提供了多种方法来保存数据。

1)用 CPU 的超级电容器保存 RAM 中的 V、M、T、C 存储区的数据。超级电容器可以保持几天,保持的时间(50h 或 100h)与 CPU 模块的型号有关。CPU 上电后超级电容开始充电,至少充电 24h 后才能获得表 1-1 中的保持时间。

2)可选的电池卡可以延长 RAM 保存信息的时间,只是在超级电容器电能耗尽后电池卡才提供电源。在 PLC 连续断电时,电池的寿命约为 200 天。

3)MB0~MB13 如果在系统块中被设置为断电保持,在 CPU 模块断电时被永久保存在 $E^2PROM$ 中。

4)数据块用来给 V 存储区赋初值,将数据块下载到 CPU 后,存储在 $E^2PROM$ 中,所以可以用数据块来保存程序中用到的不需要改变的数据,例如已调试好的 PID 参数。

5)用可拆卸的存储卡($E^2PROM$)来保存程序块、数据块、系统块、配方、数据记录和强制值。通过 S7-200 的资源管理器,可以将文件储存在存储卡中。

需要注意的是,静电放电可能损坏存储卡或 CPU 接口,取存储卡时应使用接地垫或戴接地手套,应将存储卡存放在导电的容器中。

#### 2. 设置 PLC 断电后的数据保存方式

用鼠标双击图 2-25 的指令树"系统块"文件夹中的"断电数据保持",打开"系统块"对话框(见图 2-26),选择从通电切换到断电时希望保存的存储区。

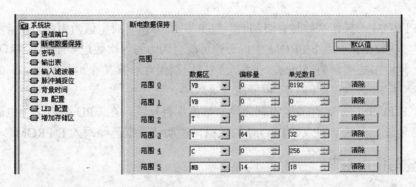

图 2-26 设置"断电数据保持"参数

最多可以定义 6 个在电源掉电时需要保持的存储区范围，图 2-26 中是默认的保持范围。可以设置保存的存储区有 V、M、C、和 T。只能保持 TONR（有记忆接通延时定时器）和计数器的当前值，不能保持定时器位和计数器位（上电时它们被清除）。单击"默认值"按钮，将采用 STEP 7-Micro/WIN 推荐的设置值。

单击"确认"按钮，确认设置的参数，并自动关闭系统块。将系统块下载到 PLC 后，设置的参数才起作用。

**3．开机后数据的恢复**

上电后，CPU 会自动地从 $E^2PROM$ 中恢复程序块和系统块。然后检查是否安装了超级电容器和可选的电池卡。如果是，将确认数据是否成功地保存到 RAM 中。如果保存是成功的，RAM 存储器的保持区将保持不变。$E^2PROM$ 中数据块的内容被复制到 V 存储器的非保持区，RAM 中的其他非保持区被清零。如果 RAM 存储器中的数据没有保持下来（例如长时间断电后），CPU 将会清除 RAM 中所有的用户存储区，并在通电后的第一次扫描置"保持数据丢失"标志（SM0.2）为 ON。此外，将 $E^2PROM$ 中 V 存储区和 M 存储区的永久区域从 $E^2PROM$ 复制到 RAM 中，RAM 的所有其他区域均被清零。

**4．用程序将 V 存储器的数据复制到 $E^2PROM$ 中**

可以将 V 存储区任意位置的数据（字节、字和双字）复制到 $E^2PROM$ 中。一次写 $E^2PROM$ 的操作会使扫描周期增加 10～15ms。新存入的值会覆盖 $E^2PROM$ 中原有的数据，写 $E^2PROM$ 的操作不会更新存储卡中的数据。

将 V 存储器中的一个数据复制到 $E^2PROM$ 中 V 存储区的步骤如下。

1）将要保存的 V 存储器的地址送特殊存储器字 SMW32 中。

2）数据长度单位写入 SM31.0 和 SM31.1 中。这两位为二进制数 00 和 01 时表示字节，为 10 时表示字，为 11 时表示双字。

3）令 SM31.7 = 1，在每次扫描结束时，CPU 自动检查 SM31.7，该位为 1 时将指定的数据存入 $E^2PROM$ 中，CPU 将该位复位为 0 后操作结束。

【**例 2-1**】 在 I0.0 的上升沿将 VW50 的值写入 $E^2PROM$。写入 SMB31 的 16#82（2#1000 0010）的最低两位为 2#10，表示要写入字，最高位（写入标志）为 1。

```
LD        I0.0
EU
MOVW      50, SMW32              //指定 V 存储器的地址
MOVB      16#82, SMB31          //令 SM31.7 = 1，将 VW50 的值写入 E²PROM 中
```

写入 $E^2PROM$ 的操作次数是有限制的，最少为 10 万次，典型值为 100 万次。应仅在发生特殊事件时才将数据保存到 $E^2PROM$ 中，否则可能会因为写入次数过多而使 $E^2PROM$ 失效。

例如，假设扫描周期为 50ms，在每个扫描周期保存一次某个地址的值，5 000s（不到 1.5h）就写入了 10 万次，$E^2PROM$ 可能就会失效了。

将写入 $E^2PROM$ 的 V 存储区设置为没有数据保持功能，在 CPU 断电又上电后，如果在该 V 存储器地址显示的是写入 $E^2PROM$ 的数据，说明该数据已经写入 $E^2PROM$。

## 2.4.2 创建与使用密码

### 1. 密码的作用

S7-200 的密码保护功能用于限制对特殊功能的访问。有 4 种限制 CPU 访问功能的等级（见表 2-1）。各等级均有不需要密码的访问功能，默认的 1 级没有限制。如果设置了密码，只有输入正确的密码后，S7-200 才根据授权级别提供相应的操作功能。系统块下载到 CPU 后，密码才起作用。

**表 2-1　4 种限制 CPU 访问功能的等级**

| 任　务 | 1 级 | 2 级 | 3 级 | 4 级 |
|---|---|---|---|---|
| 读、写用户数据；启动、停止 CPU，上电复位；读、写时钟 | 允许 | 允许 | 允许 | 允许 |
| 上载用户程序、数据块和系统块 | | | | 不允许 |
| 下载或删除程序块、数据块和系统块；运行时编辑；将程序块、数据块或系统块复制到存储卡；在状态表中强制数据；执行单次/多次扫描；刷新 PLC 信息中的扫描周期；在 STOP 模式写输出 | | 有限制 | 有限制 | 有限制 |
| 执行状态监控，项目比较 | | | | 不允许 |

在第 4 级密码的保护下，即使有正确的密码也不能上载程序，不允许下载和删除系统块。

允许一个用户使用授权的 CPU 功能就会禁止其他用户使用该功能。在同一时刻，只允许一个用户不受限制地存取。

### 2. 密码的设置

单击图 2-26 左边窗口中的"密码"，选择限制级别为 2～4 级（见图 2-27），在"密码"和"验证"文本框中输入相同的密码，密码最多 8 位，字母不区分大小写。

### 3. 忘记密码的处理

如果忘记了密码，必须清除存储器，重新下载程序。清除存储器会使 CPU 进入 STOP 模式，并将网络地址、波特率和时钟之外的其他参数恢复到出厂设置。

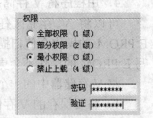

图 2-27　设置密码

计算机与 PLC 建立连接后，执行菜单命令"PLC"→"清除"，显示出"清除"对话框后，选择要清除的块，单击"清除"按钮。如果设置了密码，将会显示一个密码授权对话框。在对话框中输入"CLEARPLC"（不区分大小写），确认后执行清除存储器的操作。

清除 CPU 的存储器将关闭所有的数字量输出，模拟量输出将处于某一固定的值。如果 PLC 与其他设备相连，应注意输出的变化是否会影响设备和人身安全。

### 4. POU 和项目文件的加密

（1）POU（程序组织单元）的加密

POU 包括主程序、子程序和中断程序。可以对某个 POU 单独加密。用鼠标右键单击项目树中要加密的 POU，执行弹出的快捷菜单中的"属性"命令，打开该 POU 的"属性"对话框中的"保护"选项卡。选中复选框"用密码保护本 POU"，在"密码"和"验证"文本框中输入相同的 4 位密码。单击"确认"按钮，退出对话框。

在项目树中被加密的 POU 图标上和被加密的 POU 中，出现一把锁的图标。程序下载到 CPU 后再上传，也保持加密状态。如果选中复选框"用此密码保护所有 POU"，所有的 POU 都将被设置相同的密码。

不知道已加密的 POU 的密码也一样可以使用它。虽然看不到程序的内容，但是在程序编辑器中可以查看其局部变量表中变量的符号名、数据类型和注释等信息。

（2）打开被加密的 POU

用鼠标右键单击指令树中被加密的 POU，执行弹出的快捷菜单中的"属性"命令。选中出现的对话框的"保护"选项卡。在"密码"文本框中输入正确的密码，然后单击"验证"按钮，就可以打开 POU，查看其中的内容。

（3）项目文件的加密

用鼠标右键单击指令树中的项目，执行"设置密码"指令，用出现的"设置项目密码"对话框对整个项目文件加密。项目文件密码最多 16 个字符，可以是字母或数字的组合（字母区分大小写）。只有输入密码才能打开项目文件。

### 2.4.3　组态输入/输出参数

#### 1. 输出表的设置

单击图 2-26 左边窗口中的"输出表"，可以设置从 RUN 模式切换到 STOP 模式后各输出点的状态。应按确保系统安全的原则来设置输出表。

（1）数字量输出表的设置

在"数字量"选项卡中，选中"将输出冻结在最后的状态"复选框，从 RUN 模式变为 STOP 模式时，所有的数字量输出点将保持在 CPU 由 RUN 进入 STOP 模式时的状态。

如果未选"冻结"模式，从 RUN 模式变为 STOP 模式时各输出点的状态用输出表来设置。若希望进入 STOP 模式之后某一输出点为 ON，则单击该位对应的小方框，使之显示出"√"，输出表的默认状态是未选"冻结"模式，并且从 RUN 模式切换到 STOP 模式时，所有输出点的状态均被置为 OFF。

（2）模拟量输出表的设置

"模拟量"选项卡中的"将输出冻结在最后的状态"选项的意义与数字量输出的相同。如果未选"冻结"模式，可以设置从 RUN 模式变为 STOP 模式后模拟量输出的值（-32 768～32 767）。

#### 2. 数字量输入滤波器的设置

输入滤波器用来滤除输入线上的干扰噪声，例如机械触点闭合或断开时产生的抖动，以及模拟量输入信号中的脉冲干扰信号。单击图 2-26 左边窗口中的"输入滤波器"，在打开的对话框的"数字量"选项卡中，可以设置 4 点为 1 组的 CPU 输入点的输入滤波器延迟时间。输入状态发生 ON/OFF 变化时，输入信号必须在设置的延迟时间内保持新的状态，才能被认为有效。延迟时间的设置范围为 0.2～12.8ms，默认值为 6.4ms。为了消除触点抖动的影响，可选为 12.8ms。数字量输入滤波器会影响输入中断和脉冲捕获功能，但是高速计数器不会受它的影响。

### 3. 模拟量输入滤波器的设置

在"模拟量"选项卡中，可以设置每个模拟量的输入通道是否采用软件滤波。滤波后的值是预选采样次数的各次模拟量输入的平均值。采样次数多，将使滤波后的值稳定，但是响应较慢；采样次数少，滤波效果较差，但是响应较快。

滤波器的设定值（采样次数与死区）对所有被选择为有滤波功能的模拟量输入均是一样的。如果信号变化很快，不应使用模拟量滤波。

模拟量输入滤波的默认设置是对所有的模拟量输入滤波（打勾）。取消打勾可以关闭某些模拟量输入点的滤波功能。对于没有选择输入滤波的通道，用户程序访问模拟量输入时，CPU 直接从扩展模块中读取模拟值。

CPU 224XP 内置的 AIW0 和 AIW2 模拟量输入在每次扫描都会从 A-D 转换器中读取最新的转换结果。该转换器由 A-D 转换器滤波，因此通常无需软件滤波。

滤波器具有快速响应的特点，可以反映信号的快速变化。当输入值与平均值之差超过设置的死区值时，滤波器相对上一次模拟量输入值产生一个阶跃变化。死区值用模拟量输入的数字值来表示。

模拟量滤波功能不能用于用模拟量字传递数字信息或报警指示的模块。不能对 AS-i 主站模块、热电偶模块和热电阻模块使用模拟量输入滤波。

### 4. 脉冲捕捉功能的设置

因为在每一个扫描周期开始时读取数字量输入，CPU 可能发现不了脉冲宽度小于扫描周期的脉冲（见图 2-28）。脉冲捕捉功能用来捕捉持续时间很短的高电平脉冲或低电平脉冲。

S7-200 的 CPU 模块内置的每个数字量输入点均可以设置为有脉冲捕捉功能。默认的设置是禁止所有的输入点捕捉脉冲。某个输入点启动了脉冲捕捉功能后（复选框打钩），实际输入状态的变化被锁存并保存到下一次输入刷新（见图 2-28）。脉冲捕捉功能在输入滤波器之后（见图 2-29），使用脉冲捕捉功能时，必须同时调节输入滤波的时间，使窄脉冲不会被输入滤波器过滤掉。

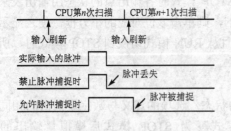

图 2-28 脉冲捕捉

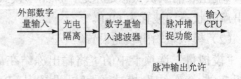

图 2-29 数字量输入电路示意图

一个扫描周期内如果有多个输入脉冲，只能检测出第一个脉冲。如果希望在一个扫描周期内检测出多个脉冲，应使用上升沿/下降沿中断事件（见 6.6 节）。

### 5. 后台通信时间的设置

单击系统块中的"背景时间"（见图 2-26），可以设置处理运行模式编辑或与执行状态监控有关的通信处理所占的时间与扫描周期的百分比，默认值为 10%，最大值为 50%。增大该百分比将增大扫描周期，使控制过程变慢。

## 2.5 S7-200 仿真软件的使用

### 1. S7-200 的仿真软件

除了阅读教材和用户手册外，学习 PLC 最有效的手段就是动手编程和上机调试。有许多读者苦于没有 PLC，缺乏实验的条件，编写程序后无法检验是否正确，使编程能力难以提高。PLC 的仿真软件是解决这一问题的理想工具。西门子的 S7-300/400 PLC 有非常好的仿真软件 PLCSIM。互联网上流行一种 S7-200 的仿真软件，国内有人将它部分汉化。

在互联网上搜索"S7-200 仿真软件 V3.0"，可以找到该软件，本节简单介绍其使用方法。该软件不需要安装，双击执行其中的 S7-200.exe 文件，就可以打开它。单击屏幕中间出现的画面，在密码输入对话框中输入密码 6596，就可以使用仿真软件了。

该软件不能模拟 S7-200 的全部指令和全部功能，具体的情况可以通过实验来了解。但是它仍然不失为一个很好的学习 S7-200 的工具软件。

### 2. 硬件的设置

软件自动打开的是老型号的 CPU 214，应执行菜单命令"配置"→"CPU 型号"，在"CPU 型号"对话框的下拉式列表框中选择 CPU 的型号为 CPU 22x。用户还可以修改 CPU 的网络地址，一般使用默认的地址（2）。

图 2-30 中的仿真软件界面的左边是 CPU 224，CPU 右边空白的方框是扩展模块的位置。用鼠标双击紧靠已配置的模块右侧空的方框，出现"扩展模块"对话框（见图 2-31），用单选框选中需要添加的 I/O 扩展模块，单击"确定"按钮。用鼠标双击已存在的扩展模块，选中"扩展模块"对话框中的"无"，可以取消该模块。

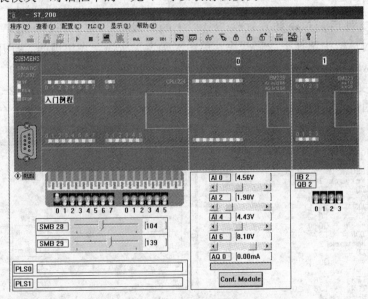

图 2-30　仿真软件界面

图 2-30 中紧靠 CPU 模块的 0 号扩展模块是 4AI/1AO 的模拟量输入/输出模块 EM235，单击该模块下面的"Conf. Module"（设置模块）按钮，在出现的"配置 EM235"对话框（见图 2-32）中，可以设置模拟量输入和模拟量输出信号的量程。该模块下面的 4 个滚动条用来设置各个通道的模拟量输入值。

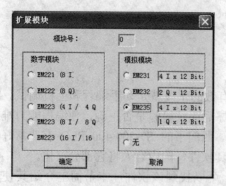

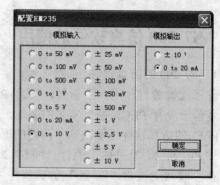

图 2-31 "扩展模块"对话框      图 2-32 "配置 EM235"对话框

图 2-30 中的 1 号扩展模块是有 4 点数字量输入、4 点数字量输出的 EM223 模块，模块下面的 IB2 和 QB2 是它的输入点和输出点的字节地址。

CPU 模块下面是用于输入数字量信号的小开关板，它上面有 14 个用来产生输入信号的小开关，与 CPU 224 的 14 个输入点对应。开关板下面有两个直线电位器，SMB28 和 SMB29 分别是与 CPU 224 的两个 8 位模拟量输入电位器对应的特殊存储器字节，可以用电位器的滑动块来设置它们的值（0～255）。

**3. 生成 ASCII 文本文件**

仿真软件不能直接接收 S7-200 的程序代码。程序在编译成功后，打开主程序 OB1，执行菜单命令"文件"→"导出"，将 S7-200 的用户程序转换为扩展名为"awl"的 ASCII 文本文件。

**4. 下载程序**

生成文本文件后，单击仿真软件工具栏上的下载按钮 🖳，开始下载程序。在出现的"装入 CPU"对话框中选择下载哪些块。单击"确定"按钮，在出现的"打开"对话框中双击要下载的*.awl 文件，开始下载。下载成功后，图 2-30 的 CPU 模块中的"入门例程"是下载的 ASCII 文件的名称，同时会出现下载的语句表和梯形图窗口（见图 2-33）。用鼠标左键按住程序窗口最上面的标题行，可以将它拖到别的位置上。

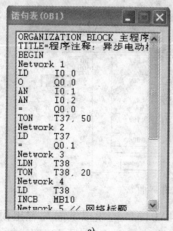

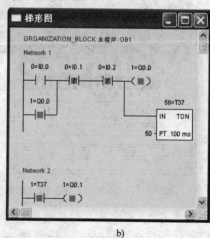

图 2-33 语句表与梯形图窗口

a) 语句表窗口    b) 梯形图窗口

如果用户程序中有仿真软件不支持的指令或功能，单击工具栏上的"运行"按钮后，出现的对话框将会显示出仿真软件不能识别的指令。单击"确定"按钮后，不能切换到 RUN 模式，CPU 模块左侧的"RUN" LED 的状态不会变为绿色。

如果仿真软件支持用户程序中的全部指令和功能，单击工具栏上的"运行"按钮，将从 STOP 模式切换到 RUN 模式，CPU 模块左侧的"RUN"和"STOP" LED 的状态随之而变。

**5. 模拟调试程序**

用鼠标单击 CPU 模块下面开关板上的小开关，可以改变小开关手柄的位置，对应输入点的 LED 的状态随之而变，LED 为绿色表示输入点为 ON。图 2-30 中 CPU 模块下面 I0.0 对应的开关（即图中最左边下面有"0"的小开关）为闭合状态，其余的为断开状态。图中 DI/DO 扩展模块的下面也有 4 个小开关。

与用硬件 PLC 做实验相同，在 RUN 模式调试数字量控制程序时，用鼠标切换各输入点对应的小开关的状态，改变 PLC 输入点的 ON/OFF 状态。通过模块上的 LED 观察 PLC 输出点的状态变化，可以了解程序执行的结果是否正确。

在 RUN 模式单击工具栏上的"监视梯形图"按钮，可以用程序状态功能监视图 2-33 梯形图窗口中触点和线圈的状态。

**6. 监控变量**

单击工具栏上的"状态表"按钮，可以用出现的"状态表"对话框（见图 2-34）来监控变量的值。

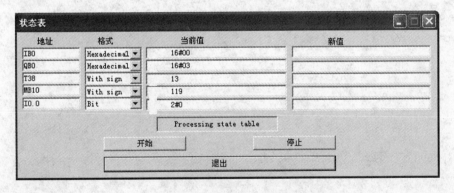

图 2-34 "状态表"对话框

输入需要监控的变量的地址后，单击格式单元中的按钮，在出现的下拉式列表中选择数据显示的格式。图中的 With sign 是有符号数，用来监视 T38 的当前值。T38 的数据格式为 Bit 时，监视它的位的状态。Without sign 是无符号数，Hexadecimal 是十六进制数，Bit 是二进制的位。"开始"和"停止"按钮用来启动和停止监控。

## 2.6 习题

1. 怎样将 STEP 7-Micro/WIN 的语言设置为中文？
2. 怎样切换 CPU 的工作模式？

3. 怎样获得在线帮助？

4. 在梯形图中怎样划分网络？

5. 怎样修改梯形图中网格的宽度？

6. S7-200 的交叉引用表有什么作用？

7. 怎样在程序编辑器中定义或编辑符号？

8. 怎样更改程序编辑器中地址的显示方式？

9. 使用 USB/PPI 电缆来下载程序需要做哪些设置？

10. 怎样修改 CPU 的 RS-485 端口的波特率？

11. 程序状态监控有什么优点？什么情况应使用状态表？

12. 强制有什么特点？强制有什么作用？

13. 怎样在程序编辑器中写入或强制变量？

14. 怎样长期保存某些 V 存储区中的数据？

15. 希望在 S7-200 进入 STOP 模式后保持各数字量输出点的状态不变，应如何进行设置？

16. 怎样消除触点抖动的不良影响？

17. 怎样用系统块设置密码？怎样取消密码？

18. 脉冲捕捉功能有什么作用？哪些输入点有脉冲捕捉功能？

19. 怎样将用户程序下载到 S7-200 的仿真 PLC？

# 第 3 章　PLC 程序设计基础

## 3.1　PLC 的编程语言与 S7-200 的程序结构

### 3.1.1　PLC 编程语言的国际标准

与个人计算机相比，PLC 硬件、软件的体系结构都是封闭的而不是开放的。各厂家的 PLC 的编程语言、指令的设置和指令的表达方式也不一致，互不兼容。国际电工委员会（IEC）的 PLC 标准的第三部分（IEC 61131-3）是 PLC 的编程语言标准。IEC 61131-3 是世界上第一个，也是至今为止唯一的工业控制编程语言标准。IEC 61131-3 标准中有 5 种 PLC 的编程语言（见图 3-1）：

1）顺序功能图（Sequential Function Chart，SFC）。

2）梯形图（Ladder Diagram，LD）。

3）功能块图（Function Block Diagram，FBD）。

4）语句表（Instruction List，IL）。

5）结构文本（Structured Text，ST）。

图 3-1　5 种 PLC 的编程语言

标准中有两种图形语言——梯形图和功能块图，还有两种文字语言——语句表和结构文本。

**1．顺序功能图**

顺序功能图是一种位于其他编程语言之上的图形语言，用来编制顺序控制程序，第 4 章将详细介绍顺序功能图的使用方法。

**2．梯形图**

梯形图是使用得最多的 PLC 图形编程语言，有时把梯形图称为电路或程序。梯形图与继电器控制系统的电路图很相似，具有直观易懂的优点，很容易被工厂熟悉继电器控制的电气人员掌握，特别适合于数字量逻辑控制。

梯形图由触点、线圈和用方框表示的功能块组成。图 3-2 为梯形图和语句表程序。触点代表逻辑输入条件，例如外部的开关、按钮和内部条件等。线圈通常代表逻辑输出结果，用来控制外部的指示灯、交流接触器和内部的标志位等。功能块用来表示定时器、计数器或者数学运算等指令。

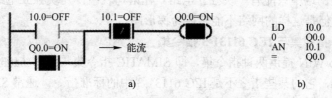

图 3-2　梯形图与语句表程序

a）梯形图　b）语句表程序

在分析梯形图中的逻辑关系时，为了借用继电器电路图的分析方法，可以想象左右两侧的垂直"电源线"之间有一个左正右负的直流电源电压，S7-200 的梯形图省略了右侧的垂直电源线。图 3-2a 中的触点电路接通时，有一个假想的"能流"（Power Flow）流过 Q0.0 的线圈，能流只能从左向右流动。利用能流这一概念，可以帮助我们更好地理解和分析梯形图。

由触点和线圈等组成的独立电路称为网络（Network），用编程软件生成的梯形图和语句表程序中有网络编号，允许以网络为单位，给梯形图添加注释。本书为了节约篇幅，一般没有标注网络号。一般情况下各网络按从上到下的顺序执行，执行完所有的网络后，下一个扫描周期返回最上面的网络重新执行。在网络中，程序的逻辑运算按从左到右的方向执行，与能流的方向一致。

### 3. 语句表

S7 系列 PLC 将指令表称为语句表，简称为 STL。PLC 的指令是一种与微型计算机汇编语言指令相似的助记符表达式，语句表程序由指令组成（见图 3-2b）。语句表比较适合熟悉 PLC 和程序设计的经验丰富的程序员使用。

### 4. 功能块图

功能块图是一种类似于数字逻辑电路的编程语言，有数字电路基础的人很容易掌握。功能块图用类似与门、或门的方框来表示逻辑运算关系，方框的左侧为逻辑运算的输入变量，右侧为输出变量，输入、

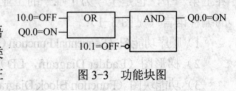

图 3-3　功能块图

输出端的小圆圈表示"非"运算，方框被"导线"连接在一起，信号从左向右流动。图 3-3 功能块图中的控制逻辑与图 3-2a 中的相同。

### 5. 结构文本

结构文本是为 IEC 61131-3 标准创建的一种专用的高级编程语言。与梯形图相比，它能实现复杂的数学运算，编写出的程序非常简洁和紧凑。

### 6. 编程语言的相互转换和选用

在 STEP 7-Micro/WIN 中，用户可以选用梯形图、功能块图和语句表这 3 种编程语言。国内很少有人使用功能块图语言。

梯形图与继电器电路图的表达方式极为相似，在梯形图中，输入信号（触点）与输出信号（线圈）之间的逻辑关系一目了然，易于理解。而语句表程序较难阅读，其中的逻辑关系很难一眼看出。在设计复杂的数字量控制程序时建议使用梯形图语言。但是语句表输入方便快捷，还可以为每一条语句加上注释，便于复杂程序的阅读。在设计通信、数学运算等高级应用程序时，建议使用语句表。

梯形图的一个网络中只能有一块独立电路。在语句表中，几块独立电路对应的语句可以放在一个网络中，但是这样的网络不能转换为梯形图。

### 7. SIMATIC 指令集与 IEC 61131-3 指令集

STEP 7-Micro/WIN 提供两种指令集，即 SIMATIC 指令集与 IEC 61131-3 指令集。前者由西门子公司提供，它的某些指令不是 IEC 61131-3 中的标准指令。通常 SIMATIC 指令的执行时间较短，可以使用梯形图、功能块图和语句表语言，而 IEC 61131-3 指令集只提供前两种语言。

IEC 61131-3 指令集的指令较少，其中的某些指令可以接受多种数据格式。例如 SIMATIC 指令集的加法指令分为 ADD_I（整数相加）、ADD_DI（双字整数相加）与 ADD_R（实数相加）等，IEC 61131-3 的加法指令 ADD 则未作区分，而是通过检验数据格式，由 CPU 自动选择正确的指令。因为 IEC 指令要检查参数中的数据格式，可以减少程序设计中的错误。

在 IEC 61131-3 指令编辑器中，有些指令是 SIMATIC 指令集中的指令，它们作为 IEC 61131-3 指令集的非标准扩展，在 STEP 7-Micro/WIN 的指令列表中用红色的"+"号标记。

### 3.1.2　S7-200 的程序结构

S7-200 CPU 的控制程序由主程序、子程序和中断程序组成。

**1．主程序**

主程序（OB1）是程序的主体，每个扫描周期都要执行一次主程序。每一个项目都必须有并且只能有一个主程序。在主程序中可以调用子程序，子程序又可以调用其他子程序。

**2．子程序**

子程序是可选的，仅在被其他程序调用时执行。同一个子程序可以在不同的地方被多次调用，使用子程序可以简化程序代码和减少扫描时间。设计得好的子程序容易移植到别的项目中去。

**3．中断程序**

中断程序用来及时处理与用户程序的执行时序无关的操作，或者用来处理不能事先预测何时发生的中断事件。中断程序不是由用户程序调用，而是在中断事件发生时由操作系统调用。中断程序是用户编写的。

## 3.2　数据类型与寻址方式

### 3.2.1　数制

**1．二进制数**

数据在 PLC 中以二进制数的形式储存，在编程软件中可以使用不同的数制。

（1）用 1 位二进制数表示数字量

二进制数的 1 位（bit）只能取 0 和 1 这两个不同的值，可以用一个二进制位来表示开关量（或称为数字量）的两种不同的状态。例如触点的断开和接通、线圈的通电和断电等。如果该位为 1，梯形图中对应的位编程元件（例如 M 和 Q）的线圈"通电"，其常开触点接通，常闭触点断开，以后称该编程元件为 1 状态，或称该编程元件为 ON（接通）。如果该位为 0，对应的编程元件的线圈和触点的状态与上述的相反，称该编程元件为 0 状态，或称该编程元件为 OFF（断开）。位数据的数据类型为布尔（BOOL）型。

（2）多位二进制数

多位二进制数用来表示大于 1 的数，二进制数遵循逢 2 进 1 的运算规则，每一位都有一个固定的权值，从右往左的第 $n$ 位（最低位为第 0 位）的权值为 $2^n$，第 3 位至第 0 位的权值分别为 8、4、2、1，所以二进制数又称为 8421 码。

S7-200 用 2# 来表示二进制常数，16 位二进制数 2#0000 0100 1000 0110 对应的十进制数为 $2^{10}+2^7+2^2+2^1=1158$。

（3）有符号数的表示方法

PLC 用二进制补码来表示有符号数，其最高位为符号位，最高位为 0 时为正数，为 1 时为负数。正数的补码是它本身，最大的 16 位二进制正数为 2#0111 1111 1111 1111，对应的十进制数为 32 767。

将正数的补码逐位取反（0 变为 1，1 变为 0）后加 1，得到绝对值与它相同的负数的补码。例如，将 1 158 对应的补码 2#0000 0100 1000 0110 逐位取反后，得到 2#1111 1011 0111 1001，加 1 后得到 -1 158 的补码 1111 1011 0111 1010。

将负数的补码的各位取反后加 1，得到它的绝对值对应的正数的补码。例如，将 -1 158 的补码 2#1111 1011 0111 1010 逐位取反后得到 2#0000 0100 1000 0101，加 1 后得到 1158 的补码 2#0000 0100 1000 0110。表 3-1 给出了不同进制的数的表示方法。常数的取值范围见表 3-2。

表 3-1　不同进制的数的表示方法

| 十进制数 | 十六进制数 | 二进制数 | BCD 码 | 十进制数 | 十六进制数 | 二进制数 | BCD 码 |
| --- | --- | --- | --- | --- | --- | --- | --- |
| 0 | 0 | 00000 | 0000 0000 | 9 | 9 | 01001 | 0000 1001 |
| 1 | 1 | 00001 | 0000 0001 | 10 | A | 01010 | 0001 0000 |
| 2 | 2 | 00010 | 0000 0010 | 11 | B | 01011 | 0001 0001 |
| 3 | 3 | 00011 | 0000 0011 | 12 | C | 01100 | 0001 0010 |
| 4 | 4 | 00100 | 0000 0100 | 13 | D | 01101 | 0001 0011 |
| 5 | 5 | 00101 | 0000 0101 | 14 | E | 01110 | 0001 0100 |
| 6 | 6 | 00110 | 0000 0110 | 15 | F | 01111 | 0001 0101 |
| 7 | 7 | 00111 | 0000 0111 | 16 | 10 | 10000 | 0001 0110 |
| 8 | 8 | 01000 | 0000 1000 | 17 | 11 | 10001 | 0001 0111 |

表 3-2　常数的取值范围

| 数据的位数 | 无符号整数 | | 有符号整数 | |
| --- | --- | --- | --- | --- |
| | 十进制 | 十六进制 | 十进制 | 十六进制 |
| B（字节），8 位值 | 0～255 | 16#0～16#FF | −128～127 | 16#80～16#7F |
| W（字），16 位值 | 0～65 535 | 16#0～16#FFFF | −32 768～32 767 | 16#8000～16#7FFF |
| D（双字），32 位值 | 0～4 294 967 295 | 16#0～16#FFFF FFFF | −2 147 483 648～2 147 483 647 | 16#8000 0000～16#7FFF FFFF |

**2．十六进制数**

多位二进制数的读、写很不方便，为了解决这个问题，可以用十六进制数来表示多位二进制数。十六进制数使用 16 个数字符号，即 0～9 和 A～F。A～F 分别对应于十进制数 10～15。可以用数字后面加 "H" 来表示十六进制常数，例如 AE75H。S7-200 用数字前面的 "16#" 来表示十六进制常数。4 位二进制数对应于 1 位十六进制数。例如，二进制常数 2#1010 1110 0111 0101 可以转换为 16#AE75。

十六进制数采用逢 16 进 1 的运算规则，从右往左第 $n$ 位的权值为 $16^n$（最低位的 $n$ 为 0）。例如，16#2F 对应的十进制数为 $2\times16^1+15\times16^0=47$。

### 3. BCD 码

BCD 是 Binary Coded Decimal 的缩写。BCD 码是各位按二进制编码的十进制数，它用 4 位二进制数的组合来表示一位十进制数。

BCD 码常用于输入/输出设备。例如，PLC 用输入点读取多位拨码开关的输出值就是 BCD 码，需要用 BCD_I 指令将它转换为 16 位整数。

用 I_BCD 指令将 PLC 内电梯的楼层数转换为 BCD 码后，每位 BCD 码通过 4 个输出点送给一片译码驱动芯片 4547，可以用 LED 7 段显示器显示一位十进制数。

在 STEP 7-Micro/WIN 中，用 BCD 码显示和输入日期、时间值。用十六进制符号（16#）表示 BCD 码，例如 BCD 码 16#829 对应于十进制数 829。

BCD 码与十六进制数的每一位都用 4 位二进制数来表示，在编程软件中用数字前面的"16#"来表示十六进制数和 BCD 码，它们的区别如下。

1）由于 BCD 码实际上就是十进制数，所以 BCD 码的每一位只能取 2#0000~2#1001（0~9）。而十六进制数每一位的取值范围为 2#0000~2#1111（16#0~16#F）。

2）BCD 码"逢 10 进 1"，而十六进制数"逢 16 进 1"。例如，BCD 码 16#23 对应的十进制数为 23（$2 \times 10^1 + 3 \times 10^0$），而十六进制数 16#23（2#0010 0011）对应的十进制数为 35（$2 \times 16^1 + 3 \times 16^0$）。

至于 16#开始的数到底是 BCD 码还是十六进制数，这要看它的来源和在程序中的用途。

## 3.2.2　数据类型

数据类型定义了数据的长度（位数）和表示方式。S7-200 的指令对操作数的数据类型有严格的要求。

### 1. BOOL

二进制位的数据类型为 BOOL。BOOL 变量的值只能取 2#1 和 2#0。BOOL 变量的地址由字节地址和位地址组成，例如，I3.2 中的区域标示符"I"表示输入（Input），字节地址为 3，位地址为 2（见图 3-4 中阴影所在的位）。这种访问方式称为"字节.位"寻址方式。

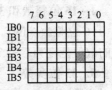

图 3-4　位数据与字节

### 2. 字节

一个字节（Byte）由 8 个位数据组成。例如，输入字节 IB3（B 是 Byte 的缩写）由 I3.0~I3.7 这 8 位组成（见图 3-4）。其中的第 0 位为最低位，第 7 位为最高位。

### 3. 字和双字

相邻的两个字节组成一个字（Word），相邻的两个字组成一个双字（Double Word）。字和双字都是无符号数，它们用十六进制数来表示。

VW100 是由 VB100 和 VB101 组成的一个字（见图 3-5 和图 3-6），VW100 中的 V 为区域标示符，W 表示字。双字 VD100 由 VB100~VB103（或 VW100 和 VW102）组成，VD100 中的 D 表示双字。字的取值范围为 16#0000~16#FFFF，双字的取值范围为 16#0000 0000~16#FFFF FFFF。

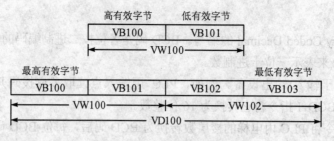

图 3-5 字节、字和双字

需要注意下列问题。

1）以组成字 VW100 和双字 VD100 的编号最小的字节 VB100 的编号，作为 VW100 和 VD100 的编号。

2）组成 VW100 和 VD100 的编号最小的字节 VB100，作为 VW100 和 VD100 的最高位字节（见图 3-5），编号最大的字节为字和双字的最低位字节。

3）数据类型字节、字和双字都是无符号数，它们的数值用十六进制数表示。从图 3-6 的状态表中可以看出字节、字和双字之间的关系。

| | 地址 | 格式 | 当前值 |
|---|---|---|---|
| 11 | VB100 | 十六进制 | 16#12 |
| 12 | VB101 | 十六进制 | 16#34 |
| 13 | VW100 | 十六进制 | 16#1234 |
| 14 | VW102 | 十六进制 | 16#5678 |
| 15 | VD100 | 十六进制 | 16#12345678 |
| 16 | VD4 | 浮点数 | 50.0 |
| 17 | VD4 | 二进制 | 2#0100_0010_0100_1000_0000_0000_0000_0000 |

图 3-6 状态表

**4．16 位整数和 32 位双整数**

16 位整数（INT，Integer）和 32 位双整数（DINT，Double Integer）都是有符号数。整数的取值范围为 –32 768～32 767，双整数的取值范围为 –2 147 483 648～2 147 483 647。

**5．32 位实数**

实数（REAL）又称为浮点数，可以表示为 $1.m \times 2^E$，尾数中的 $m$ 和指数 $E$ 均为二进制数，$E$ 可能是正数，也可能是负数。ANSI/IEEE 754-1985 标准格式的 32 位实数（见图 3-7）的格式为 $1.m \times 2^e$，式中指数 $e = E + 127$（$1 \leq e \leq 254$）为 8 位正整数。实数的最高位（第 31 位）为符号位，最高位为 0 时为正数，为 1 时为负数。8 位指数占第 23～30 位。因为规定尾数的整数部分总是为 1，所以只保留了尾数的小数部分 $m$（第 0～22 位）。第 22 位对应于 $2^{-1}$，第 0 位对应于 $2^{-23}$。浮点数的优点是用很小的存储空间（4B），可以表示非常大和非常小的数，其表示范围为 $\pm 1.175\ 495 \times 10^{-38} \sim \pm 3.402\ 823 \times 10^{38}$。

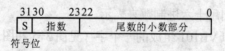

图 3-7 浮点数的格式

在 STEP 7-Micro/WIN 中，一般并不使用二进制格式或十六进制格式表示的浮点数，而是使用十进制小数来输入或显示浮点数（见图 3-6）。例如，在 STEP 7-Micro/WIN 中，50 是 16 位整数，而 50.0 为 32 位的浮点数。

PLC 输入和输出的数值（如模拟量输入值和模拟量输出值）大多是整数，用浮点数来处理这些数据需要进行整数和浮点数之间的相互转换，浮点数的运算速度比整数的运算速度慢一些。

### 6. ASCII 码字符

美国信息交换标准码（ASCII）是一种字符编码格式，用一个字节的二进制数值代表不同的字符。数字 0～9 的 ASCII 码为十六进制数 30H～39H，英语大写字母 A～Z 的 ASCII 码为 41H～5AH，英语小写字母 a～z 的 ASCII 码为 61H～7AH。

### 7. 字符串

数据类型为 STRING 的字符串由若干个 ASCII 码字符组成，第一个字节定义字符串的长度（0～254，见图 3-8），后面的每个字符占一个字节。变量字符串最多 255 个字节（长度字节加上 254 个字符）。

| 长度 | 字符1 | 字符2 | 字符3 | 字符4 | … | 字符254 |
|------|-------|-------|-------|-------|---|---------|
| 字节0 | 字节1 | 字节2 | 字节3 | 字节4 | | 字节254 |

图 3-8　字符串的格式

## 3.2.3　CPU 的存储区

### 1. 过程映像输入寄存器（I）

在每个扫描周期的开始，CPU 对物理输入点进行采样，并将采样值存于过程映像输入寄存器中。

过程映像输入寄存器是 PLC 接收外部输入的数字量信号的窗口。外部输入电路接通时，对应的过程映像输入寄存器为 ON（1 状态），反之为 OFF（0 状态）。输入端可以外接常开触点或常闭触点，也可以接由多个触点组成的串/并联电路。在梯形图中，可以多次使用输入位的常开触点和常闭触点。

I、Q、V、M、S、SM、L 均可以按位、字节、字和双字来存取。

### 2. 过程映像输出寄存器（Q）

在扫描周期的末尾，CPU 将过程映像输出寄存器的数值传送给输出模块，再由后者驱动外部负载。如果梯形图中 Q0.0 的线圈"通电"，继电器型输出模块中对应的硬件继电器的常开触点闭合，使接在 Q0.0 对应的端子的外部负载通电，反之则使该外部负载断电。输出模块中的每一个硬件继电器仅有一对常开触点，但是在梯形图中，每一个输出位的常开触点和常闭触点都可以被多次使用。

### 3. 变量存储区（V）

变量（Variable）存储器用来在程序执行过程中存放中间结果，或者用来保存与工序或任务有关的其他数据。

### 4. 位存储区（M）

位存储器（M0.0～M31.7）类似于继电器控制系统中的中间继电器，用来存储中间操作状态或其他控制信息。虽然名为"位存储器"，但是也可以按字节、字或双字来存取。

**5. 定时器存储区（T）**

定时器相当于继电器系统中的时间继电器。S7-200 有 3 种时间基准（1ms、10ms 和 100ms）的定时器。定时器的当前值为 16 位有符号整数，用于存储定时器累计的时间基准增量值（1～32 767）。

定时器位用来描述定时器延时动作的触点的状态。定时器位为 ON 时，梯形图中对应的定时器的常开触点闭合，常闭触点断开；定时器为 OFF 时，触点的状态相反。

用定时器地址（例如 T5）来访问定时器的当前值和定时器位，带位操作数的指令用来访问定时器位，带字操作数的指令用来访问当前值。

**6. 计数器存储区（C）**

计数器用来累计其计数输入脉冲电平由低到高（上升沿）的次数。S7-200 有加计数器、减计数器和加减计数器。计数器的当前值为 16 位有符号整数，用来存放累计的脉冲数（1～32 767）。用计数器地址（例如 C20）来访问计数器的当前值和计数器位。带位操作数的指令访问计数器位，带字操作数的指令访问当前值。

**7. 高速计数器（HC）**

高速计数器用来累计比 CPU 扫描速率更快的事件，计数过程与扫描周期无关。其当前值和预设值为 32 位有符号整数，当前值为只读数据。高速计数器的地址由区域标示符 HC 和高速计数器号组成，例如 HC2。

**8. 累加器（AC）**

累加器是可以像存储器那样使用的读/写单元。CPU 提供了 4 个 32 位累加器（AC0～AC3），可以按字节、字和双字来存取累加器中的数据。按字节、字只能存取累加器的低 8 位或低 16 位，按双字能存取全部的 32 位，存取的数据长度由指令决定。例如在指令"MOVW AC2，VW100"中，AC2 按字（W）存取。累加器主要用来临时保存中间的运算结果。

**9. 特殊存储器（SM）**

特殊存储器用于 CPU 与用户之间交换信息。例如，SM0.0 一直为 ON，SM0.1 仅在执行用户程序的第一个扫描周期为 ON。SM0.4 和 SM0.5 分别提供周期为 1min 和 1s 的时钟脉冲。SM1.0、SM1.1 和 SM1.2 分别是零标志、溢出标志和负数标志。附录中的表 B-1 给出了对常用特殊存储器位的描述。

**10. 局部存储器区域（L）**

S7-200 将主程序、子程序和中断程序统称为程序组织单元（POU），各 POU 都有自己的 64B 的局部（Local）存储器。使用梯形图和功能块图时，STEP 7-Micro/WIN 保留局部存储器的最后 4B。

局部存储器简称为 L 存储器，仅仅在它被创建的 POU 中有效，各 POU 不能访问别的 POU 的局部存储器。局部存储器作为暂时存储器，或用于子程序传递它的输入、输出参数。变量存储器（V）是全局存储器，可以被所有的 POU 访问。

S7-200 为主程序和它调用的 8 个子程序嵌套级别、中断程序和它调用的一个子程序嵌套级别各分配 64B 的局部存储器。

**11. 模拟量输入（AI）**

S7-200 用 A-D 转换器将现实世界连续变化的模拟量（例如温度、电流和电压等）转换为一个字长（16 位）的数字量，用区域标识符 AI、表示数据长度的 W（字）和起始字节的地址来表示模拟量输入的地址，例如 AIW2。因为模拟量输入的长度为一个字，所以应从偶数字节地址开始存放。模拟量输入值为只读数据。

**12．模拟量输出（AQ）**

S7-200 将长度为一个字的数字用 D-A 转换器转换为现实世界的模拟量，用区域标识符 AQ、表示数据长度的 W（字）和起始字节地址来表示存储模拟量输出的地址，例如 AQW2。因为模拟量输出的长度为一个字，所以应从偶数字节地址开始存放。模拟量输出值是只写数据，用户不能读取模拟量输出值。

**13．顺序控制继电器（SCR）**

SCR 位用于组织设备的顺序操作，与顺序控制继电器指令配合使用，详细的使用方法见 5.2 节。

**14．CPU 存储器的范围与特性**

各 CPU 具有下列相同的存储器范围：I0.0～I15.7、Q0.0～Q15.7、M0.0～M31.7、S0.0～S31.7、T0～T255、C0～C255、L0.0～L63.7、AC0～AC3、HC0～HC5。S7-200 CPU 其他存储器的范围如表 3-3 所示。

表 3-3　S7-200 CPU 其他存储器的范围

| 描述 | CPU 221 | CPU 222 | CPU 224 | CPU 224XP/CPU 224XPsi | CPU 226 |
|---|---|---|---|---|---|
| 模拟量输入 | AIW0～AIW30 | | | AIW0～AIW62 | |
| 模拟量输出 | AQW0～AQW30 | | | AQW0～AQW62 | |
| 变量存储器 | VB0～VB2047 | | VB0～VB8191 | VB0～VB10239 | |
| 特殊存储器 | SM0.0～SM179.7 | SM0.0～SM299.7 | | SM0.0～SM549.7 | |

## 3.2.4　直接寻址与间接寻址

在 S7-200 中，通过地址访问数据，地址是访问数据的依据，访问数据的过程称为寻址。几乎所有的指令和功能都与各种形式的寻址有关。

**1．直接寻址**

直接寻址指定了存储器的区域、长度和位置。例如 VW20 是 V 存储区中的字，其地址为 20。可以用字节（B）、字（W）或双字（DW）方式存取 V、I、Q、M、S 和 SM 存储器区，例如 IB0、MW12 和 VD104。

**2．间接寻址的指针**

间接寻址在指令中给出的不是操作数的值或操作数的地址，而是一个被称为地址指针的存储单元的地址，地址指针里存放的是真正的操作数的地址。

间接寻址常用于循环程序和查表程序。假设用循环程序来累加一片连续的存储区中的数值，每次循环累加一个数值。应在累加后修改指针中存储单元的地址值，使指针指向下一个存储单元，为下一次循环的累加运算做好准备。没有间接寻址，就不能编写循环程序。

地址指针就像收音机调台的指针，如果改变指针的位置，指针指向不同的电台。如果改变地址指针中的地址值，地址指针"指向"不同的地址。

当旅客入住酒店时，在前台办完入住手续，酒店会给旅客一张房卡，房卡上面有房间号，旅客根据房间号使用酒店的房间。修改房卡中的房间号，旅客用同一张房卡就可以入住不同的房间。这里房卡就是地址指针，房间相当于存储单元，房间号就是存储单元的地址，旅客相当于存储单元中存放的数据。

S7-200 CPU 允许使用指针，对存储区域 I、Q、V、M、S、AI、AQ、SM、T（仅当前值）和 C（仅当前值）进行间接寻址。间接寻址不能访问单个位（bit）地址、HC、L 存储区和累加器。

在使用间接寻址之前，应创建一个地址指针。指针为双字存储单元，用来存放要访问的存储器的地址，只能用 V、L 或累加器作为指针。建立指针时，用双字传送指令（MOVD）将需要间接寻址的存储器地址送到指针中，例如"MOVD &VB200, AC1"（见图 3-9）。&VB200 是 VB200 的地址，而不是 VB200 中的数值。

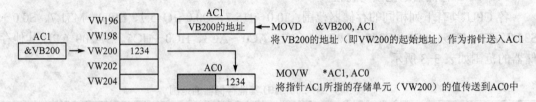

图 3-9　使用指针的间接寻址

**3．用指针访问数据**

用指针访问数据时，应在操作数前加"*"号，表示该操作数为一个指针。图 3-9 的指令"MOVW *AC1, AC0"中，AC1 是一个指针，*AC1 是 AC1 所指地址中的数据。存放在 VB200 和 VB201（即 VW200）中的数据被传送到累加器 AC0 的低 16 位。

**4．修改指针**

用指针访问相邻的下一个数据时，因为指针是 32 位的数据，所以应使用双字指令来修改指针值，例如双字加法（ADDD）或双字递增（INCD）指令。修改时，应记住需要调整的存储器地址的字节数，访问字节时，指针值加 1；访问字时，指针值加 2；访问双字时，指针值加 4。

【例 3-1】某发电机在计划发电时每个小时有一个有功功率给定值，从 0 时开始，这些给定值被依次存放在 VW100～VW146 中，一共 24 个字。从实时时钟读取的小时值被保存在 VD20 中，用间接寻址读取当时的功率给定值，送给 VW30。下面是语句表程序。

```
LD      SM0.0
MOVD    &VB100, VD10    //表的起始地址送 VD10
+D      VD20, VD10      //起始地址加偏移量
+D      VD20, VD10
MOVW    *VD10, VW30     //读取表中的数据，*VD10 为当前的有功功率给定值
```

一个字由两个字节组成，地址相邻的两个字的地址增量为 2（两个字节），所以用了两条加法指令。在上午 8 时，VD20 的值为 8，执行两次加法指令后 VD10 中为 VW116 的地址。

## 3.3 位逻辑指令

### 3.3.1 触点指令与堆栈指令

#### 1. 标准触点指令

常开触点对应的位地址为 ON 时，该触点闭合。在语句表中，分别用 LD（Load，装载）、A（And，与）和 O（Or，或）指令来表示开始、串联和并联的常开触点（见表 3-4 和图 3-10）。

表 3-4　标准触点指令

| 语　句 | 描　　述 | 语　句 | 描　　述 |
| --- | --- | --- | --- |
| LD　bit | 装载，电路开始的常开触点 | LDN　bit | 非（取反后装载），电路开始的常闭触点 |
| A　bit | 与，串联的常开触点 | AN　bit | 与非，串联的常闭触点 |
| O　bit | 或，并联的常开触点 | ON　bit | 或非，并联的常闭触点 |

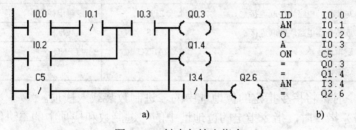

图 3-10　触点与输出指令

a) 梯形图　b) 语句表

常闭触点对应的位地址为 OFF 时，该触点闭合。在语句表中，分别用 LDN（非，取反后装载，Load Not）、AN（与非，And Not）和 ON（或非，Or Not）来表示开始、串联和并联的常闭触点。梯形图中触点符号中间的"/"表示常闭。标准触点指令中变量的数据类型为 BOOL。

#### 2. 输出指令

输出指令（=）对应于梯形图中的线圈。驱动线圈的触点电路接通时，有"能流"流过线圈，输出指令指定位地址的值为 1，反之则为 0。输出指令将下面要介绍的堆栈的栈顶值复制到对应的位地址。本节的程序见附录 D 例程清单中的例程"位逻辑指令"。

梯形图中两个并联的线圈（例如图 3-10 中 Q0.3 和 Q1.4 的线圈）用两条相邻的输出指令来表示。I3.4 的常闭触点和 Q2.6 的线圈组成的串联电路与上面的两个线圈并联，但是该触点应使用 AN 指令，因为它与左边的电路串联。

【例 3-2】已知图 3-11 中 I0.1 的波形，画出 M1.0 的波形。

在 I0.1 的下降沿之前，I0.1 为 ON，它的两个常闭触点均断开，M1.0 和 M1.1 均为 OFF，其波形用低电平表示。在 I0.1 的下降沿所在的扫描周期，I0.1 的常闭触点闭合。CPU 先执行第一行的电路，因为前一扫描周期 M1.1 为 OFF，执行第 1 行的指令时 M1.1 的常闭触点闭合，所以 M1.0 变为 ON。在执行第二行电

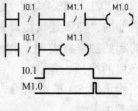

图 3-11　下降沿检测

59

路后，M1.1 变为 ON。从下降沿之后的第二个扫描周期开始，M1.1 均为 ON，其常闭触点断开，使 M1.0 为 OFF。因此，M1.0 只是在 I0.1 的下降沿这一个扫描周期为 ON。

在分析电路的工作原理时，一定要有指令执行的先后顺序和循环扫描的概念。

如果交换图 3-11 中上、下两行的位置，在 I0.1 的下降沿，M1.1 的线圈先"通电"，M1.1 的常闭触点断开，因此 M1.0 的线圈不会"通电"。由此可知，如果交换相互有关联的两块独立电路（即两个网络）的相对位置，可能会使有关的线圈"通电"或"断电"的时间提前或延后一个扫描周期。PLC 的扫描周期很短，一般为几毫秒或几十毫秒，在绝大多数情况下，这是无关紧要的。但是在某些特殊情况下，可能会影响系统的正常运行。

**3. 逻辑堆栈的基本概念**

S7-200 有一个 9 位的堆栈，最上面的第一层称为栈顶（见图 3-12），用来存储逻辑运算的结果，下面的 8 位用来存储中间运算结果。堆栈中的数据一般按"先进后出"的原则存取，与堆栈有关的指令见表 3-5。AENO 指令的应用见 6.1.2 节。

表 3-5　与堆栈有关的指令

| 语　句 | 描　述 | 语　句 | 描　述 |
|---|---|---|---|
| ALD | 与装载，电路块串联连接 | LPP | 逻辑出栈 |
| OLD | 或装载，电路块并联连接 | LDS　N | 装载堆栈 |
| LPS | 逻辑进栈 | AENO | 与 ENO |
| LRD | 逻辑读栈 | | |

执行 LD 指令时，将指令指定的位地址中的二进制数装载入栈顶。

执行 A（与）指令时，指令指定的位地址中的二进制数和栈顶中的二进制数进行"与"运算，运算结果被存入栈顶。栈顶之外其他各层的值不变。每次逻辑运算时只保留运算结果，栈顶原来的数值丢失。

执行 O（或）指令时，指令指定的位地址中的二进制数和栈顶中的二进制数进行"或"运算，运算结果被存入栈顶。

执行常闭触点对应的 LDN、AN 和 ON 指令时，在取出指令指定的位地址中的二进制数后，先将它取反（0 变为 1，1 变为 0），然后再进行对应的装载、与、或操作。

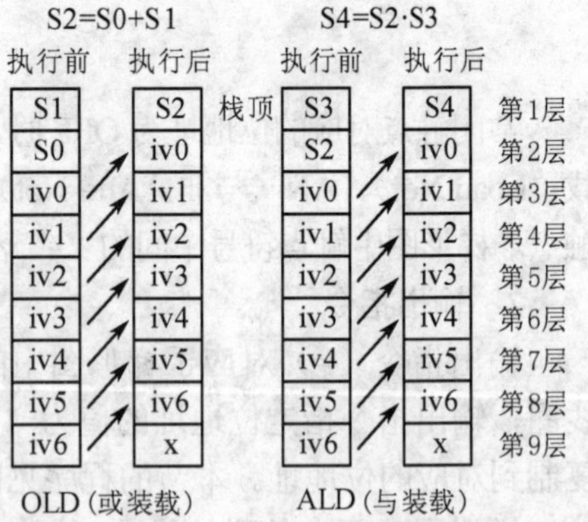

图 3-12　OLD 与 ALD 指令的堆栈操作

**4. 或装载指令 OLD**

触点的串、并联指令只能将单个触点与别的触点或电路进行串、并联。要想将图 3-13 中由 I0.3 和 I0.4 触点组成的串联电路与它上面的电路并联，首先需要完成两个串联电路块内部的"与"逻辑运算（即触点的串联），这两个电路块用 LD 或 LDN 指令来表示电路块的起始触点。前两条指令执行完后，"与"运算的结果 $S0 = I0.0 \cdot I0.1$ 存放在图 3-12 中的堆栈的栈顶，第 3、4 条指令执行完后，"与"运算的结果 $S1 = \overline{I0.3} \cdot I0.4$ 压入栈顶，原来在栈顶的 S0 被推到堆栈的第二层，第二层的数据被推到第 3 层……堆栈最下面一层的数据丢失。

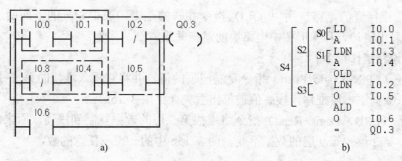

图 3-13   ALD 与 OLD 指令

a) 梯形图   b) 语句表程序

OLD（Or Load）指令对堆栈第一层和第二层中的两个二进制数进行"或"运算（将两个串联电路块并联），并将运算结果 S2 = S0 + S1 存入栈顶。执行 OLD 指令后，堆栈的深度（即堆栈中保存的有效数据个数）减 1。第 3 层～第 9 层中的数据依次向上移动一位。

OLD 指令不需要地址，它相当于需要并联的两块电路右端的一段垂直连线。图 3-12 的堆栈操作中的 x 表示不确定的值。

**5．与装载指令 ALD**

图 3-13 的语句表中 OLD 下面的两条指令将两个触点并联，运算结果 S3 = $\overline{I0.2}$ + I0.5 被压入栈顶，堆栈中原来的数据依次向下一层推移，堆栈最底层的值被推出丢失。ALD（And Load）指令对堆栈第一层和第二层的数据进行"与"运算（将两个电路块串联），并将运算结果 S4 = S2 · S3 存入堆栈的栈顶，第 3 层～第 9 层中的数据依次向上移动一层（见图 3-12）。

将电路块串、并联时，每增加一个用 LD 或 LDN 指令开始的电路块的运算结果，堆栈中将增加一个数据，堆栈深度加 1，每执行一条 ALD 或 OLD 指令，堆栈深度减 1。

**【例 3-3】** 已知图 3-14a 的语句表程序，画出对应的梯形图。

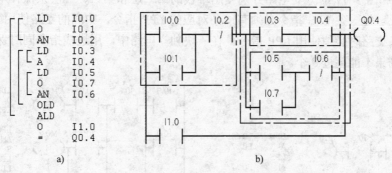

图 3-14   语句表程序与对应的梯形图

a) 语句表程序   b) 对应的梯形图

对于较复杂的程序，特别是含有 OLD 和 ALD 指令的程序，在画梯形图之前，应分析清楚电路的串、并联关系，再画梯形图。首先将电路划分为若干块，各电路块从含有 LD 的指令（如 LD、LDI 和 LDP 等）开始，在下一条含有 LD 的指令（包括 ALD 和 OLD）之前结束；然后再分析各块电路之间的串、并联关系。

在图 3-14a 的语句表中，划分出 3 块电路。因为 OLD 或 ALD 指令并联或串联的是上面靠近它的已经连接好的电路，所以 OLD 指令并联的是语句表中划分的下面两块电路。从图 3-14 可以看出语句表和梯形图中电路块的对应关系。

**6. 其他堆栈操作指令**

逻辑进栈（LPS，Logic Push）指令复制栈顶的值，并将它压入堆栈的第 2 层，堆栈中原来的数据依次向下一层推移，栈底值被推出丢失（见图 3-15a）。

逻辑读栈（LRD，Logic Read）指令将堆栈第二层的数据复制到栈顶，原来的栈顶值被复制值替代。第 2 层～第 9 层的数据不变。图 3-15b 中的 x 表示任意的数。

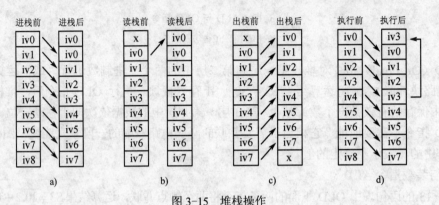

图 3-15 堆栈操作

a) LPS（进栈） b) LRD（读栈） c) LPP（出栈） d) LDS 3（装载堆栈）

逻辑出栈（Logic Pop，LPP）指令将栈顶值弹出，堆栈各层的数据向上移动一层，第二层的数据成为新的栈顶值。可以用语句表的程序状态来监控堆栈中保存的数据（见图 2-20）。

装载堆栈（Load Stack，n = 0～8，LDS n）指令复制堆栈内第 n 层的值到栈顶。堆栈中原来的数据依次向下一层推移，堆栈最底层的值被推出丢失。一般很少使用这条指令。

图 3-16 和图 3-17 的分支电路分别使用堆栈的第二层和第二、三层来保存电路分支处的逻辑运算结果。每一条 LPS 指令必须有一条对应的 LPP 指令，中间的支路使用 LRD 指令，处理最后一条支路时必须使用 LPP 指令。在一块独立电路中，用进栈指令同时保存在堆栈中的中间运算结果不能超过 8 个。

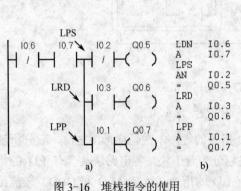

图 3-16 堆栈指令的使用

a) 梯形图 b) 语句表程序

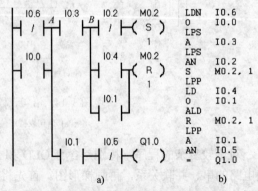

图 3-17 堆栈在双重分支电路中的应用

a) 梯形图 b) 语句表程序

用编程软件将梯形图转换为语句表程序时，编程软件会自动地加入 LPS、LRD 和 LPP 指令。写入语句表程序时，必须由编程人员加入这些堆栈处理指令。

图 3-17 中的第一条 LPS 指令将栈顶的 *A* 点逻辑运算结果保存到堆栈的第二层，第二条 LPS 指令将 *B* 点的逻辑运算结果保存到堆栈的第二层，*A* 点的逻辑运算结果被"压"到堆栈的第 3 层。第一条 LPP 指令将堆栈第二层 *B* 点的逻辑运算结果上移到栈顶，第 3 层中 *A* 点的逻辑运算结果上移到堆栈的第二层。最后一条 LPP 指令将堆栈第二层的 *A* 点的逻辑运算结果上移到栈顶。从这个例子可以看出，堆栈"先入后出"的数据访问方式刚好可以满足多层分支电路保存和取用数据所要求的顺序。

**7. 立即触点**

立即（Immediate）触点指令只能用于输入量 I。执行立即触点指令时，立即读入物理输入点的值，根据该值决定触点的接通/断开状态，但是并不更新该物理输入点对应的过程映像输入寄存器。在语句表中，分别用 LDI、AI、OI 表示开始、串联和并联的常开立即触点指令（见表 3-6）。用 LDNI、ANI、ONI 表示开始、串联和并联的常闭立即触点指令。触点符号中间的"I"和"/I"用来表示常开立即触点和常闭立即触点（见图 3-18）。

表 3-6　立即触点指令

| 语　句 | 描　述 | 语　句 | 描　述 |
|---|---|---|---|
| LDI　bit | 立即装载，电路开始的常开触点 | LDNI　bit | 取反后立即装载，电路开始的常闭触点 |
| AI　bit | 立即与，串联的常开触点 | ANI　bit | 立即与非，串联的常闭触点 |
| OI　bit | 立即或，并联的常开触点 | ONI　bit | 立即或非，并联的常闭触点 |

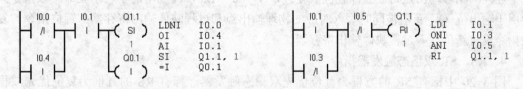

图 3-18　立即触点与立即输出指令

## 3.3.2　输出类指令与其他指令

应将输出类指令（见表 3-7）放在梯形图同一行的最右边，指令中的变量为 BOOL 型（二进制位）。

表 3-7　输出类指令

| 语　句 | 描　述 | 语　句 | 描　述 | 语　句 | 描　述 | 梯形图符号 | 描　述 |
|---|---|---|---|---|---|---|---|
| ＝　bit | 输出 | S　bit, N | 置位 | R　bit, N | 复位 | SR | 置位优先双稳态触发器 |
| ＝I　bit | 立即输出 | SI　bit, N | 立即置位 | RI　bit, N | 立即复位 | RS | 复位优先双稳态触发器 |

**1. 立即输出**

立即输出指令（＝I）只能用于输出位 Q，执行该指令时，将栈顶值立即写入指定的物理输出点和对应的过程映像输出寄存器。线圈符号中的"I"用来表示立即输出（见图 3-18）。

## 2. 置位与复位

置位指令 S（Set）和复位指令 R（Reset）用于将指定位地址开始的 N 个连续的位地址置位（变为 ON）或复位（变为 OFF），N＝1～255，图 3-19 中 N＝1。

图 3-19 置位指令与复位指令

a) 梯形图  b) 语句表程序  c) 波形图

置位指令与复位指令最主要的特点是有记忆和保持功能。图 3-19 中 I0.1 的常开触点接通时，M0.3 被置位为 ON，即使 I0.1 的常开触点断开，它也仍然保持为 ON；I0.2 的常开触点闭合时，M0.3 被复位为 OFF，即使 I0.2 的常开触点断开，它也仍然保持为 OFF。图 3-19 的电路具有与图 1-11 中的起动-保持-停止电路相同的功能。

如果被指定复位的是定时器（T）或计数器（C），将清除定时器/计数器的当前值，它们的位被复位为 OFF。

## 3. 立即置位与立即复位

执行立即置位指令（SI）或立即复位指令（RI）时（见图 3-18），从指定位地址开始的 N 个连续的物理输出点将被立即置位或复位，N＝1～128，线圈中的 I 表示立即。该指令只能用于输出位 Q，新值被同时写入对应的物理输出点和过程映像输出寄存器。置位指令与复位指令仅将新值写入过程映像输出寄存器。

## 4. RS、SR 双稳态触发器指令

图 3-20 中标有 SR 的方框为置位优先双稳态触发器，标有 RS 的方框为复位优先双稳态触发器。它们相当于置位指令 S 和复位指令 R 的组合，用置位输入和复位输入来控制方框上面的位地址。可选的 OUT 连接反映了方框上面位地址的信号状态。置位输入和复位输入均为 OFF 时，被控位的状态不变。置位输入和复位输入只有一个为 ON 时，为 ON 的起作用。

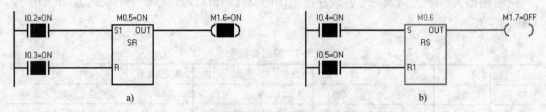

图 3-20 置位优先触发器与复位优先触发器

a) 置位优先触发器  b) 复位优先触发器

SR 触发器的置位信号 S1 和复位信号 R 同时为 ON 时，M0.5 被置位为 ON（见图 3-20）。RS 触发器的置位信号 S 和复位信号 R1 同时为 ON 时，M0.6 被复位为 OFF。

### 5．其他位逻辑指令

**（1）正、负向转换触点**

正、负向转换触点与取反触点如图 3-21 所示。正向转换触点和负向转换触点都没有操作数，触点符号中间的"P"和"N"分别表示表示正向转换和负向转换。

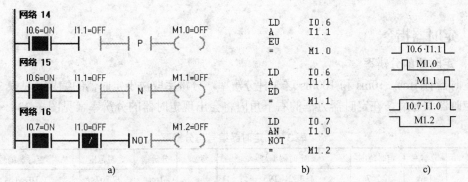

图 3-21　正、负向转换触点与取反触点

a) 梯形图　b) 语句表程序　c) 波形图

正向转换触点检测到一次正跳变时（触点的输入信号由 0 变为 1），或负向转换触点检测到一次负跳变时（触点的输入信号由 1 变为 0），触点接通一个扫描周期。语句表中正、负向转换指令的助记符分别为 EU（Edge Up，上升沿）和 ED（Edge Down，下降沿，见表 3-8）。EU 或 ED 指令检测到堆栈的栈顶值有跳变时，将栈顶值设置为 1；否则将其设置为 0。

表 3-8　其他位逻辑指令

| 语句 | 描述 |
| --- | --- |
| NOT　N | 取反 |
| EU | 正向转换 |
| ED | 负向转换 |
| NOP　N | 空操作 |

**（2）取反触点**

取反（NOT）触点将存放在堆栈顶部的、其左边电路的逻辑运算结果取反（见图 3-21），若运算结果为 1，则变为 0；若运算结果为 0，则变为 1，该指令没有操作数。在梯形图中，能流到达该触点时即停止；若能流未到达该触点，该触点给右侧提供能流。

**（3）空操作指令**

空操作指令（NOP　N）不影响程序的执行，操作数 N＝0～255。

### 6．程序的优化设计

在设计并联电路时，应将单个触点的支路放在下面；设计串联电路时，应将单个触点放在右边，否则语句表程序将会多用一条指令（见图 3-22）。

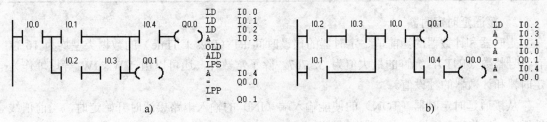

图 3-22　梯形图的优化设计

a) 不好的梯形图　b) 好的梯形图

建议在有线圈的并联电路中，将单个线圈放在上面，将图 3-22a 所示电路改为图 3-22b 所示的电路，可以避免使用逻辑进栈指令 LPS 和逻辑出栈指令 LPP。

## 3.4 定时器与计数器指令

### 3.4.1 定时器指令

**1. 定时器的分辨率**

定时器有 1ms、10ms 和 100ms 这 3 种分辨率，分辨率取决于定时器的编号（见表 3-9）。输入定时器编号后，在定时器方框的右下角内将会出现定时器的分辨率（见图 3-23）。

表 3-9　定时器编号与分辨率

| 类型 | 分辨率 | 定时范围 | 定时器编号 | 类型 | 分辨率 | 定时范围 | 定时器编号 |
|---|---|---|---|---|---|---|---|
| TON/TOF | 1ms | 32.767s | T32、T96 | TONR | 1ms | 32.767s | T0、T64 |
| | 10ms | 327.67s | T33~T36 和 T97~T100 | | 10ms | 327.67s | T1~T4 和 T65~T68 |
| | 100ms | 3 276.7s | T37~T63 和 T101~T255 | | 100ms | 3 276.7s | T5~T31 和 T69~T95 |

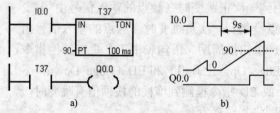

图 3-23　接通延时定时器

a) 梯形图　b) 波形图

定时器与计数器指令见表 3-10。

表 3-10　定时器指令与计数器指令

| 语　句 | 描　述 | 语　句 | 描　述 |
|---|---|---|---|
| TON　Txxx, PT | 接通延时定时器 | CITIM　IN, OUT | 计算间隔时间 |
| TOF　Txxx, PT | 断开延时定时器 | CTU　Cxxx, PV | 加计数 |
| TONR　Txxx, PT | 有记忆接通延时定时器 | CTD　Cxxx, PV | 减计数 |
| BITIM　OUT | 开始间隔时间 | CTUD　Cxxx, PV | 加/减计数 |

**2. 接通延时定时器**

定时器和计数器的当前值、定时器的预设时间 PT（Preset Time）的数据类型均为 16 位有符号整数（INT），允许的最大值为 32 767。除了常数外，还可以用 VW、IW 等地址作为定时器和计数器的预设值。

从接通延时定时器（TON）的使能输入端（IN）的输入电路接通时开始定时，当前值线性增大。当前值大于等于 PT 端指定的预设值（1~32 767）时，定时器位变为 ON，梯形图中对应的定时器的常开触点闭合，常闭触点断开。达到预设值后，当前值仍继续增加，直到最大值 32 767 为止。可以将定时器方框视为定时器的线圈。使能输入电路断开时，定时器被复位，其当前值被清零，定时器位变为 OFF。还可以用复位（R）指令复位定时器和计数器。

定时器的预设时间等于预设值与分辨率的乘积，图 3-23 中的 T37 为 100ms 定时器（见附录 D 例程清单中的例程"定时器应用"），预设时间为 100ms×90 = 9s。图 3-24 是用接通延时定时器编程实现的上升沿触发的脉冲定时器，在 I0.3 由 OFF 变为 ON 时（波形的上升沿），Q0.2 输出一个宽度为 3s 的脉冲，I0.3 的脉冲宽度既可以大于 3s，也可以小于 3s。

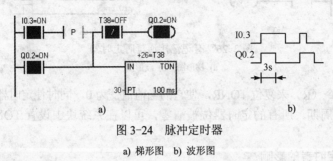

图 3-24　脉冲定时器

a) 梯形图　b) 波形图

### 3．断开延时定时器指令

断开延时定时器（TOF，见图 3-25）用来在使能（IN）输入电路断开后延时一段时间，再使定时器位变为 OFF。它用使能输入从 ON 到 OFF 的负跳变启动定时。

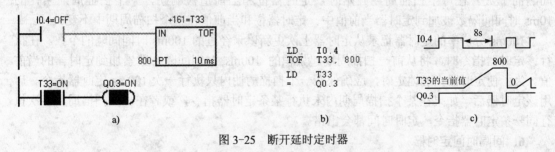

图 3-25　断开延时定时器

a) 梯形图　b) 语句表程序　c) 波形图

使能输入电路接通时，定时器位立即变为 ON，当前值被清零。使能输入电路断开时，开始定时，当前值从 0 开始增大。当前值等于预设值时，输出位变为 OFF，当前值保持不变，直到使能输入电路接通为止。断开延时定时器可用于设备停机后的延时，例如大型变频电动机的冷却风扇的延时。图 3-25b 给出了断开延时定时器的语句表程序。

TOF 与 TON 不能使用相同的定时器号，例如不能同时对 T37 使用指令 TON 和 TOF。

可以用复位（R）指令复位定时器。复位指令使定时器位变为 OFF，定时器当前值被清零。在第一个扫描周期，定时器 TON 和 TOF 被自动复位，当前值和定时器位均被清零。

### 4．有记忆接通延时定时器

有记忆接通延时定时器 TONR 的使能输入电路接通时，开始定时。当前值大于等于 PT端指定的预设值时，定时器位变为 ON。达到预设值后，当前值仍然继续增大，直到最大值32 767 为止。

使能输入电路断开时，当前值保持不变。使能输入电路再次接通时，继续定时。可以用TONR 来累计输入电路接通的若干个时间间隔。图 3-26 的时间间隔 $t_1 + t_2$ 等于 10s 时，10ms定时器 T2 的定时器位变为 ON。

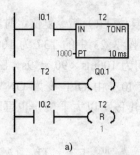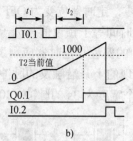

图 3-26　有记忆接通延时定时器

a) 梯形图　b) 波形图

只能用复位指令（R）来复位 TONR，使它的当前值变为 0，同时使定时器位变为 OFF。

在第一个扫描周期，所有的定时器位被清零，可以在系统块中设置 TONR 的当前值是否有断电保持功能。

**5. 分辨率对定时器的影响**

执行 1ms 分辨率的定时器指令时开始计时，其定时器位和当前值的更新与扫描周期不同步，每 1ms 更新一次。扫描周期大于 1 ms 时，在一个扫描周期内被多次更新。

执行 10ms 分辨率的定时器指令时开始计时，记录自定时器启用以来经过的 10ms 时间间隔的个数。在每个扫描周期开始时，定时器位和当前值被刷新，一个扫描周期累计的 10ms 时间间隔数被加到定时器当前值中。定时器位和当前值在整个扫描周期中不变。

100ms 分辨率的定时器记录从定时器上次更新以来经过的 100ms 时间间隔的个数。在执行该定时器指令时，将从前一扫描周期起累积的 100ms 时间间隔个数累加到定时器的当前值。为了使定时器正确地定时，应确保在一个扫描周期内只执行一次 100ms 定时器指令。启用该定时器后，如果在某个扫描周期内未执行某条定时器指令，或者在一个扫描周期多次执行同一条定时器指令，定时时间都会出错。

**6. 间隔时间定时器**

在图 3-27 的 Q0.4 的上升沿执行"开始间隔时间"指令 BGN_ITIME，读取内置的 1ms 双字计数器的当前值，并将该值储存在 VD0 中。

"计算间隔时间"指令 CAL_ITIME 计算当前时间与 IN 输入端 VD0 提供的时间（即图 3-27 中 Q0.4 变为 ON 的时间）之差，并将该时间差储存在 OUT 端指定的 VD4 中。

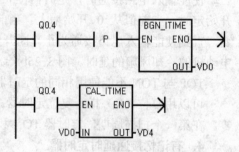

双字计数器的最大计时间隔为 $2^{32}$ ms 或 49.7 天。CAL_ITIME 指令将自动处理计算时间间隔期间发生的 1ms 定时器的翻转（即定时器的值由最大值变为 0）。

图 3-27　间隔时间定时器

### 3.4.2　计数器指令

计数器的编号范围为 C0～C255，不同类型的计数器不能共用同一个计数器号。本节的程序见附录 D 例程清单中的例程"计数器应用"。

**1. 加计数器（CTU）**

同时满足下列条件时，加计数器（见图 3-28）的当前值加 1，直至计数值达到最大值 32 767 为止。

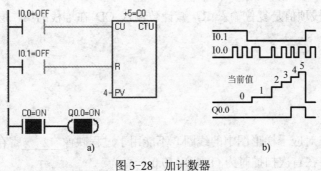

图 3-28　加计数器

a) 梯形图　b) 波形图

1）接在 R 输入端的复位输入电路断开（未复位）。

2）接在 CU 输入端的加计数脉冲输入电路由断开变为接通（即 CU 信号的上升沿）。

3）当前值小于最大值 32 767。

当前值大于、等于预设值 PV 时，计数器位变为 ON，反之为 OFF。当复位输入 R 为 ON 或对计数器执行复位指令时，计数器被复位，计数器位变为 OFF，当前值被清零。在首次扫描时，所有的计数器位被复位为 OFF。可以用系统块设置有断电保持功能的计数器的范围。在断电后又上电时，有断电保持功能的计数器保持断电时的当前值不变。

在语句表中，栈顶值是复位输入 R，加计数输入值 CU 放在栈顶下面一层。

**2．减计数器（CTD）**

减计数器如图 3-29 所示。在装载输入 LD 的上升沿时，计数器位被复位为 OFF，并把预设值 PV 装入当前值寄存器中。在减计数脉冲输入信号 CD 的上升沿，从预设值开始，减计数器的当前值减 1，减至 0 时，停止计数，计数器位被置位为 ON。

在语句表中，栈顶值是装载输入 LD，减计数输入 CD 放在堆栈的第二层。图 3-29b 给出了减计数器的语句表程序。

**3．加减计数器（CTUD）**

加减计数器如图 3-30 所示。在加计数脉冲输入 CU 的上升沿，计数器的当前值加 1，在减计数脉冲输入 CD 的上升沿，计数器的当前值减 1。当前值大于、等于预设值 PV 时，计数器位为 ON，反之为 OFF。当复位输入 R 为 ON，或对计数器执行复位（R）指令时，计数器被复位。当前值为最大值 32 767（十六进制数 16#7FFF）时，下一个 CU 输入的上升沿使当前值加 1 后变为最小值-32 768（十六进制数 16#8000）。当前值为-32 768 时，下一个 CD 输入的上升沿使当前值减 1 后变为最大值 32 767。

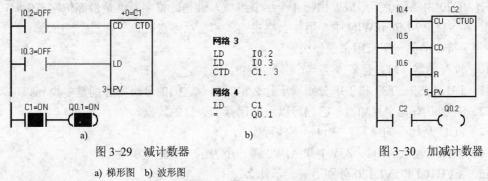

图 3-29　减计数器

a) 梯形图　b) 波形图

图 3-30　加减计数器

在语句表中，栈顶值是复位输入 R，减计数输入 CD 在堆栈的第二层，加计数输入 CU 在堆栈的第 3 层。

## 3.5 习题

1．填空题

1）输出指令（对应于梯形图中的线圈）不能用于过程映像_____寄存器。

2）SM_____在首次扫描时为 ON，SM0.0 一直为____。

3）每一位 BCD 码用____位二进制数来表示，其取值范围为二进制数_____～_____。

4）二进制数 2#0100 0001 1000 0101 对应的十六进制数是_____，对应的十进制数是_____，绝对值与它相同的负数的补码是_____。

5）BCD 码 2#0100 0001 1000 0101 对应的十进制数是_____。

6）接通延时定时器（TON）的 IN 输入电路_____时开始定时，当前值大于、等于预设值时其定时器位变为_____，其常开触点_____，常闭触点_____。

7）接通延时定时器（TON）的 IN 输入电路_____时被复位，复位后其常开触点_____，常闭触点_____，当前值等于____。

8）断开延时定时器的 IN 输入电路接通时，定时器位变为____，当前值被_____。IN 输入电路断开后，开始_____。当前值等于预设值时，输出位变为____，当前值_____。

9）有记忆接通延时定时器的 IN 输入电路断开时，当前值_____。

10）若加计数器的计数输入电路（CU）_____、复位输入电路（R）_____，计数器的当前值加 1。当前值大于等于预设值（PV）时，其常开触点_____，常闭触点_____。复位输入电路_____时，计数器被复位，复位后其常开触点_____，常闭触点_____，当前值为____。

2．2#0010 1010 0011 1001 是 BCD 码吗？为什么？

3．求出二进制补码 2#1111 1111 1010 0101 对应的十进制数。

4．状态表用什么数据格式显示 BCD 码？

5．字节、字和双字是有符号数还是无符号数？

6．VW20 由哪两个字节组成？谁是高位字节？

7．VD20 由哪两个字组成？由哪 4 个字节组成？谁是低位字？谁是最高位字节？

8．在 STEP 7-Micro/WIN 中，用什么格式输入和显示浮点数？

9．字符串的第一字节用来做什么？

10．位存储器（M）有多少字节？

11．T31、T32、T33 和 T38 分别属于什么定时器？它们的分辨率分别是多少 ms？

12．S7-200 有几个累加器？它们可以用来保存多少位的数据？

13．POU 是什么的缩写？它包括哪些程序？

14．模拟量输入 AIB2、AIW1 和 AIW2 哪一个表示方式是正确的？

15．&VB100 和 *VD120 分别用来表示什么？

16. 地址指针有什么作用？

17. 写出图 3-31 所示梯形图的语句表程序。

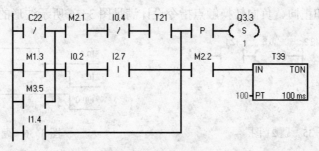

图 3-31 题 17 图

18. 写出图 3-32 所示梯形图的语句表程序。

19. 画出图 3-33 中 Q0.0 的波形图。

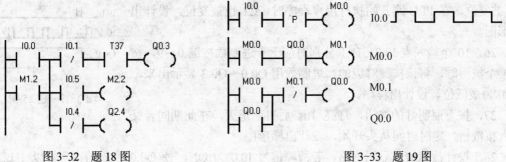

图 3-32 题 18 图　　　　　　　　　　　　　　　图 3-33 题 19 图

20. 分别画出图 3-34a 图 3-34b 和图 3-34c 中所示语句表程序对应的梯形图。

```
网络 1
LDI    I0.2
AN     I0.0              网络 2                    网络 3
O      Q0.3              LD     I0.1              LD     I0.7
ONI    I0.1              AN     I0.0              AN     I2.7
LD     Q2.1              LPS                      LDI    I0.3
O      M3.7              AN     I0.2              ON     I0.1
AN     I1.5              LPS                      A      M0.1
LDN    I0.5              A      I0.4              OLD
A      I0.4              =      Q2.1              LD     I0.5
ON     M0.2              LPP                      A      I0.3
OLD                     A      I4.6              O      I0.4
ALD                     R      Q0.3,1            ALD
O      I0.4              LPP                      ON     M0.2
LPS                     LPS                      =I     Q0.4
EU                      A      I0.5
=      M3.7              =      M3.6              网络 4
LPP                     LPP                      LD     I2.5
AN     I0.4              AN     I0.4              LD     M3.5
NOT                                              ED
SI     Q0.3,1           TON    T37,25            CTU    C41,30

       a)                      b)                       c)
```

图 3-34 题 20 图

21. 指出图 3-35 中的错误。

22. 料箱盛料过少时，低限位开关 I0.0 为 ON，Q0.0 控制报警灯闪动。10s 后自动停止报警，按复位按钮 I0.1 也停止报警。设计出梯形图程序。

23. 用 S、R 和正向、负向转换触点指令设计满足图 3-36 所示波形的梯形图。

图 3-35 题 21 图              图 3-36 题 23 图

24. 设计下降沿触发脉冲定时电路，在 I0.0 由 ON 变为 OFF（波形的下降沿）时，Q0.1 输出一个宽度为 3s 的脉冲，I0.0 为 OFF 的时间可以大于 3s，也可以小于 3s。

25. 在按下按钮 I0.0 后，Q0.0 变为 ON 并自保持（见图 3-37），I0.1 输入 3 个脉冲后（用加计数器 C1 计数），T37 开始定时，5s 后 Q0.0 变为 OFF，同时 C1 被复位，在 PLC 刚开始执行用户程序时，C1 也被复位，设计出梯形图。

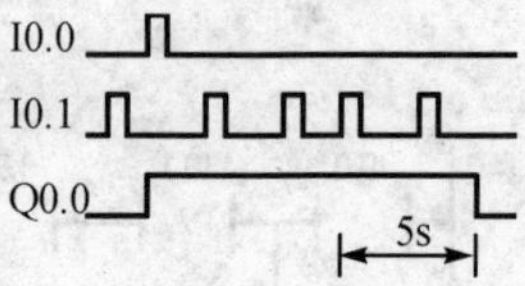

26. 10 个输入点 I0.0～I1.1 分别对应于十进制数按键 0～9，按下某个按键时，将该按键对应的二进制数用 Q0.0～Q0.3 显示出来，Q0.0 为最低位。设计出程序。

图 3-37 题 25 图

27. 按下照明灯的按钮，灯亮 10s 后自动熄灭，在此期间若又有人按按钮，定时时间从头开始，设计出梯形图。

28. 设计故障信息显示电路。若故障信号 I0.0 为 ON，使 Q0.0 控制的指示灯以 1Hz 的频率闪烁（可以使用 SM0.5 的触点）。操作人员按复位按钮 I0.1 后，如果故障已经消失，指示灯熄灭；如果故障没有消失，指示灯转为常亮，直至故障消失为止。

# 第4章 数字量控制系统梯形图程序设计方法

## 4.1 梯形图的经验设计法与根据继电器电路图设计梯形图的方法

S7-200 将开关量控制系统（例如继电器控制系统）称为数字量控制系统。下面首先介绍数字量控制系统经验设计法中一些常用的基本电路。

### 4.1.1 梯形图中的基本电路

#### 1. 起动-保持-停止电路与置位/复位电路

在第 2 章中已经介绍过起动-保持-停止电路（简称为起保停电路，见图 2-1），该电路在梯形图中的应用很广，现将它重画在图 4-1 中。图中的起动信号 I0.0 和停止信号 I0.1（例如起动按钮和停止按钮提供的信号）持续为 ON 的时间一般都很短。起保停电路最主要的特点是具有"记忆"功能，按下起动按钮，I0.0 的常开触点接通，使 Q0.0 的线圈"通电"，它的常开触点同时接通。松开起动按钮，I0.0 的常开触点断开，"能流"经 Q0.0 的常开触点和 I0.1 的常闭触点流过 Q0.0 的线圈，Q0.0 仍为 ON，这就是所谓的"自锁"或"自保持"功能。按下停止按钮，I0.1 的常闭触点断开，使 Q0.0 的线圈"断电"，其常开触点断开。以后即使松开停止按钮，I0.1 的常闭触点恢复为接通状态，Q0.0 的线圈仍然"断电"。这种记忆功能也可以用图 4-1 中的置位指令 S 和复位指令 R 来实现。

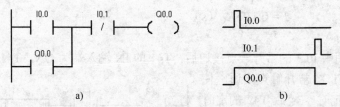
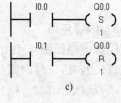

图 4-1　起保停电路与置位/复位电路

a) 起保停电路　b) 波形图　c) 置位/复位电路

在实际电路中，起动信号和停止信号可能由多个触点组成的串、并联电路提供。

#### 2. 用计数器扩展定时器的定时范围

S7-200 的定时器最长的定时时间为 3 276.7s，如果需要更长的定时时间，可以使用图 4-2 中由 C3 等组成的计数器电路（见附录 D 例程清单中的例程"定时器计数器应用"）。周期为 1 min 的时钟脉冲 SM0.4 的常开触点为加计数器 C3 提供计数脉冲。I0.1 由 ON 变为 OFF 时，解除了对 C3 的复位操作，C3 开始定时。图中的定时时间为 30 000 min。

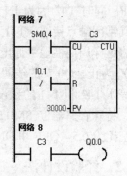

图 4-2　计数器组成的长延时电路

如果需要更长的定时时间，可以使用图 4-3 的长延时电路。I0.2 为 OFF 时，100ms 定时器 T37 和加计数器 C4 处于复位状态，它们不能工作。I0.2 为 ON 时，其常开触点接通，T37 开始定时，其常闭触点断开，解除了对 C4 的复位。3000s 后 T37 的定时时间到，其当前值等于预设值，它的常闭触点断开，使它自己复位。复位后 T37 的当前值变为 0，同时它的常闭触点接通，使它自己的线圈重新"通电"，又开始定时。T37 将这样周而复始地工作，直到 I0.2 变为 OFF 为止。从上面的分析可知，图 4-3 最上面一行电路是一个脉冲信号发生器，脉冲周期等于 T37 的预设值（3 000s）。

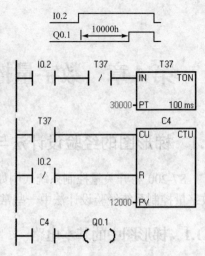

图 4-3　长延时电路及其波形图

这种定时器自复位的电路只能用于 100ms 的定时器，如果需要用 1ms 或 10ms 的定时器来产生周期性的脉冲，则应使用下面的程序：

```
LDN    M0.0      //由 1ms 定时器 T32 和 M0.0 组成脉冲发生器
TON    T32, 500  //T32 的预设值为 500ms
LD     T32
=      M0.0
```

图 4-3 中 T37 产生的周期为 3 000s 的脉冲列送给 C4 计数，计满 12 000 个数（即 10 000h）后，C4 的当前值等于预设值，使它的常开触点闭合。设 T37 和 C4 的预设值分别为 $K_T$ 和 $K_C$，对于 100ms 定时器，总的定时时间为

$$T = 0.1 K_T K_C（s）$$

### 3．闪烁电路

闪烁电路如图 4-4 所示。图中 I0.3 的常开触点接通后，T41 的 IN 输入端为 ON，T41 开始定时。2s 后定时时间到，T41 的常开触点接通，使 Q0.7 变为 ON，同时 T42 开始定时。3s 后 T42 的定时时间到，它的常闭触点断开，T41 因为 IN 输入电路断开而被复位。T41 的常开触点断开，使 Q0.7 变为 OFF，同时 T42 因为 IN 输入电路断开而被复位。复位后其常闭触点接通，T41 又开始定时。以后 Q0.7 的线圈将这样周期性地"通电"和"断电"，直到 I0.3 变为 OFF 为止。Q0.7 的线圈"通电"和"断电"的时间分别等于 T42 和 T41 的预设值。

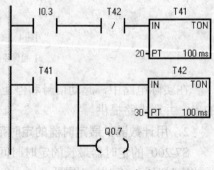

图 4-4　闪烁电路

特殊存储器位 SM0.5 的常开触点提供周期为 1s、占空比为 0.5（OFF 和 ON 各为 0.5s）的脉冲信号，可以用它的触点控制指示灯闪烁。

## 4.1.2　经验设计法

可以用设计继电器电路图的方法来设计比较简单的数字量控制系统的梯形图，即在一些

典型电路的基础上，根据被控对象对控制系统的具体要求，不断地修改和完善梯形图。有时需要多次反复地调试和修改梯形图，增加一些中间编程元件和触点，最后才能得到一个较为满意的结果。

这种方法没有普遍的规律可以遵循，具有很大的试探性和随意性，最后的结果不是唯一的，设计的质量和所用的时间与设计者的经验有很大关系，所以有人把这种设计方法叫做经验设计法，它可以用于较简单的梯形图（例如手动程序）的设计。

**1. 两条运输带的控制程序**

两条运输带顺序相连，示意图见图4-5a，为了避免运送的物料在1号运输带上堆积，按下起动按钮I0.5，1号运输带开始运行，8s后2号运输带自动起动。停机的顺序与起动的顺序刚好相反，即按了停止按钮I0.6后，先停2号运输带，8s后停1号运输带。PLC通过Q0.4和Q0.5控制两台运输带。

梯形图程序如图4-6所示。程序中设置了一个用起动按钮和停止按钮控制的辅助元件M0.0，用它的常开触点控制接通延时定时器T39和断开延时定时器T40。

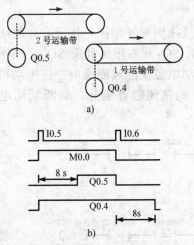

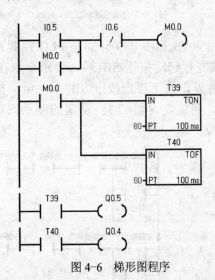

图4-5　两条运输带示意图与波形图

　　a) 运输带示意图　b) 波形图

图4-6　梯形图程序

接通延时定时器T39的常开触点在I0.5的上升沿之后8s被接通，在它的IN输入端为OFF时（M0.0的下降沿）断开。

综上所述，可以用T39的常开触点直接控制2号运输带Q0.5。

断开延时定时器T40的常开触点在它的IN输入为ON时被接通，在它结束8s延时后断开，因此，可以用T40的常开触点直接控制1号运输带Q0.4。

**2. 小车自动往返的控制程序**

图4-7a的小车由三相异步电动机驱动，$KM_1$和$KM_2$分别是控制小车右行和左行的交流接触器。用$KM_1$和$KM_2$的主触点改变进入电动机三相电源的相序（见图4-8），即可以改变小车运动的方向。图4-8中的FR是热继电器，在电动机过载一定的时间后，它的常开触点闭合，通过PLC的程序使$KM_1$或$KM_2$的线圈断电，电动机停转。

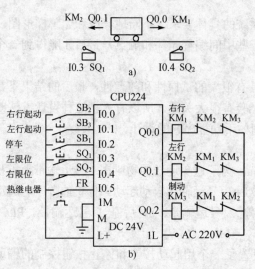
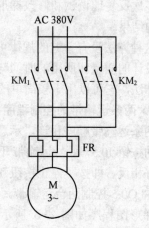

图 4-7　小车自动往返示意图和 PLC 的外部接线图　　　图 4-8　异步电动机主电路

a) 小车自动往返示意图　b) PLC 外部接线图

图 4-7b 和图 4-9 分别是 PLC 控制系统的外部接线图和梯形图。按下右行起动按钮 $SB_2$ 或左行起动按钮 $SB_3$ 后，要求小车在左限位开关 $SQ_1$ 和右限位开关 $SQ_2$ 之间不停地循环往返，按下停止按钮 $SB_1$ 后，电动机断电，制动电磁铁的线圈通电，使电动机迅速停机，到达定时器 T38 设定的制动时间后，T38 的常闭触点断开，切断制动电磁铁的电源。

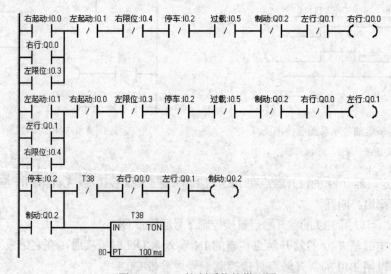

图 4-9　PLC 控制系统的梯形图

可以在三相异步电动机正、反转继电器控制电路的基础上，设计出满足要求的梯形图。

图 4-9 用两个起保停电路来分别控制小车的左行和右行（见附录 D 例程清单中的例程"小车自动往返控制"）。按下正转起动按钮 $SB_2$，I0.0 变为 ON，其常开触点接通，Q0.0 的线圈"得电"并自保持，使 $KM_1$ 的线圈通电，小车开始右行。按下停车按钮 $SB_1$，I0.2 变为

76

ON，其常闭触点断开，使 Q0.0 线圈"失电"，电动机停止运行。用同样的电路通过 Q0.1 控制左行的 KM₂。

控制右行、左行和制动的接触器同时只能有一个工作，在梯形图中，将 Q0.0、Q0.1 和 Q0.2 的线圈分别与三者中另外两个输出点的常闭触点串联，这样就可以保证 Q0.0~Q0.2 三者中同时只能有一个为 ON，这种安全措施称为软件互锁。

为了方便操作和保证 Q0.0 和 Q0.1 不会同时为 ON，在梯形图中还设置了"按钮联锁"，即将左行起动按钮对应的 I0.1 的常闭触点与控制右行的 Q0.0 线圈串联，将右行起动按钮对应的 I0.0 的常闭触点与控制左行的 Q0.1 线圈串联。设 Q0.0 为 ON，小车右行，这时如果想改为左行，可以不按停车按钮 SB₁，直接按左行起动按钮 SB₃，I0.1 变为 ON，它的常闭触点断开，使 Q0.0 的线圈"失电"，停止右行；同时 I0.1 的常开触点接通，使 Q0.1 的线圈"得电"并自保持，小车由右行变为左行。

为了使小车的运动在极限位置自动停止，将右限位开关 I0.4 的常闭触点与控制右行的 Q0.0 的线圈串联，将左限位开关 I0.3 的常闭触点与控制左行的 Q0.1 线圈串联。为了使小车自动改变运动方向，将左限位开关 I0.3 的常开触点与手动起动右行的 I0.0 常开触点并联，将右限位开关 I0.4 的常开触点与手动起动左行的 I0.1 常开触点并联。

假设按下左行起动按钮 I0.1，Q0.1 变为 ON，小车开始左行，碰到左限位开关时，I0.3 的常闭触点断开，使 Q0.1 的线圈"断电"，小车停止左行。I0.3 的常开触点接通，使 Q0.0 的线圈"通电"，开始右行。以后将这样不断地往返运动下去，直到按下停止按钮 I0.2 为止。

图 4-9 中用起保停电路来控制制动用的输出点 Q0.2。按下停车按钮 I0.2，Q0.2 变为 ON 并自保持，同时定时器 T38 开始定时。预设的时间到时，T38 的常闭触点断开，Q0.2 变为 OFF，停止制动，Q0.2 的自保持触点断开，T38 被复位。

梯形图中的软件互锁和按钮联锁电路并不保险，在电动机切换旋转方向的过程中，可能原来接通的接触器主触点的电弧还没有熄灭，另一个接触器的主触点已经闭合了，由此会造成瞬时的电源相间短路，使熔断器熔断。此外，如果主电路电流过大或接触器质量不好，某一接触器的主触点被断开时产生的电弧熔焊而被粘结，其线圈断电后主触点仍然是接通的，这时如果另一接触器的线圈通电，也会造成三相电源短路的事故。为了防止出现这种情况，应在 PLC 外部设置由 KM₁~KM₃ 的辅助常闭触点组成的硬件互锁电路（见图 4-8）。假设 KM₁ 的主触点被电弧熔焊，这时它与 KM₂ 和 KM₃ 线圈串联的辅助常闭触点处于断开状态，因此 KM₂ 和 KM₃ 的线圈不可能得电。

这种控制方法适用于小容量的异步电动机，并且往返不能太频繁，否则电动机将会过热。

### 4.1.3 根据继电器电路图设计梯形图的方法

PLC 使用与继电器电路图极为相似的梯形图语言。如果用 PLC 改造继电器控制系统，根据继电器电路图来设计梯形图是一条捷径。这是因为原有的继电器控制系统经过长期的使用和考验，已经被证明能完成系统要求的控制功能，而继电器电路图又与梯形图有很多相似之处，因此可以将继电器电路图"翻译"成梯形图，即用 PLC 的外部硬件接线图和梯形图程序来实现继电器系统的功能。这种设计方法一般不需要改动控制面板，保持了系统原有的外部特性，操作人员不用改变长期形成的操作习惯。

（1）设计方法及步骤

在分析 PLC 控制系统的功能时，可以将它想象成一个继电器控制系统中的控制箱，其外部接线图描述了这个控制箱的外部接线，梯形图是这个控制箱的内部"线路图"，梯形图中的输入位（I）和输出位（Q）是这个控制箱与外部世界联系的"输入/输出继电器"，这样就可以用分析继电器电路图的方法来分析 PLC 控制系统了。在分析时，可以将梯形图中输入位的触点想象成对应的外部输入器件的触点，将输出位的线圈想象成对应的外部负载的线圈。外部负载的线圈除了受梯形图的控制外，还可能受外部触点的控制。

继电器电路图中的交流接触器和电磁阀等执行机构如果用 PLC 的输出位来控制，应将它们的线圈接在 PLC 的输出端。按钮、控制开关、限位开关、光电开关等用来给 PLC 提供控制命令和反馈信号，它们的触点被接在 PLC 的输入端，一般使用常开触点。继电器电路图中的中间继电器和时间继电器（例如图 4-10 中的 KA、KT₁ 和 KT₂）的功能由 PLC 内部的存储器位（M）和定时器（T）来完成，它们与 PLC 的输入位、输出位无关。

将继电器电路图转换为功能相同的 PLC 外部接线图和梯形图的步骤如下。

1）了解和熟悉被控设备的工艺过程和机械的动作情况，根据继电器电路图分析和掌握控制系统的工作原理，这样才能做到在设计和调试控制系统时心中有数。

2）确定 PLC 的输入信号和输出负载，以及与它们对应的梯形图中输入位和输出位的地址，画出 PLC 的外部接线图。

3）确定与继电器电路图的中间继电器、时间继电器对应的梯形图中的位存储器（M）和定时器的地址。这两步建立了继电器电路图中的元件和梯形图中的编程元件的地址之间的对应关系。

4）根据上述对应关系，在继电器电路图的基础上改画出梯形图。

（2）自耦减压起动电路

图 4-10 是自耦减压起动电路。起动时电动机先用自耦变压器的二次电压起动，然后串入自耦变压器的部分绕组减压起动，最后进入全压运行。

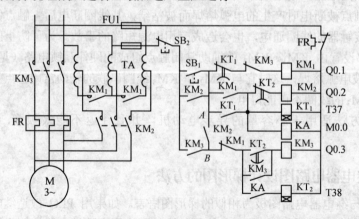

图 4-10　自耦减压起动电路

按下起动按钮 SB₁，KM₁ 线圈得电，它的主触点使自耦变压器的线圈接成星形。KM₁ 的常开触点使接触器 KM₂、中间继电器 KA 和时间继电器 KT₁ 的线圈通电，电动机经自耦变压器的二次线圈减压后起动。

$KT_1$ 的整定时间到时，其常闭触点断开，使 $KM_1$ 的线圈断电，电动机串入自耦变压器的部分绕组后减压起动。同时 $KM_1$ 的常闭触点闭合，使 $KT_2$ 的线圈通电。

$KT_2$ 的整定时间到时，其常闭触点断开，使 $KM_2$ 的线圈断电，自耦变压器脱离电动机；$KT_2$ 的常开触点闭合，使接触器 $KM_3$ 的线圈通电，$KM_3$ 的主触点接通，电动机全压起动。

图 4-11 是 PLC 的外部接线图。后面介绍的图 4-12c 是功能与图 4-10 相同的 PLC 控制系统梯形图（见附录 D 例程清单中的例程"自耦降压起动"）。

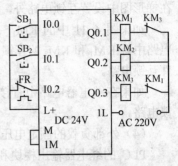

图 4-11  PLC 的外部接线图

### 4.1.4  设计中应注意的问题

根据继电器电路图设计 PLC 的外部接线图和梯形图时应注意以下问题。

**1．设计 PLC 外部接线图应注意的问题**

（1）正确确定 PLC 的输入信号和输出负载

画出 PLC 外部接线图的关键问题是正确确定 PLC 的输入信号和输出负载，本系统中的起动按钮和停止按钮为 PLC 提供输入信号。可以将热继电器 FR 的触点放在输入回路，如果是需要手动复位的热继电器，也可以将它的常闭触点放在输出回路，与相应的接触器线圈串联（见图 4-11）。

图 4-11 中的接触器 $KM_1 \sim KM_3$ 是 PLC 输出端的负载。中间继电器 KA 和时间继电器 KT 的功能用 PLC 内部的存储器位 M 和定时器来实现，它们与 PLC 的输出无关。

（2）输入触点类型的选择

在 PLC 的输入回路使用了热继电器 RJ 的常闭触点，未过载时它是闭合的，I0.2 为 ON，梯形图中 I0.2 的常开触点闭合。显然，应将 I0.2 的常开触点而不是常闭触点与 $Q0.0 \sim Q0.2$ 的线圈串联。过载时 FR 的常闭触点断开，I0.2 变为 OFF，梯形图中 I0.2 的常开触点断开，使 $Q0.0 \sim Q0.2$ 的线圈断电，起到了过载保护的作用。但是继电器电路图中 FR 的触点类型（常闭）和梯形图中对应的 I0.2 的触点类型（常开）刚好相反，给电路的分析带来不便。

如果在 PLC 的输入回路使用常开触点，梯形图中对应的输入点（I）的触点类型与继电器电路中的相同；如果在 PLC 的输入回路使用常闭触点，对应的输入点的触点类型与继电器电路中的相反。

为了使梯形图和继电器电路图中触点的类型相同，应尽可能地用常开触点来提供 PLC 的输入信号，使梯形图中输入点的触点类型符合继电器电路的习惯。但是有的信号使用常闭触点可能更可靠一些。例如，如果使用极限开关的常开触点来防止机械设备冲出限定的区域，常开触点接触不好时起不到保护作用，而使用常闭触点则更安全一些。

某些信号只能用常闭触点输入，可以按输入全部为常开触点来设计梯形图，这样可以将继电器电路图直接"翻译"为梯形图。然后将梯形图中外接常闭触点的过程映像输入位的触点改为相反的触点，即将常开触点改为常闭触点，将常闭触点改为常开触点。

（3）硬件互锁电路

为了防止因某些接触器同时动作出现的事故，在继电器电路中设置了互锁电路，例如将电动机的正、反转接触器的常闭触点串接在对方的线圈回路内。对于 PLC 控制系统，除了在梯形图中设置互锁电路外，还应在 PLC 外部设置硬件互锁电路。

如果图 4-11 中的 $KM_1$～$KM_3$ 同时闭合，自耦变压器上半部分绕组将被短路。在继电器电路中有 $KM_1$ 和 $KM_3$ 的互锁电路，因此，在 PLC 的外部接线图中设置了 $KM_1$ 和 $KM_3$ 的硬件互锁电路。

如果在继电器电路中有接触器之间的互锁电路，在 PLC 的输出回路也应采用相同的互锁电路。

（4）外部负载的额定电压

PLC 的继电器输出模块和双向晶闸管输出模块只能驱动额定电压最高为 AC 220V 的负载，如果原有的交流接触器的线圈电压为 380V，应换成 220V 的线圈或设置外部的中间继电器。

**2．梯形图结构的选择**

图 4-12a 几乎是按照图 4-10 中的二次回路的"原样"转换过来的。这种转换方法直观简便，但是有触点与线圈的串联电路并联，如果将这些电路转换为语句表，将会出现较多的逻辑进栈（LPS）、逻辑读栈（LRD）和逻辑出栈（LPP）指令。如果能将各线圈的控制电路分离开，可以使电路的逻辑关系变得更加清晰。

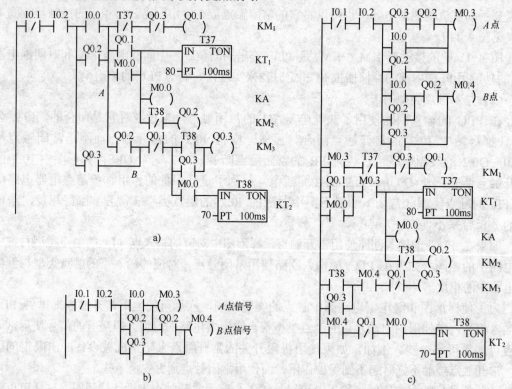

图 4-12　梯形图

a) 直接转换的梯形图　b) 局部梯形图　c) 改画后的梯形图

在梯形图中，若多个线圈都受某一触点串并联电路的控制，为了简化电路和分离各线圈的控制电路，可以在梯形图中设置用该电路控制的存储器位（例如图 4-12b 中的 M0.3 和

M0.4），它们类似于继电器电路的中间继电器。

### 3. 考虑 PLC 的工作特点

在设计梯形图时应考虑 PLC 的工作特点。梯形图和继电器电路虽然表面上看起来差不多，实际上有本质的区别。继电器电路是全部由硬件组成的电路，而梯形图是一种软件，是 PLC 图形化的程序。在继电器电路图中，由同一个继电器多对触点控制的多个线圈的状态可能同时变化。换句话说，继电器电路是可以并行工作的。而 PLC 的 CPU 是串行工作的，即 CPU 同时只能处理一条与触点和线圈有关的指令，因此 PLC 在处理指令时是有先后次序的。

在继电器电路图中，触点可以放在线圈的左边，也可以放在线圈的右边，但是在梯形图中，由于指令执行的先后顺序，线圈和输出类指令必须放在同一行电路的最右边。在继电器电路图中，热继电器 FR 的常闭触点可以放在线圈的右边，但是在梯形图中，FR 对应的 I0.2 的触点应放在线圈的左边。

在梯形图中，能流的方向反映了执行逻辑运算的顺序，能流只能从左往右流。图 4-12b 中流过右边的 Q0.2 触点的能流方向可能从右往左流，如果在编程软件中编译图 4-12b 中的梯形图，将会出现"反向的能流"错误。为了解决这个问题，通过分析流进 M0.3 和 M0.4 的线圈的能流可能的通路，画出控制 M0.3 和 M0.4 的等效电路（见图 4-12c 上面的网络）。

### 4. 时间继电器瞬动触点的处理

时间继电器的瞬动触点在时间继电器的线圈通电的瞬间动作，它们的触点符号上没有表示延时的圆弧。虽然 PLC 的定时器的触点画法与普通的触点相同，但它们是延时动作的。在梯形图中，可以在时间继电器对应的定时器方框的两端并联存储器位 M 的线圈，用 M 的触点来模拟时间继电器的瞬动触点。

图 4-10 中的中间继电器 KA 的线圈与 $KT_1$ 的线圈并联，KA 的触点与 $KT_1$ 的瞬动触点的功能相同。在梯形图中，与 $KT_1$ 和 KA 对应的 T37 方框和 M0.0 的线圈仍然并联，用 M0.0 的常开触点来代替图 4-10 中 $KT_1$ 的瞬动触点（即 KA 的常开触点）。

### 5. 尽量减少 PLC 的输入信号和输出信号

PLC 的价格与输入/输出（I/O）的点数有关，因此，减少输入信号和输出信号的点数是降低硬件费用的主要措施。

与继电器电路不同，一般只需要用同一个输入器件的一个触点给 PLC 提供输入信号，在梯形图中，可以多次使用同一个输入位的常开触点和常闭触点。

在继电器电路图中，如果几个元件的触点串并联电路总是作为一个整体出现，可以将它们接在 PLC 的一个输入点上，这样只占 PLC 的一个输入点。

具有手动复位功能的热继电器 FR 的常闭触点可以采用与继电器电路相同的处理方法，将它放在 PLC 的输出回路，与相应的接触器的线圈串联（见图 1-11 中 FR 的常闭触点），而不是将它们作为 PLC 的输入信号，这样可以节约 PLC 的一个输入点。也可以将热继电器的常闭触点与停止按钮的常闭触点串联，它们只占用 PLC 的一个输入点。

### 6. 梯形图的优化设计

为了减少语句表指令的指令条数，应遵循以下的准则：

1）在触点的串联电路中，应将单个触点放在右边。例如在图 4-12c 中，应将控制 Q0.3 的线圈的 Q0.1 的触点放在并联电路的右边。

2）在触点的并联电路中，应将单个触点放在下面。例如在图 4-12c 中，应将控制 M0.3

的线圈的 I0.0 和 Q0.2 的触点放在串联电路的下面。

3）在线圈的并联电路中，应将单个线圈放在线圈与触点组成的串联电路的上面。例如在图 4-12c 中，将 T38 的常闭触点与 Q0.2 的线圈的串联电路放在 T37 方框和 M0.0 线圈的下面。

## 4.2  顺序控制设计法与顺序功能图

### 4.2.1  顺序控制设计法

在用经验设计法设计梯形图时，没有一套固定的方法和步骤可循，具有很大的试探性和随意性，对于不同的控制系统，没有一种通用的、容易掌握的设计方法。在设计复杂系统的梯形图时，用大量的中间单元来完成记忆和互锁等功能。由于需要考虑的因素很多，它们往往又交织在一起，分析起来非常困难，并且很容易遗漏掉一些应该考虑的问题。修改某一局部电路时，很可能会"牵一发而动全身"，对系统的其他部分产生意想不到的影响，因此梯形图的修改也很麻烦，往往花了很长的时间还得不到一个满意的结果。用经验法设计出的复杂的梯形图很难阅读，给系统的维修和改进带来了很大的困难。

所谓顺序控制，就是按照生产工艺预先规定的顺序，在各个输入信号的作用下，根据内部状态和时间的顺序，在生产过程中各个执行机构自动地有秩序地进行操作。

顺序功能图（Sequential Function Chart，SFC）是描述控制系统的控制过程、功能和特性的一种图形，也是设计 PLC 的顺序控制程序的有力工具。

顺序功能图并不涉及所描述的控制功能的具体技术，它是一种通用的技术语言，可以供进一步设计和不同专业的人员之间进行技术交流之用。

顺序功能图是 IEC 61131-3 位居首位的编程语言，有的 PLC 为用户提供了顺序功能图语言，例如 S7-300/400 的 S7 Graph 语言，在编程软件中生成顺序功能图后便完成了编程工作。

现在还有相当多的 PLC（包括 S7-200）没有配备顺序功能图语言。但是可以用顺序功能图来描述系统的功能，根据它来设计梯形图程序。

顺序控制设计法是一种先进的设计方法，很容易被初学者接受，对于有经验的工程师来说，也会提高设计的效率，程序的调试、修改和阅读也很方便。

### 4.2.2  步与动作

#### 1. 步的基本概念

顺序控制设计法最基本的思想是将系统的一个工作周期划分为若干个顺序相连的阶段，这些阶段称为步（Step），并用编程元件（例如位存储器 M 或顺序控制继电器 S）来代表各步。步是根据输出量的状态变化来划分的，在任何一步之内，各输出量的 ON/OFF 状态不变，但是相邻两步输出量总的状态是不同的，步的这种划分方法使代表各步的编程元件的状态与各输出量的状态之间有着极为简单的逻辑关系。

顺序控制设计法用转换条件控制代表各步的编程元件，让它们的状态按一定的顺序变化，然后用代表各步的编程元件去控制 PLC 的各输出位。

图 4-13 中的小车开始时停在最左边，限位开关 I0.2 为 ON。按下起动按钮 I0.0，Q0.0 变为 ON，小车右行。碰到右限位开关 I0.1 时，Q0.0 变为 OFF，Q0.1 变为 ON，小车改为左行。返回

起始位置时，Q0.1 变为 OFF，小车停止运行，同时 Q0.2 变为 ON，使制动电磁铁线圈通电，定时器 T38 开始定时（见图 4-14）。定时时间到，制动电磁铁线圈断电，系统返回初始状态。

根据 Q0.0～Q0.2 ON/OFF 状态的变化，显然一个工作周期可以分为 3 步，分别用 M0.1～M0.3 来代表这 3 步，另外还应设置一个等待起动的初始步。图 4-14 所示是描述该系统的顺序功能图，图中用矩形方框表示步，用代表该步编程元件的地址作为步的代号，例如 M0.0 等，这样在根据顺序功能图设计梯形图时较为方便。

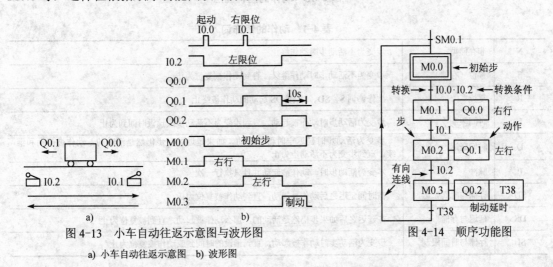

图 4-13　小车自动往返示意图与波形图

a) 小车自动往返示意图　b) 波形图

图 4-14　顺序功能图

### 2．初始步

与系统的初始状态相对应的步称为初始步，初始状态一般是系统等待起动命令的相对静止的状态。初始步用双线方框表示，每一个顺序功能图至少应该有一个初始步。

### 3．活动步

系统正处于某一步所在的阶段时，该步处于活动状态，称该步为活动步。步处于活动状态时，执行相应的非存储型动作；步处于不活动状态时，则停止执行之。

### 4．与步对应的动作或命令

可以将一个控制系统划分为被控系统和施控系统。例如，在数控车床系统中，数控装置是施控系统，而车床是被控系统。对于被控系统，在某一步中要完成某些"动作"（action）；对于施控系统，在某一步中则要向被控系统发出某些"命令"（command）。为了叙述方便，下面将命令或动作统称为动作，并用矩形框中的文字或符号表示动作，该矩形框应与它所在的步对应的方框相连。

如果某一步有几个动作，可以用图 4-15 中的两种画法来表示，但是并不隐含这些动作之间的任何顺序。应清楚地表明动作是存储型的还是非存储型的。图 4-14 中的 Q0.0～Q0.2 均为非存储型动作，例如在步 M0.1 为活动步时，动作 Q0.0 为 ON，在步 M0.1 为不活动步时，动作 Q0.0 为 OFF。步与它的非存储性动作是"同生共死"的。

由图 4-14 可知，在步 M0.3 为活动步时对制动定时，T38 的 IN 输入（使能输入）为 ON。从这个意义上来说，T38 的 IN 输入相当于步 M0.3 的一个非存储型动作，所以将 T38 放在步 M0.3 的动作框内。

使用表 4-1 中动作的修饰词，可以在一步中完成不同的动作。修饰词允许在不增加步的情况下控制动作。例如，可以使用修饰词 L 来限制配料阀打开的时间。

图 4-15　动作的两种画法

表 4-1　动作的修饰词

| N | 非存储型 | 步变为不活动步时动作终止 |
|---|---|---|
| S | 置位（存储） | 步变为不活动步时动作继续，直到动作被复位为止 |
| R | 复位 | 被修饰词 S、SD、SL 或 DS 起动的动作被终止 |
| L | 时间限制 | 步变为活动步时动作被起动，直到步变为不活动步或预设时间到为止 |
| D | 时间延迟 | 步变为活动步时延迟定时器被起动。如果延迟之后步仍然是活动的，动作被起动和继续，直到步变为不活动步为止 |
| P | 脉冲 | 步变为活动步时，动作被起动并且只执行一次 |
| SD | 存储与时间延迟 | 在时间延迟之后动作被起动，直到动作被复位为止 |
| DS | 延迟与存储 | 在延迟之后如果步仍然是活动的，那么动作被起动，直到被复位为止 |
| SL | 存储与时间限制 | 步变为活动步时动作被起动，直到预设的时间到或动作被复位为止 |

### 4.2.3　有向连线与转换条件

**1. 有向连线**

在顺序功能图中，随着时间的推移和转换条件的实现，将会发生步的活动状态的进展，这种进展按有向连线规定的路线和方向进行。在画顺序功能图时，将代表各步的方框按它们成为活动步的先后次序顺序排列，并用有向连线将它们连接起来。步的活动状态习惯的进展方向是从上到下或从左至右，在这两个方向有向连线上的箭头可以省略。如果不是上述的方向，应在有向连线上用箭头注明进展方向。为了更易于理解，在可以省略箭头的有向连线上也可以加上箭头。

如果在画图时有向连线必须中断（例如在复杂的图中，或用几个图来表示一个顺序功能图时），应在有向连线中断之处标明下一步的标号，例如步 83。

**2. 转换**

转换用有向连线上与有向连线垂直的短划线来表示，转换将相邻两步分隔开。步的活动状态的进展是由转换的实现来完成的，并与控制过程的发展相对应。

**3. 转换条件**

使系统由当前步进入下一步的信号称为转换条件。转换条件可以是外部的输入信号（例如按钮、指令开关、限位开关的接通或断开等），也可以是 PLC 内部产生的信号（例如定时器、计数器常开触点的接通等），还可以是若干个信号的与、或、非逻辑组合。

转换条件可以用文字语言、布尔代数表达式或图形符号标注在表示转换的短线的旁边。使用得最多的是布尔代数表达式（见图 4-16）。

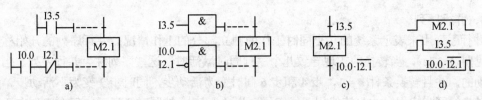

图 4-16 转换与转换条件

a) 梯形图表达式做转换条件  b) 功能块图表达式做转换条件  c) 布尔代数表达式做转换条件  d) 波形图

转换条件 I0.0 和 $\overline{I0.0}$ 分别表示输入信号 I0.0 为 ON 和 OFF 时转换实现。符号 ↑I0.0 和 ↓I0.0 分别表示 I0.0 从 OFF 到 ON 和从 ON 到 OFF 时转换实现。实际上不加符号 "↑"，转换一般也是在 I0.0 的上升沿实现的，因此一般不加 "↑"。

图 4-16d 中的波形图用高电平表示步 M2.1 为活动步，反之则用低电平表示。转换条件 $I0.0 \cdot \overline{I2.1}$ 表示 I0.0 的常开触点与 I2.1 的常闭触点同时闭合，在梯形图中则用两个触点的串联来表示这样一个 "与" 逻辑关系。

图 4-14 中步 M0.3 下面的转换条件 T38 对应于 T38 延时接通的常开触点，T38 的定时时间到时，转换条件满足。

在顺序功能图中，只有当某一步的前级步是活动步时，该步才有可能变成活动步。如果用没有断电保持功能的编程元件来代表各步，进入 RUN 工作方式时，它们均处于 OFF，必须用开机时接通一个扫描周期的初始化脉冲 SM0.1 的常开触点作为转换条件，将初始步预置为活动步（见图 4-14），否则因为顺序功能图中没有活动步，系统将无法工作。如果系统有自动、手动两种工作方式，顺序功能图是用来描述自动工作过程的，这时还应在系统由手动工作方式进入自动工作方式时，用一个适当的信号将初始步置为活动步（见 5.3 节）。

### 4.2.4 顺序功能图的基本结构

#### 1. 单序列

单序列由一系列相继激活的步组成，每一步的后面仅有一个转换，每一个转换的后面只有一个步（见图 4-17a），单序列的特点是没有下述的分支与合并。

#### 2. 选择序列

选择序列的开始称为分支（见图 4-17b），转换符号只能标在水平连线之下。如果步 5 是活动步，并且转换条件 $h = 1$，则发生由步 5→步 8 的进展。如果步 5 是活动步，并且 $k = 1$，则发生由步 5→步 10 的进展。如果将转换条件 $k$ 改为 $k \cdot \overline{h}$，则当 $k$ 和 $h$ 同时为 ON 时，将优先选择 $h$ 对应的序列，一般只允许同时选择一个序列。

选择序列的结束称为合并（见图 4-17b）。将几个选择序列合并到一个公共序列时，用需要重新组合的序列相同数量的转换符号和水平连线来表示，只允许将转换符号标在水平连线之上。

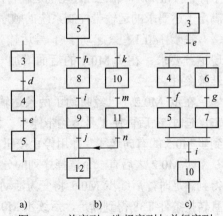

图 4-17 单序列、选择序列与并行序列

a) 单序列  b) 选择序列  c) 并行序列

如果步 9 是活动步，并且转换条件 $j = 1$，则发生步 9→步 12 的进展。如果步 11 是活动步，并且 $n = 1$，则发生步 11→步 12 的进展。

### 3. 并行序列

并行序列用来表示系统的几个同时工作的独立部分的工作情况。并行序列的开始称为分支（见图 4-17c），当转换的实现导致几个序列同时激活时，这些序列称为并行序列。当步 3 是活动的，并且转换条件 $e = 1$，步 4 和步 6 同时变为活动步，同时步 3 变为不活动步。为了强调转换的同步实现，水平连线用双线表示。步 4 和步 6 被同时激活后，每个序列中活动步的进展将是独立的。在表示同步的水平双线之上，只允许有一个转换符号。

并行序列的结束称为合并（见图 4-17c）。在表示同步的水平双线之下，只允许有一个转换符号。当直接连在双线上的所有前级步（步 5 和步 7）都处于活动状态，并且转换条件 $i = 1$ 时，才会发生步 5 和步 7 到步 10 的进展，即步 5 和步 7 同时变为不活动步，而步 10 变为活动步。

### 4. 运输带控制系统的顺序功能图

3 条运输带顺序相连（见图 4-18），为了避免运送的物料在 1 号和 2 号运输带上堆积，按下起动按钮 I0.0，1 号运输带开始运行，5s 后 2 号运输带自动起动，再过 5s 后 3 号运输带自动起动。停机的顺序与起动的顺序刚好相反，即按了停止按钮 I0.1 后，先停 3 号运输带，5s 后停 2 号运输带，再过 5s 停 1 号运输带。分别用 Q0.0～Q0.2 控制 1～3 号运输带。

根据图 4-18 中的波形图，显然可以将系统的一个工作周期划分为 6 步，即等待起动的初始步、4 个延时步和 3 台设备同时运行的步。从波形图可知，Q0.0 在步 M0.1～M0.5 均为 ON，Q0.1 在步 M0.2～M0.4 均为 ON。可以在步 M0.1～M0.5 的动作框中都填入 Q0.0，在步 M0.2～M0.4 的动作框中都填入 Q0.1。为了简化程序，在 Q0.0 应为 ON 的第一步（步 M0.1）将它置位，用顺序功能图动作框中的 "S  Q0.0" 来表示这一操作；在 Q0.0 应为 ON 的最后一步的下一步（步 M0.0）将 Q0.0 复位为 OFF，用动作框中的 "R  Q0.0" 来表示这一操作。同样地，在 Q0.1 应为 ON 的第一步（步 M0.2）将它置位；在 Q0.1 应为 ON 的最后一步的下一步（步 M0.5）将 Q0.1 复位为 OFF。

在顺序起动 3 条运输带的过程中，操作人员如果发现异常情况，可以由起动改为停车。按下停止按钮 I0.1，将已经起动的运输带停车，仍采用后起动的运输带先停车的原则。图 4-19 是满足上述要求的运输带控制系统的顺序功能图。

在步 M0.1，只起动了 1 号运输带。按下停止按钮 I0.1，系统应返回初始步。为了实现这一要求，在步 M0.1 的后面增加一条返回初始步的有向连线，并用停止按钮 I0.1 作为转换条件。

在步 M0.2，已经起动了两条运输带。按下停止按钮，首先使后起动的 2 号运输带停车，延时 5s 后再使 1 号运输带停车。为了实现这一要求，在步 M0.2 的后面，增加一条转换到步 M0.5 的有向连线，并用停止按钮 I0.1 作为转换条件。

步 M0.2 之后有一个选择序列的分支，当它是活动步（M0.2 为 ON），并且转换条件 I0.1 得到满足时，后续步 M0.5 将变为活动步，M0.2 变为不活动步。如果步 M0.2 为活动步，并且转换条件 T38 得到满足，后续步 M0.3 将变为活动步，步 M0.2 变为不活动步。

步 M0.5 之前有一个选择序列的合并，当步 M0.2 为活动步，并且转换条件 I0.1 满足，或者当步 M0.4 为活动步，并且转换条件 T39 满足时，步 M0.5 都将变为活动步。

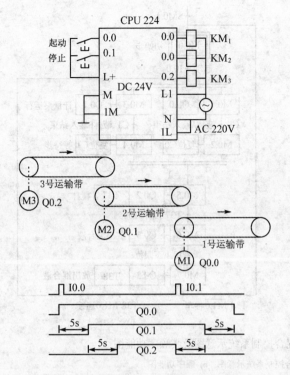

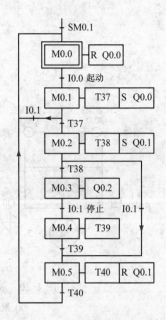

图 4-18　运输带示意图、波形图和外部接线图　　图 4-19　运输带控制的顺序功能图

此外，在步 M0.1 之后有一个选择序列的分支，在步 M0.0 之前有一个选择序列的合并。

### 5. 液体混合控制系统的顺序功能图

液体混合装置（见图 4-20a）按一定的比例将液体 A 和液体 B 混合，计量泵通电后每一个冲程泵出的液体体积是固定的，用计数器 C0 和 C1 计冲程的次数，可以按操作人员设定的冲程次数定量添加液体。下限位液位传感器未被液体淹没时为 ON。

在开始运行之前的初始状态，容器是空的，计量泵未工作，排料阀门关闭，搅拌电动机未工作，液位传感器为 ON，初始步 M0.0 为活动步。

按下起动按钮 I0.0，并行序列中的步 M0.1 和 M0.3 同时变为活动步，Q0.0 和 Q0.1 变为 ON，使两台计量泵同时运行（见图 4-20b）。

因为两台计量泵同时工作，所以用并行序列来描述它们的工作情况。在计量泵运行时，计数器对它们的冲程计数，如果 C0 首先计到预设的值，它的常开触点闭合，系统将转换到步 M0.2，Q0.0 变为 OFF，停止泵入液体 A。同时 C0 被复位，复位操作只需要一个扫描周期就可以完成。同样的，用计数器 C1 来控制泵入液体 B 的流量。先停止工作的计量泵在步 M0.2 或步 M0.4 等待另一台计量泵停止运行，因此步 M0.2 和步 M0.4 又称为等待步，它们用来实现同时结束并行序列中的两个子序列。

步 M0.2 和步 M0.4 下面的转换条件为 "=1"，即转换条件为二进制常数 1，换句话说，两台计量泵均运行完 C0 和 C1 预置的冲程数时，步 M0.2 和步 M0.4 均变为活动步，就会无条件地发生步 M0.2 和 M0.4 到步 M0.5 的转换，步 M0.2 和 M0.4 同时变为不活动步，而步 M0.5 变为活动步。

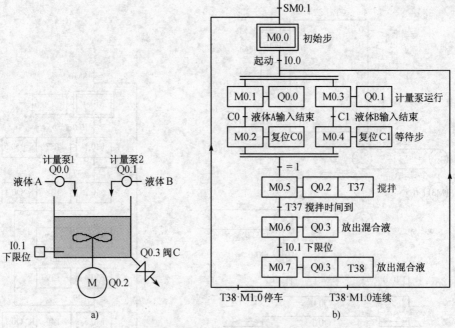

图 4-20　液体混合控制系统示意图及其顺序功能图

a) 液体混合控制系统示意图　b) 顺序功能图

在步 M0.5，Q0.2 为 ON，搅拌机开始搅拌液体。经过 T37 预置的时间后，停止搅拌，打开放料阀，放出混合液。液面降至下限位开关处时，I0.1 变为 ON。经过 T38 预置的时间后，容器放空，关闭放料阀，一个工作循环结束。

要求按下起动按钮后，按上述的工作过程循环运行。按下停止按钮，在当前工作周期的操作结束（混合液放完）后，才停止操作，返回并停留在初始状态。图 4-20b 中的 M1.0 和选择序列用来实现这一要求。用起动按钮 I0.0、停止按钮 I0.2 和起保停电路来控制 M1.0。

按下起动按钮，M1.0 变为 ON 并保持。图 4-20b 中步 M0.7 之后有一个选择序列的分支，系统完成一个周期的工作后，转换条件 T38·M1.0 满足，将从步 M0.7 转换到步 M0.1 和步 M0.3，开始下一次循环的运行。

按了停止按钮 I0.2 之后，M1.0 变为 OFF。但是要等到完成最后一步 M0.7 的工作后，转换条件 T38·$\overline{\text{M1.0}}$ 满足，才能返回初始步，系统停止运行。

步 M0.1 和 M0.3 之前有一个选择序列的合并，当步 M0.0 为活动步，并且转换条件 I0.0 满足时，或者当步 M0.7 为活动步，并且转换条件 T38·M1.0 满足时，步 M0.1 和 M0.3 都应变为活动步。

### 4.2.5　顺序功能图中转换实现的基本规则

**1. 转换实现的条件**

在顺序功能图中，步的活动状态的进展是由转换的实现来完成的。转换实现必须同时满足以下两个条件。

1）该转换所有的前级步都是活动步。

2）相应的转换条件得到满足。

这两个条件是缺一不可的，以上面的液体混合控制系统为例，如果取消了第一个条件，假设在步 M0.5（搅拌时）因为误操作按了起动按钮 I0.0，就会使步 M0.1 和 M0.3 变为活动步，开始泵入液体，造成误动作。如果同时满足上述两个条件，则不会出现这样的问题。

**2. 转换实现应完成的操作**

转换实现时应完成以下两个操作。

1）使所有由有向连线与相应转换符号相连的后续步都变为活动步。

2）使所有由有向连线与相应转换符号相连的前级步都变为不活动步。

以上规则可以用于任意结构中的转换，其区别如下：在单序列中，一个转换仅有一个前级步和一个后续步。在并行序列的分支处，转换有几个后续步（见图 4-17c），在转换实现时应同时将它们对应的编程元件置位。在并行序列的合并处，转换有几个前级步，只有在它们均为活动步时才有可能实现转换，在转换实现时应将它们对应的编程元件全部复位。在选择序列的分支与合并处（见图 4-17b），实际上一个转换只有一个前级步和一个后续步。

转换实现的基本规则，是根据顺序功能图设计梯形图的基础，它适用于顺序功能图中的各种基本结构与第 5 章将要介绍的各种顺序控制梯形图的编程方法。

**3. 绘制顺序功能图时的注意事项**

下面是针对绘制顺序功能图时的常见错误提出的注意事项。

1）绝对不能将两个步直接相连，必须用一个转换将它们分隔开。

2）也不能将两个转换直接相连，必须用一个步将它们分隔开。这两条可以作为检查顺序功能图是否正确的判据之一。

3）顺序功能图中的初始步一般对应于系统等待起动的初始状态，这一步可能没有什么输出处于 ON 状态，因此有的初学者在画顺序功能图时很容易遗漏掉这一步。初始步是必不可少的，一方面因为该步与它的相邻步相比，从总体上来说输出变量的状态各不相同；另一方面如果没有该步，无法表示初始状态，系统也不能返回等待起动的停止状态。

4）自动控制系统应能多次重复执行同一工艺过程，因此在顺序功能图中一般应有由步和有向连线组成的闭环，即在完成一次工艺过程的全部操作之后，应从最后一步返回初始步，系统停留在初始状态（单周期操作，见图 4-14），在连续循环工作方式时，应从最后一步返回下一工作周期开始运行的第一步（见图 4-20）。换句话说，在顺序功能图中不能有"到此为止"的"死胡同"或"盲肠"。

**4. 顺序控制设计法的本质**

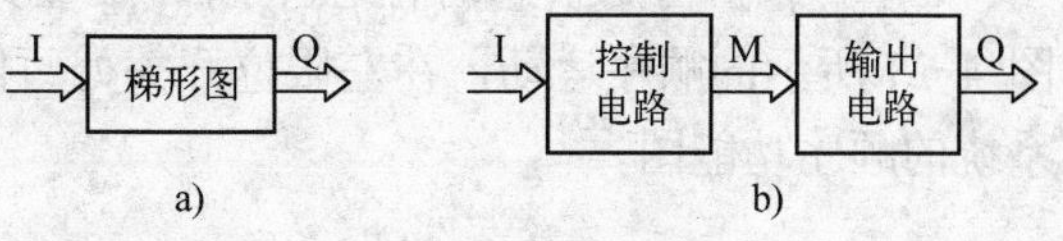

经验设计法实际上是试图用输入信号 I 直接控制输出信号 Q（见图 4-21a），如果无法直接控制，或者为了实现记忆和互锁等功能，只好被动地增加一些辅助元件和辅助触点。不同系统的输出量 Q 与输入量 I 之间的关系各不相同，它们对联锁、互锁的要求千变万化，不可能找出一种简单通用的设计方法。

图 4-21　信号关系图

a) 经验设计法示意图　b) 顺序控制设计法示意图

顺序控制设计法则是用输入量 I 控制代表各步的编程元件（例如内部位存储器 M），再用它们控制输出量 Q（见图 4-21b）。步是根据输出量 Q 的状态划分的，M 与 Q 之间具有很简单的"或"或者相等的逻辑关系，输出电路的设计极为简单。所有控制系统代表步的存储器位 M 的控制电路的设计方法都是通用的，并且很容易掌握，所以顺序控制设计法具有简单、规范、通用的优点。由于 M 是依次顺序变为 ON/OFF 状态的，实际上已经基本上解决了经验设计法中的记忆和联锁等问题。

## 4.3 习题

1．简述划分步的原则。

2．简述转换实现的条件和转换实现时应完成的操作。

3．试设计满足图 4-22 所示波形的梯形图。

4．试设计满足图 4-23 所示波形的梯形图。

5．画出图 4-24 所示波形对应的顺序功能图。

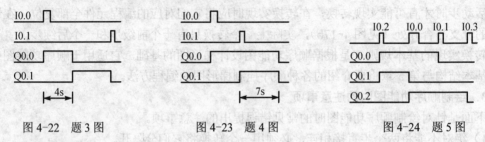

图 4-22　题 3 图　　　　　图 4-23　题 4 图　　　　　图 4-24　题 5 图

6．图 4-25 中的旋转工作台用凸轮和限位开关来实现运动控制。在初始状态时左限位开关 I0.0 为 ON，按下起动按钮 I0.3，Q0.0 变为 ON，电动机驱动工作台沿顺时针正转，转到上限位开关 I0.1 所在位置时暂停 5s（用 T37 定时），定时时间到时继续正转，转到右限位开关 I0.2 所在位置时 Q0.0 变为 OFF，Q0.1 变为 ON，工作台反转，回到限位开关 I0.0 所在的初始位置时停止转动，系统回到初始状态。画出系统的顺序功能图。

7．冲床的运动示意图如图 4-26 所示。初始状态时机械手在最左边，I0.4 为 ON；冲头在最上面，I0.3 为 ON；机械手松开（Q0.0 为 OFF）。按下起动按钮 I0.0，Q0.0 变为 ON，工件被夹紧并保持，2s 后 Q0.1 变为 ON，机械手右行，直到碰到右限位开关 I0.1，以后将顺序完成以下动作：冲头下行，冲头上行，机械手左行，机械手松开（Q0.0 被复位），系统返回初始状态，各限位开关和定时器提供的信号是相应步之间的转换条件。画出控制系统的顺序功能图。

8．小车在初始状态时停在中间，限位开关 I0.0 为 ON，按下起动按钮 I0.3，小车按图 4-27 所示的顺序运动，在左限位开关处暂停 10s，最后返回并停留在初始位置。画出控制系统的顺序功能图。

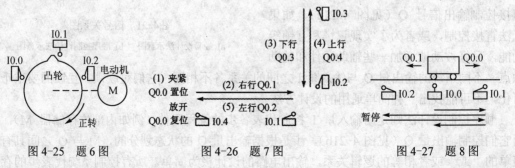

图 4-25　题 6 图　　　　　图 4-26　题 7 图　　　　　图 4-27　题 8 图

9．某组合机床动力头进给运动示意图如图 4-28 所示，设动力头在初始状态时停在左边，限位开关 I0.1 为 ON。按下起动按钮 I0.0 后，Q0.0 和 Q0.2 为 ON，动力头向右快速进给（简称为快进），碰到限位开关 I0.2 后变为工作进给（简称为工进），仅 Q0.0 为 ON。碰到限位开关 I0.3 后，暂停 5s；5s 后 Q0.2 和 Q0.1 为 ON，工作台快速退回（简称为快退），返回初始位置后停止运动。画出控制系统的顺序功能图。

10．试画出图 4-29 中的信号灯控制系统的顺序功能图，I0.0 为启动信号。

11．指出图 4-30 所示的顺序功能图中的错误。

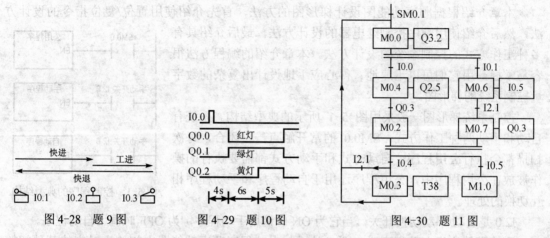

图 4-28　题 9 图　　　图 4-29　题 10 图　　　图 4-30　题 11 图

12．在初始状态时，图 4-31 中的 3 个容器都是空的，所有的阀门均关闭，搅拌器未运行。按下起动按钮 I0.0，Q0.0 和 Q0.1 变为 ON，阀 1 和阀 2 打开，液体 A 和液体 B 分别流入上面的两个容器中。当某个容器中的液体到达上液位开关时，对应的进料电磁阀关闭，放料电磁阀（阀 3 或阀 4）打开，液体放到下面的容器中。分别经过定时器 T37、T38 的延时后，液体放完，阀 3 或阀 4 关闭。在它们均关闭后，搅拌器开始搅拌。120s 后搅拌器停机，Q0.5 变为 ON，开始放出混合液。经过 T39 的延时后，放完混合液，Q0.5 变为 OFF，放料阀关闭。循环工作 3 次后，系统停止运行，返回初始步。画出系统的顺序功能图。

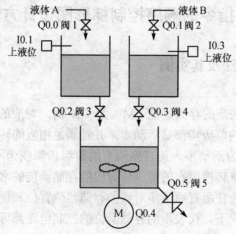

图 4-31　题 12 图

# 第5章 顺序控制梯形图的设计方法

本章介绍根据顺序功能图设计梯形图的方法，首先介绍使用置位/复位指令的设计方法，然后介绍使用顺序控制继电器的设计方法，最后介绍具有多种工作方式的控制系统的设计方法。本章介绍的编程方法很容易掌握，用它们可以迅速地、得心应手地设计出复杂的数字量控制系统的梯形图。

控制系统梯形图一般采用图 5-1 所示的典型结构。系统有自动和手动两种工作方式。SM0.0 的常开触点一直闭合，每次扫描都会执行公用程序。自动方式和手动方式都需要执行的操作被放在公用程序中，公用程序还用于自动程序和手动程序相互切换的处理。

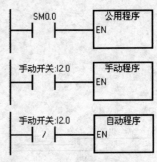

图 5-1 控制程序的典型结构

I2.0 是自动/手动切换开关，当它为 ON 时调用手动程序，为 OFF 时调用自动程序。

系统开始执行自动程序时，要求处于与自动程序顺序功能图中初始步对应的某种初始状态。如果开机时系统没有处于初始状态，应进入手动工作方式，用手动操作使系统进入初始状态后，再切换到自动工作方式。也可以设置使系统自动进入初始状态的工作方式（见 5.3 节）。

在 5.1 节和 5.2 节中，假设刚开始执行用户程序时，系统已经处于要求的初始状态。在系统进入初始状态后，应将与顺序功能图的初始步对应的编程元件置位为 ON，为转换的实现做好准备，并将其余各步对应的编程元件复位为 OFF。

## 5.1 使用置位/复位指令的顺序控制梯形图设计方法

### 5.1.1 单序列的编程方法及其实例

#### 1. 编程的基本方法

在顺序功能图中，代表步的存储器位（M）为 ON 时，对应的步为活动步，反之为不活动步。如果某一转换所有的前级步都是活动步，并且满足相应的转换条件，则转换实现，即该转换所有的后续步都变为活动步，该转换所有的前级步都变为不活动步。在使用置位/复位指令的编程方法中，用该转换所有的前级步对应的存储器位的常开触点与转换条件对应的触点或电路串联，用它作为使所有后续步对应的存储器位置位和使所有前级步对应的存储器位复位的条件。在任何情况下，代表步的存储器位的控制电路都可以用这一原则来设计。这种设计方法特别有规律，梯形图与转换实现的基本规则之间有着严格的对应关系，在设计复杂的顺序功能图的梯形图时既容易掌握，又不容易出错。这种编程方法使用任何一种 PLC 都有的置位、复位指令，因此这是一种通用的编程方法，可以用于任意型号的 PLC。

如果转换的前级步或后续步不止一个，转换的实现称为同步实现（见图 5-2）。为了强调同步实现，有向连线的水平部分用双线表示。

图 5-2 中转换条件的布尔代数表达式为 $\overline{I0.1}+I0.3$，它的两个前级步对应于 M1.0 和 M1.1，所以将 M1.0 和 M1.1 的常开触点组成的串联电路与 I0.1 的常闭触点和 I0.3 的常开触点组成的并联电路串联，作为转换实现的两个条件同时满足对应的电路。在梯形图中，该电路接通时，用置位指令将代表后续步的 M1.2 和 M1.3 置位（变为 ON 并保持），同时用复位指令将代表前级步的 M1.0 和 M1.1 复位（变为 OFF 并保持）。

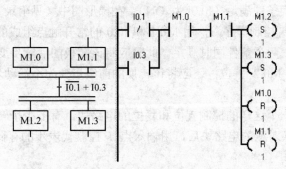

图 5-2　转换同步实现的梯形图

**2．实例 1——两条运输带控制程序的设计**

图 5-3a 中的两条运输带用来传送较长的物体，要求尽可能地减少运输带的运行时间。在两条运输带的出口处设置了两个光电开关，有物体经过时 I0.0 和 I0.1 为 ON，运输带 A 和 B 的电动机分别用 Q0.0 和 Q0.1 控制。

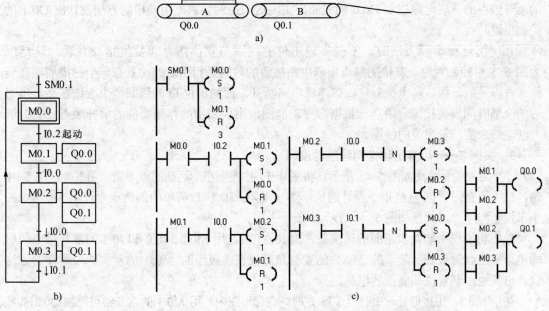

图 5-3　两条运输带控制系统示意图、顺序功能图和梯形图

a) 运输带示意图　b) 顺序功能图　c) 梯形图

PLC 刚进入 RUN 模式时，SM0.1 的常开触点接通一个扫描周期，将初始步对应的存储器位 M0.0 置位为 ON，将其余各步对应的 M0.1～M0.3 复位为 OFF。按下起动按钮 I0.2，转换到步 M0.1，运输带 A 开始运行。被传送物体的前沿使光电开关 I0.0 变为 ON 时，系统进入步 M0.2，两条运输带同时运行。被传送物体的后沿离开 I0.0 时，转换到步 M0.3，运输带 A 停止运行。物体的后沿离开光电开关 I0.1 时，系统返回初始步，运输带 B 停止运行。

实现图 5-3 中 I0.0 对应的转换需要同时满足两个条件，即该转换的前级步是活动步（M0.1 为 ON）和转换条件满足（I0.0 为 ON）。在梯形图中（见附录 D 例程清单中的例程"使用 SR 指令的运输带控制程序"），用 M0.1 和 I0.0 的常开触点组成的串联电路来表示上述条件。该电路接通时，两个条件同时满足。此时应将该转换的后续步变为活动步，即用置位指令"S M0.2,1"将 M0.2 置位；还应将该转换的前级步变为不活动步，即用复位指令"R M0.1,1"将 M0.1 复位。

每一个转换对应一个这样的控制置位和复位的电路块，有多少个转换就有多少个这样的电路块。画出所有转换对应的电路块后，用输入点 I 控制代表步的存储器位 M 的控制电路（见图 4-21b）就设计好了。

被传送物体的后沿离开限位开关 I0.0（在 I0.0 的下降沿）时，应从步 M0.2 转换到步 M0.3。在顺序功能图中，用"↓I0.0"表示转换条件为 I0.0 的下降沿。在梯形图中，用负向转换触点┤N├检测 I0.0 的下降沿，并将前级步对应的 M0.2 的常开触点与 I0.0 下降沿检测电路串联，作为将后续步对应的 M0.3 置位和将前级步对应的 M0.2 复位的条件。用同样的方法设计从步 M0.3 返回初始步的置位/复位电路。

梯形图最右边是用代表步的存储器位 M 控制输出位 Q 的控制电路（见图 4-21b）。从顺序功能图可以看出，Q0.0 在步 M0.1 和步 M0.2 均应为 ON。在梯形图中，用 M0.1 和 M0.2 的常开触点的并联电路控制 Q0.0 的线圈来实现这一控制要求。用同样的方法设计出 Q0.1 的控制电路。

在使用这种编程方法时，不能将输出位的线圈与置位指令和复位指令并联。这是因为图 5-3 中控制置位、复位的触点串联电路接通的时间是相当短的，只有一个扫描周期，转换条件满足后前级步马上被复位，该串联电路断开。而输出位 Q 的线圈至少应该在某一步对应的全部时间内被接通，所以应根据顺序功能图，用代表步的存储器位的常开触点或它们的并联电路来驱动输出位的线圈。

**3. 实例 2——小车运动控制程序的设计**

小车运动的示意图如图 5-4a 所示。将图 4-14 中控制小车运动的顺序功能图重画在图 5-4b 中，图中还有用置位/复位指令设计的梯形图（见附录 D 例程清单中的例程"使用 SR 指令的小车控制程序"），程序如图 5-4c 所示。

顺序功能图中初始步下面的转换条件为 I0.0·I0.2，用 M0.0、I0.0 和 I0.2 的常开触点的串联电路来控制对代表后续步的 M0.1 的置位和对代表前级步的 M0.0 的复位。用同样的方法设计出其他控制置位和复位的电路。

在步 M0.3，用接通延时定时器 T38 定时。在梯形图中，用 M0.3 的常开触点控制 Q0.2 的线圈和 T38 的 IN 输入端。

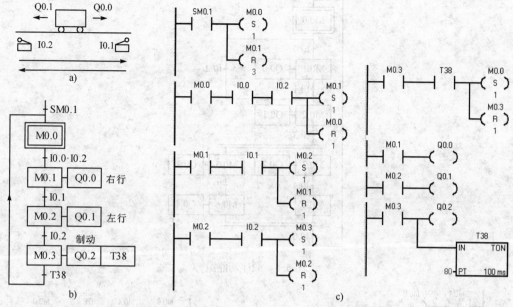

图 5-4 控制小车运动的示意图、顺序功能图和梯形图

a) 示意图  b) 顺序功能图  c) 梯形图

**4. 程序的调试**

顺序功能图是用来描述控制系统的外部性能的，因此应根据顺序功能图而不是梯形图来调试顺序控制程序。在调试顺序控制程序时，一般使用状态表监控，很少使用程序状态监控。

以调试两条运输带的控制程序为例，用状态表监控包含所有步、动作和转换条件的MB0、QB0和IB0（见图5-5）。使用二进制格式，用一行最多可以监控 32 个位变量（一个双字）。附录 A.11 介绍了详细的调试过程。

| 地址 | 格式 | 当前值 |
|------|------|--------|
| MB0 | 二进制 | 2#0000_0100 |
| QB0 | 二进制 | 2#0000_0011 |
| IB0 | 二进制 | 2#0000_0001 |

图 5-5　状态表

## 5.1.2　选择序列和并行序列的编程方法及其实例

**1. 选择序列的编程方法**

如果某一转换与并行序列的分支、合并无关，它的前级步和后续步都只有一个，需要复位、置位的存储器位也只有一个，因此对选择序列的分支与合并的编程方法实际上与对单序列的编程方法完全相同。

图 5-6 的顺序功能图中，除了 I0.3 和 I0.6 对应的转换以外，其余的转换均与并行序列的分支、合并无关，而 I0.0～I0.2 对应的转换与选择序列的分支、合并有关，它们都只有一个前级步和一个后续步。与并行序列的分支、合并无关的转换对应的梯形图是非常标准的（见图 5-7 和例程 "使用 SR 指令的复杂的顺控程序"），每一个控制置位、复位的电路块都由前级步对应的一个存储器位的常开触点和转换条件对应的触点组成的串联电路、一条置位指令和一条复位指令组成。

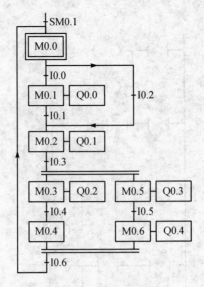

图 5-6　顺序功能图

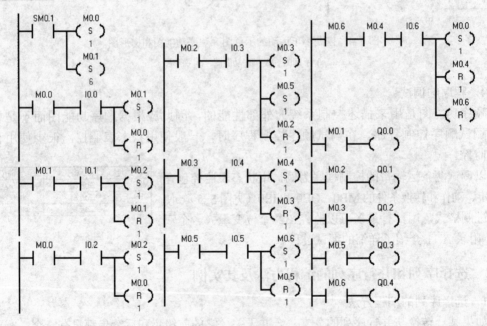

图 5-7　选择序列与并行序列的梯形图

## 2. 并行序列的编程方法

图 5-6 中步 M0.2 之后有一个并行序列的分支，当 M0.2 是活动步，并且转换条件 I0.3 满足时，步 M0.3 与步 M0.5 应同时变为活动步，这是用 M0.2 和 I0.3 常开触点组成的串联电路使 M0.3 和 M0.5 同时置位来实现的；与此同时，步 M0.2 应变为不活动步，这是用复位指令来实现的。

在 I0.6 对应的转换之前有一个并行序列的合并，该转换实现的条件是所有的前级步（即步 M0.4 和 M0.6）都是活动步和转换条件 I0.6 满足。由此可知，应将 M0.4、M0.6 和 I0.6 的常开触点串联，作为使后续步 M0.0 置位和使 M0.4、M0.6 复位的条件。

### 3．复杂的顺序功能图的调试方法

在调试复杂的顺序控制程序时，应充分考虑各种可能的情况，对其中的每一条支路、各种可能的进展路线，都应逐一检查，不能遗漏。例如，可以首先调试图5-6中经过步M0.1、最后返回初始步的流程，然后调试跳过步M0.1、最后返回初始步的流程。

调试时应注意并行序列中各子序列的第1步（步M0.3和步M0.5）是否同时变为活动步，各子序列的最后一步（步M0.4和步M0.6）是否同时变为不活动步。

应在发现问题后及时修改程序，直到每一条进展路线上步的活动状态的顺序变化和输出点的状态的变化都符合顺序功能图的规定为止。

### 4．实例1——液体混合控制系统的编程

图5-8重新给出了图4-20b中的液体混合控制系统的顺序功能图。图5-9是根据它用置位/复位指令设计的液体混合控制系统的梯形图程序（见附录D例程清单中的例程"使用SR指令的液体混合控制程序"）。

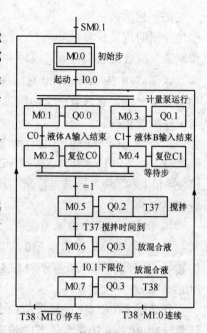

图5-8 液体混合控制的顺序功能图

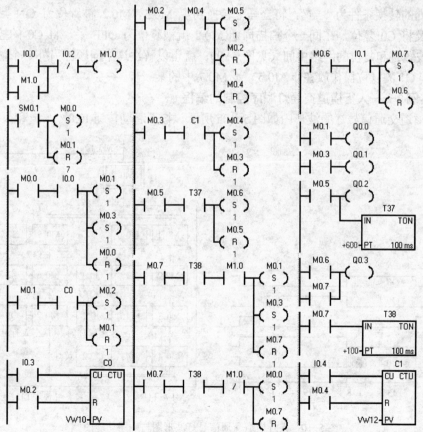

图5-9 用置位/复位指令设计的液体混合控制系统的梯形图程序

按下起动按钮 I0.0，图 5-9 左上角的起保停电路使 M1.0 变为 ON 并保持，系统将按顺序功能图的规定反复循环运行。按下停止按钮 I0.2，M1.0 变为 OFF，在当前工作周期的操作结束（混合液放完）后，返回并停留在初始状态。

以图 5-8 中 T38·$\overline{M1.0}$ 对应的转换为例，它与并行序列的分支合并无关，但是与选择序列的分支有关。它只有一个前级步 M0.7 和一个后续步 M0.0，控制置位、复位电路块的结构与单序列的相同。

图 5-8 中步 M0.0 下面有一个并行序列的分支，当 M0.0 是活动步，并且转换条件 I0.0 满足时，步 M0.1 与步 M0.3 应同时变为活动步，这是用 M0.0 和 I0.0 常开触点组成的串联电路使 M0.1 和 M0.3 同时置位来实现的；与此同时，步 M0.0 应变为不活动步，这是用复位指令来实现的。

步 M0.2 和步 M0.4 下面有一个并行序列的合并，转换条件为=1，即转换条件为二进制常数 1。只要步 M0.2 和步 M0.4 均为活动步，就应无条件地发生步 M0.2 和步 M0.4 到步 M0.5 的转换。因此，将 M0.2 和 M0.4 的常开触点串联，作为使后续步 M0.5 置位和使前级步 M0.2、M0.4 复位的条件。

计数器 C0 和 C1 的预设值由 VW10 和 VW12 提供，可以用人机界面修改。C0 和 C1 的计数脉冲 I0.3 和 I0.4 由外部的传感器提供。如果液体 B 的输入先结束，液体 A 的输入后结束，并行序列的两个子序列都转换到最后一步（步 M0.2 和步 M0.4 均为 ON）时，因为并行序列合并处的转换条件为"=1"，将会马上转换到步 M0.5。M0.2 被置位为 ON 后，可能还没有来得及将 C0 复位，在同一个扫描周期 M0.2 就被复位为 OFF 了。将 C0 的控制电路放在 M0.2 被置位和复位的网络中间（见图 5-9），就可以解决这个问题。另外一个解决方案是将对 C0 和 C1 的复位操作放在步 M0.5～步 M0.7 中的某一步。

**5. 实例 2——人行横道交通灯顺序控制的编程**

人行横道交通信号灯的波形图如图 5-10a 所示。按下起动按钮 I0.0，车道和人行道的交

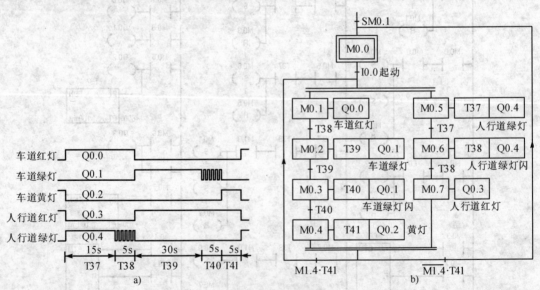

图 5-10 人行横道交通信号灯波形图与顺序功能图

a) 波形图  b) 顺序功能图

通灯将按波形图所示的顺序变化（见图 5-10a）。图 5-11 是用置位/复位指令设计的人行横道交通信号灯控制系统梯形图（见例程"使用 SR 指令的交通灯控制程序"）。

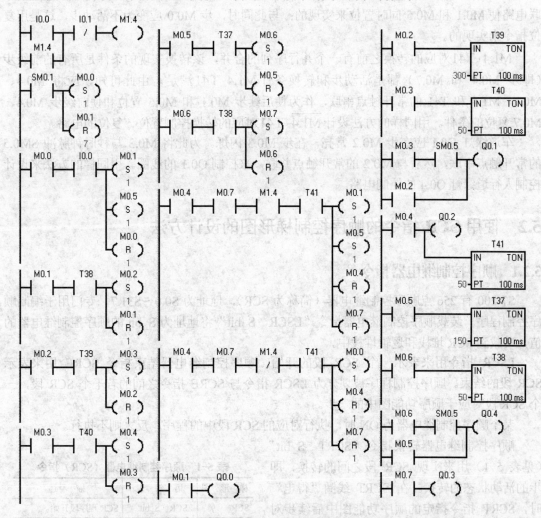

图 5-11　用置位/复位指令设计的人行横道交通信号灯控制系统梯形图

PLC 由 STOP 状态进入 RUN 状态时，SM0.1 将初始步 M0.0 置位为 ON，将其他步复位为 OFF。为了控制交通灯的连续循环运行，设置了一个连续标志 M1.4。按下起动按钮 I0.0，步 M0.1 和步 M0.5 同时变为活动步，车道红灯和人行道绿灯亮，禁止车辆通过；同时起保停电路使 M1.4 变为 ON 并保持。由于车道交通灯和人行道交通灯是同时工作的，所以用并行序列来表示它们的工作情况。

在 T41 的定时时间到时，转换条件 M1.4·T41 满足，将从步 M0.4 和步 M0.7 转换到步 M0.1 和步 M0.5，交通灯进入下一循环。

按下停止按钮 I0.1，M1.4 变为 OFF，但是系统不会马上返回初始步，因为 M1.4 只是在一个工作循环结束时才起作用。在 T41 的定时时间到时，转换条件 $\overline{M1.4}$·T41 满足，将从步 M0.4 和步 M0.7 返回初始步。

顺序功能图中步 M0.0 之后有一个并行序列的分支，当 M0.0 是活动步，并且转换条件 I0.0 满足时，步 M0.1 与步 M0.5 应同时变为活动步，这是用 M0.0 和 I0.0 常开触点组成的串联电路使 M0.1 和 M0.5 同时置位来实现的；与此同时，步 M0.0 应变为不活动步，这是用复位指令来实现的。

M1.4·T41 对应的转换之前有一个并行序列的合并，该转换实现的条件是所有的前级步（即步 M0.4 和 M0.7）都是活动步和转换条件 M1.4·T41 满足。由此可知，应将 M0.4、M0.7、M1.4 和 T41 的常开触点串联，作为使后续步 M0.1 和 M0.5 置位和使前级步 M0.4、M0.7 复位的条件。用同样的方法设计 $\overline{M1.4}$·T41 对应的转换控制置位、复位的电路。

车道绿灯 Q0.1 应在步 M0.2 常亮，在步 M0.3 闪烁。为此将 M0.3 与秒时钟脉冲 SM0.5 的常开触点串联，然后与 M0.2 的常开触点并联，来控制 Q0.1 的线圈。用同样的方法来设计控制人行道绿灯 Q0.4 的控制电路。

## 5.2　使用 SCR 指令的顺序控制梯形图的设计方法

### 5.2.1　顺序控制继电器指令

S7-200 有 256 点顺序控制继电器（简称为 SCR），地址为 S0.0~S31.7，专门用于编制顺序控制程序。装载顺序控制继电器指令"LSCR　S_bit"将地址为 S_bit 的顺序控制继电器的值，装载到 SCR 堆栈和逻辑堆栈中。

LSCR 指令用来表示一个 SCR 段的开始，顺序控制继电器结束指令 SCRE 用来表示 SCR 段的结束。顺序控制程序被划分为 LSCR 指令与 SCRE 指令之间的若干个 SCR 段，一个 SCR 段对应于顺序功能图中的一步。

某个顺序控制继电器为 ON 时，执行对应的 SCR 段中的程序，反之则不执行。

顺序控制继电器转换指令"SCRT　S_bit"（见表 5-1）用来实现 SCR 段之间的转换，即步的活动状态的转换。在 SCRT 线圈"得电"时，SCRT 指令指定的顺序功能图中后续步对应的顺序控制继电器被置位为 ON，同时当前活动步对应的顺序控制继电器被操作系统复位为 OFF，当前步变为不活动步。

**表 5-1　顺序控制继电器（SCR）指令**

| 梯　形　图 | 语　句　表 | 描　　　述 |
|---|---|---|
| SCR | LSCR　S_bit | SCR 程序段开始 |
| SCRT | SCRT　S_bit | SCR 转换 |
| SCRE | CSCRE | SCR 程序段条件结束 |
| SCRE | SCRE | SCR 程序段结束 |

使用 SCR 时有以下的限制：不能在不同的程序中使用相同的 S 位；不能在 SCR 段之间使用 JMP 及 LBL 指令，即不允许用跳转的方法跳入或跳出 SCR 段；不能在 SCR 段中使用 FOR、NEXT 和 END 指令。

### 5.2.2　单序列的编程方法

图 5-12a 中的两条运输带顺序相连，按下起动按钮 I0.0，2 号运输带开始运行，10s 后 1 号运输带自动起动。按下停机按钮 I0.1，1 号运输带立即停机，延时 10s 后 2 号运输带停机。

在设计图 5-12c 中的梯形图时，用 LSCR（梯形图中为 SCR）指令和 SCRE 指令表示

SCR 段的开始和结束。在 SCR 段中用 SM0.0 的常开触点来驱动在该步应为 ON 的输出点 Q 的线圈，并用转换条件对应的触点或电路来驱动转换到后续步的 SCRT 指令。

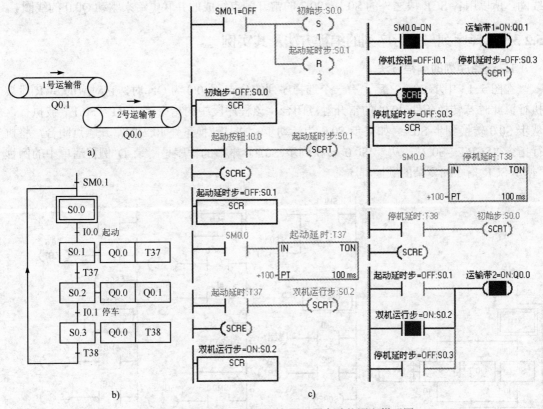

图 5-12　运输带控制系统示意图、顺序功能图和梯形图

a) 运输带控制系统示意图　b) 顺序功能图　c) 梯形图

如果用编程软件的"程序状态"功能来监视处于运行模式的梯形图（见图 5-12 和附录 D 例程清单中的例程"使用 SCR 指令的运输带控制程序"），可以看到因为直接接在左侧电源线上，所以每一个 SCR 方框都是蓝色的。

各 SCR 段内所有的线圈和指令实际上受到对应的顺序控制继电器的控制。图 5-12c 所示的梯形图程序状态监控中，步 S0.2 为活动步，只执行指令"SCR S0.2"开始的 SCR 段内的程序，该 SCR 段内控制 Q0.1 的 SM0.0 的常开触点闭合，SCRE 线圈通电。此时，没有被执行的其他 SCR 段内的触点、线圈和定时器方框均为灰色，SCRE 线圈断电。

首次扫描时，SM0.1 的常开触点接通一个扫描周期，将顺序控制继电器 S0.0 置位，初始步变为活动步，只执行 S0.0 对应的 SCR 段，同时将其他步对应的 S0.1～S0.3 复位。按下起动按钮 I0.0，指令"SCRT S0.1"对应的线圈得电，使 S0.1 变为 ON，操作系统使 S0.0 变为 OFF，系统从初始步转换到第 2 步，只执行 S0.1 对应的 SCR 段。在该段中的 SM0.0 的常开触点闭合，T37 的 IN 输入为 ON，开始定时。在梯形图的最后一个网络中，S0.1 的常开触点闭合，Q0.0 的线圈通电，2 号运输带开始运行。在操作系统没有执行 S0.1 对应的 SCR 段时，T37 不会工作。

T37 的定时时间到时，其常开触点闭合，将转换到步 S0.2。以后将这样一步一步地转换下去，直到返回初始步为止。

Q0.0 在 S0.1~S0.3 这 3 步中均应工作，不能在这 3 步的 SCR 段内分别设置一个 Q0.0 的线圈，所以用各 SCR 段之外的 S0.1~S0.3 的常开触点组成的并联电路来驱动 Q0.0 的线圈。

### 5.2.3 选择序列与并行序列的编程方法及其实例

#### 1. 选择序列的编程方法

在图 5-13 中步 S0.0 之后，有一个选择序列的分支。S0.0 为 ON 时，它对应的 SCR 段被执行，此时若转换条件 I0.0 的常开触点闭合，该程序段中的指令"SCRT　S0.1"被执行，从步 S0.0 转换到步 S0.1。如果步 S0.0 为活动步，并且转换条件 I0.2 的常开触点闭合，将执行指令"SCRT　S0.2"，从步 S0.0 转换到步 S0.2。本节的程序见附录 D 例程清单中的例程"使用 SCR 指令的复杂的顺控程序"。

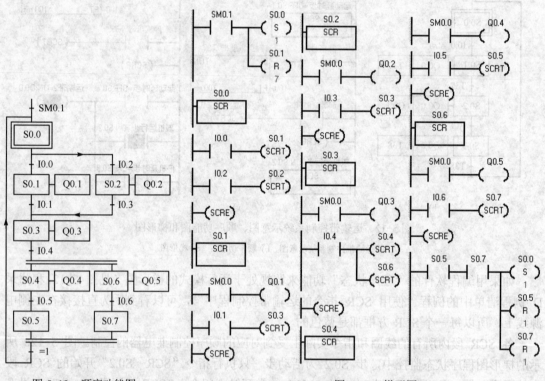

图 5-13　顺序功能图　　　　　　　　　　图 5-14　梯形图

在图 5-13 中，步 S0.3 之前有一个选择序列的合并，当步 S0.1 为活动步（S0.1 为 ON），并且转换条件 I0.1 满足时，或者当步 S0.2 为活动步，并且转换条件 I0.3 满足时，步 S0.3 都应变为活动步。在步 S0.1 和步 S0.2 对应的 SCR 段中，分别用 I0.1 和 I0.3 的常开触点驱动指令"SCRT　S0.3"就能实现选择系列的合并。

#### 2. 并行序列的编程方法

在图 5-13 中步 S0.3 之后有一个并行序列的分支，当步 S0.3 是活动步，并且转换条件 I0.4 满足时，步 S0.4 与步 S0.6 应同时变为活动步，这是用图 5-14 中步 S0.3 对应的 SCR 段中 I0.4 的常开触点同时驱动指令"SCRT　S0.4"和"SCRT　S0.6"来实现的。与此同时，

S0.3 被操作系统自动复位，使步 S0.3 变为不活动步。

步 S0.0 之前有一个并行序列的合并，因为转换条件为 1（即转换条件总是满足），所以转换实现的条件是所有前级步（即步 S0.5 和步 S0.7）都是活动步。在图 5-14 中，将 S0.5 和 S0.7 的常开触点串联，来控制对 S0.0 的置位和对 S0.5、S0.7 的复位，从而使步 S0.0 变为活动步，步 S0.5 和步 S0.7 变为不活动步。在并行序列的合并处，实际上局部地使用了基于置位/复位指令的编程方法。

### 3. 实例——剪板机顺序控制程序

图 5-15 是某剪板机的示意图。剪板机控制系统的顺序功能图如图 5-16 所示。开始时压钳和剪刀在上限位置，限位开关 I0.0 和 I0.1 为 ON。按下起动按钮 I1.0，工作过程如下：首先板料右行（Q0.0 为 ON）至

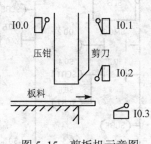

图 5-15 剪板机示意图

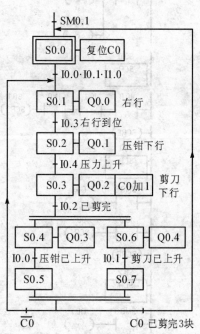

图 5-16 剪板机控制的顺序功能图

限位开关 I0.3 处，然后压钳下行（Q0.1 为 ON）。压紧板料后，压力继电器 I0.4 为 ON，压钳保持压紧，剪刀开始下行（Q0.2 为 ON），计数器 C0 的当前值加 1。剪断板料后，I0.2 变为 ON，压钳和剪刀同时上行（Q0.3 和 Q0.4 为 ON，Q0.2 为 OFF），它们在分别碰到上限位开关 I0.0 和 I0.1 时，分别停止上行，都停止后，又开始下一周期的工作，剪完 3 块料后停止工作，并停在初始状态。

顺序功能图中有选择序列、并行序列的分支与合并。加计数器 C0 用来控制剪料的次数，每经过一次工作循环，C0 的当前值加 1。

步 S0.5 和 S0.7 之后有一个选择序列的分支。在没有剪完 3 块料时，C0 的当前值小于预设值 3，其常闭触点闭合，转换条件 $\overline{C0}$ 满足，将返回步 S0.1，重新开始下一周期的工作。剪完 3 块料后，C0 的当前值等于预设值 3，其常开触点闭合，转换条件 C0 满足，将返回初始步 S0.0，等待下一次起动命令。

步 S0.5 和 S0.7 是等待步，用来同时结束两个并行序列。只要步 S0.5 和 S0.7 都是活动步，就会发生步 S0.5、S0.7 到步 S0.0 或步 S0.1 的转换，使步 S0.5 和 S0.7 同时变为不活动步，而 S0.0 或 S0.1 变为活动步。

在图 5-16 中步 S0.3 之后有一个并行序列的分支，当步 S0.3 是活动步，并且转换条件 I0.2 满足时，步 S0.4 与步 S0.6 应同时变为活动步，这是用 S0.3 对应的 SCR 段中 I0.2 的常开触点同时驱动指令"SCRT S0.4"和"SCRT S0.6"来实现的（见图 5-17 和例程"使用 SCR 指令的剪板机控制程序"）。与此同时，S0.3 被操作系统复位，使步 S0.3 变为不活动步。

步 S0.5 与步 S0.7 之后有一个并行序列的合并，当转换条件 C0 所有的前级步（即步

103

S0.5 和 S0.7）都是活动步，并且 C0 的位为 ON 时，将会发生从 S0.5、S0.7 到步 S0.0 的转换，所以将 S0.5、S0.7 和 C0 的常开触点串联，来控制对 S0.0 的置位和对 S0.5、S0.7 的复位，使步 S0.0 变为活动步，步 S0.5 和步 S0.7 变为不活动步。用同样的方法设计转换条件 $\overline{C0}$ 对应的置位/复位电路。

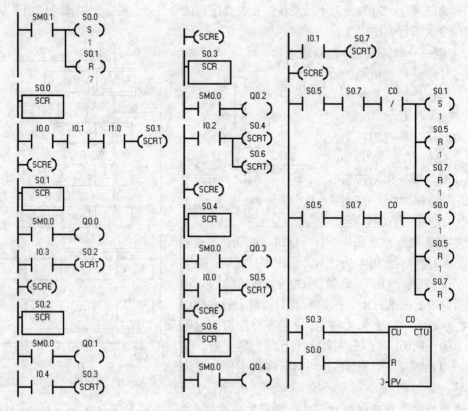

图 5-17　剪板机控制系统的梯形图

对 C0 加 1 的操作可以在工作循环中的任意一步进行，而对 C0 的复位必须在工作循环之外的初始步进行。

# 5.3　具有多种工作方式的系统的顺序控制梯形图的设计方法

## 5.3.1　系统的硬件结构、工作方式和程序的总体结构

### 1. 硬件结构

为了满足生产的需要，很多设备要求设置多种工作方式，例如手动方式和自动方式，后者包括连续、单周期、单步和自动返回原点几种工作方式。手动程序比较简单，一般用经验法设计，复杂的自动程序一般用顺序控制法设计。

图 5-18 为机械手示意图。图中的机械手用来将工件从 A 点搬运到 B 点。操作面板如图 5-19 所示。图 5-20 是 PLC 的外部接线图。夹紧装置用单线圈电磁阀控制，Q0.1 为 ON 时工件被夹紧，为 OFF 时被松开。工作方式选择开关的 5 个位置分别对应于 5 种工作方

式，操作面板左下部的 6 个按钮是手动按钮。为了保证在紧急情况下（包括 PLC 发生故障时）能可靠地切断 PLC 的负载电源，设置了交流接触器 KM（见图 5-20）。运行时按下"负载电源"按钮，使 KM 线圈得电并自锁，KM 的主触点接通，给外部负载提供交流电源。出现紧急情况时用"紧急停车"按钮断开负载电源。

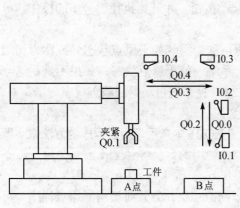

图 5-18　机械手示意图

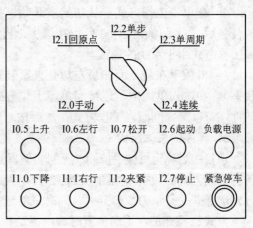

图 5-19　操作面板

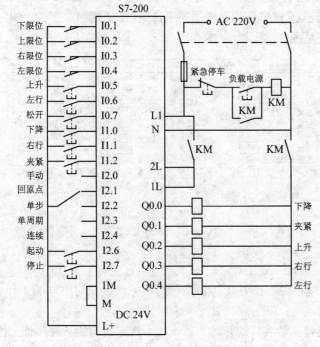

图 5-20　PLC 的外部接线图

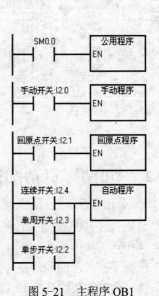

图 5-21　主程序 OB1

## 2．工作方式

1）在手动工作方式，用 I0.5～I1.2 对应的 6 个按钮分别独立控制机械手的升、降、左行、右行和松开、夹紧。

2）在单周期工作方式的初始状态按下起动按钮 I2.6，从初始步 M0.0 开始，机械手按

图 5-25 中顺序功能图的规定完成一个周期的工作后，返回并停留在初始步。

3）在连续工作方式的初始状态按下起动按钮，机械手从初始步开始，工作一个周期后又开始搬运下一个工件，反复连续地工作。按下停止按钮，并不马上停止工作，完成最后一个周期的工作后，系统才返回并停留在初始步。

4）在单步工作方式，从初始步开始，按一下起动按钮，系统转换到下一步，完成该步的任务后，自动停止工作并停留在该步，再按一下起动按钮，才开始执行下一步的操作。单步工作方式用于系统的调试。

5）机械手在最上面和最左边且夹紧装置松开时，称为系统处于原点状态（或称为初始状态）。在进入单周期、连续和单步工作方式之前，系统应处于原点状态。如果不满足这一条件，可以选择回原点工作方式，然后按起动按钮 I2.6，使系统自动返回原点状态。

**3. 程序的总体结构**

项目的名称为机械手控制（见同名例程）。在主程序 OB1 中，用调用子程序的方法来实现各种工作方式的切换（见图 5-21）。公用程序是无条件调用的，供各种工作方式公用。工作方式选择开关是单刀 5 掷开关，同时只能选择一种工作方式。

方式选择开关在手动位置时调用手动程序，选择回原点工作方式时调用回原点程序。可以为连续、单周期和单步工作方式分别设计一个单独的子程序。考虑到这些工作方式使用相同的顺序功能图以及它们的程序有很多共同之处，为了简化程序，减少程序设计的工作量，将单步、单周期和连续这 3 种工作方式的程序合并为自动程序。在自动程序中，应考虑用什么方法区分这 3 种工作方式。符号表见图 5-22。

| | | | 符号 | 地址 | | | | 符号 | 地址 | | | | 符号 | 地址 | | | | 符号 | 地址 |
|---|---|---|---|---|---|---|---|---|---|---|---|---|---|---|---|---|---|---|---|
| 1 | | | 下限位 | I0.1 | 10 | | | 夹紧按钮 | I1.2 | 19 | | | 原点条件 | M0.5 | 28 | | | B点升步 | M2.6 |
| 2 | | | 上限位 | I0.2 | 11 | | | 手动开关 | I2.0 | 20 | | | 转换允许 | M0.6 | 29 | | | 左行步 | M2.7 |
| 3 | | | 右限位 | I0.3 | 12 | | | 回原点开关 | I2.1 | 21 | | | 连续标志 | M0.7 | 30 | | | 下降阀 | Q0.0 |
| 4 | | | 左限位 | I0.4 | 13 | | | 单步开关 | I2.2 | 22 | | | A点降步 | M2.0 | 31 | | | 夹紧阀 | Q0.1 |
| 5 | | | 上升按钮 | I0.5 | 14 | | | 单周开关 | I2.3 | 23 | | | 夹紧步 | M2.1 | 32 | | | 上升阀 | Q0.2 |
| 6 | | | 左行按钮 | I0.6 | 15 | | | 连续开关 | I2.4 | 24 | | | A点升步 | M2.2 | 33 | | | 右行阀 | Q0.3 |
| 7 | | | 松开按钮 | I0.7 | 16 | | | 起动按钮 | I2.6 | 25 | | | 右行步 | M2.3 | 34 | | | 左行阀 | Q0.4 |
| 8 | | | 下降按钮 | I1.0 | 17 | | | 停止按钮 | I2.7 | 26 | | | B点降步 | M2.4 | | | | | |
| 9 | | | 右行按钮 | I1.1 | 18 | | | 初始步 | M0.0 | 27 | | | 松开步 | M2.5 | | | | | |

图 5-22　符号表

## 5.3.2　公用程序与手动程序

**1. 公用程序**

公用程序（见图 5-23）用于处理各种工作方式都要执行的任务，以及对不同的工作方式之间相互切换的处理。

机械手在最上面和最左边的位置且夹紧装置松开时，系统处于规定的初始条件，称为原点条件，此时左限位开关 I0.4、上限位开关 I0.2 的常开触点和表示夹紧装置松开的 Q0.1 常闭触点组成的串联电路接通，原点条件标志 M0.5 为 ON。

刚开始执行用户程序（SM0.1 为 ON）、系统处于手动状态或自动回原点状态（I2.0 或 I2.1 为 ON）时，如果机械手处于原点状态（M0.5 为 ON），初始步对应的 M0.0 将被置位，为进入单步、单周期和连续工作方式做好准备。

如果此时 M0.5 为 OFF，M0.0 将被复位，初始步变为不活动步，按下起动按钮也不能进入步 M2.0，系统不能在单步、单周期和连续工作方式工作。

从一种工作方式切换到另一种工作方式时，应将有存储功能的位元件复位。工作方式较多时，应仔细考虑各种可能的情况，分别进行处理。在切换工作方式时应执行下列操作。

1）系统从自动工作方式切换到手动或自动回原点工作方式时，I2.0 和 I2.1 为 ON，将图 5-25 的顺序功能图中除初始步以外各步对应的存储器位 M2.0～M2.7 复位，否则以后返回自动工作方式时，可能会出现同时有两个活动步的异常情况，引起错误的动作。

2）在退出自动回原点工作方式时，回原点开关 I2.1 的常闭触点闭合。此时，将自动回原点的顺序功能图（见图 5-27）中各步对应的存储器位 M1.0～M1.5 复位，以防止下次进入自动回原点方式时，可能会出现同时有两个活动步的异常情况。

3）在非连续工作方式，连续开关 I2.4 的常闭触点闭合，将连续标志位 M0.7 复位。

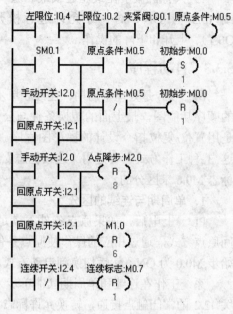

图 5-23　公用程序

**2. 手动程序**

图 5-24 是手动程序。手动操作时用 6 个按钮控制机械手的升、降、左行、右行和夹紧、松开。为了保证系统的安全运行，在手动程序中设置了一些必要的联锁。

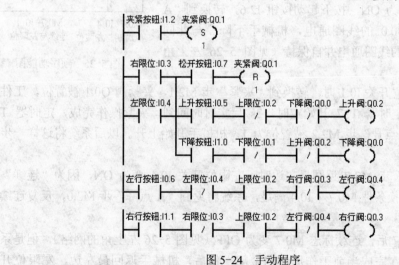

图 5-24　手动程序

1）用限位开关 I0.1～I0.4 的常闭触点限制机械手移动的范围。

2）设置上升与下降之间、左行与右行之间的互锁，用来防止功能相反的两个输出同时为 ON。

3）将上限位开关 I0.2 的常开触点与控制左、右行的 Q0.4 和 Q0.3 的线圈串联，机械手升到最高位置才能左右移动，以防止机械手在较低位置运行时与别的物体碰撞。

4）只有机械手在最左边或最右边（左、右限位开关 I0.4 或 I0.3 为 ON）时，才允许进行松开工件（复位夹紧阀 Q0.1）、上升和下降的操作。

### 5.3.3 自动程序

图 5-25 是处理单周期、连续和单步工作方式的自动程序的顺序功能图，最上面的转换条件与公用程序有关。图 5-26 是用置位/复位指令设计的梯形图程序。单周期、连续和单步这 3 种工作方式主要是用"连续标志"M0.7 和"转换允许"标志 M0.6 来区分的。

**1. 单周期与连续的区分**

PLC 上电后，如果原点条件不满足，应首先进入手动或回原点方式，通过相应的操作使原点条件满足，公用程序使初始步 M0.0 为 ON，然后切换到自动方式。

系统工作在连续和单周期（非单步）工作方式时，单步开关 I2.2 的常闭触点接通，转换允许标志 M0.6 为 ON，控制置位复位的电路中 M0.6 的常开触点接通，允许步与步之间的正常转换。

在连续工作方式，连续开关 I2.4 和"转换允许"标志 M0.6 为 ON。设初始步时系统处于原点状态，原点条件标志 M0.5 和初始步 M0.0 为 ON，按下起动按钮 I2.6，转换到"A 点降"步，下降阀 Q0.0 的线圈通电，机械手下降。与此同时，连续标志 M0.7 的线圈通电并自保持（见图 5-26 左上角的网络）。

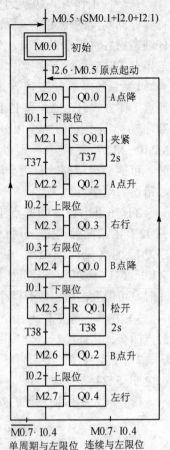

图 5-25　顺序功能图

机械手碰到下限位开关 I0.1 时，转换到"夹紧"步 M2.1，夹紧阀 Q0.1 被置位，工件被夹紧。同时接通延时定时器 T37 开始定时，2s 后定时时间到，夹紧操作完成，定时器 T37 的常开触点闭合，"A 点升"步 M2.2 被置位为 1，机械手开始上升。以后系统将这样一步一步地工作下去。

机械手在"左行"步 M2.7 返回最左边时，左限位开关 I0.4 变为 ON，因为"连续"标志位 M0.7 为 ON，转换条件 M0.7·I0.4 满足，系统将返回"A 点降"步 M2.0，反复连续地工作下去。

按下停止按钮 I2.7 后，连续标志 M0.7 变为 OFF（见图 5-26 左上角的网络），但是系统不会立即停止工作，在完成当前工作周期的全部操作后，机械手返回最左边，左限位开关 I0.4 为 ON，转换条件 $\overline{M0.7}$·I0.4 满足时，系统才返回并停留在初始步。

在单周期工作方式，连续标志 M0.7 一直为 OFF。机械手在最后一步 M2.7 返回最左边时，左限位开关 I0.4 为 ON，因为连续标志 M0.7 为 OFF，所以转换条件 $\overline{M0.7}$·I0.4 满足，系统返回并停留在初始步，机械手停止运动。按一次起动按钮，系统只工作一个周期。

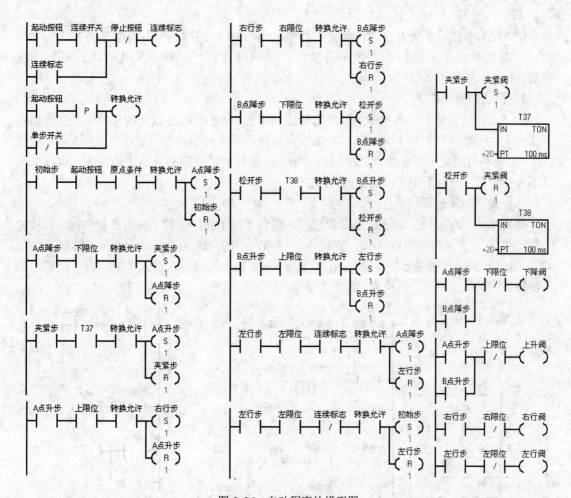

图 5-26　自动程序的梯形图

## 2. 单步工作方式

在单步工作方式，单步开关 I2.2 为 ON，它的常闭触点断开，"转换允许"标志 M0.6 在一般情况下为 OFF，不允许步与步之间的转换。设初始步时系统处于原点状态，按下起动按钮 I2.6，"转换允许"标志 M0.6 在一个扫描周期为 ON，"A 点降"步 M2.0 被置位为活动步，机械手下降。在起动按钮上升沿之后，M0.6 变为 OFF。

机械手碰到下限位开关 I0.1 时，与下降阀 Q0.0 的线圈串联的下限位开关 I0.1 的常闭触点断开，使 Q0.0 的线圈"断电"，机械手停止下降。此时，图 5-26 左边第 4 个网络的下限位开关 I0.1 的常开触点闭合，如果没有按起动按钮，转换允许标志 M0.6 为 OFF，不会转换到下一步。一直要等到按下起动按钮，M0.6 的常开触点接通，才能使转换条件 I0.1（下限位开关）起作用，"夹紧"步对应的 M2.1 被置位，才能转换到夹紧步。以后在完成某一步的操作后，都必须按一次起动按钮，使转换允许标志 M0.6 的常开触点接通一个扫描周期，才能转换到下一步。

## 3. 输出电路

图 5-26 的右边是输出电路，输出电路中 4 个限位开关 I0.1～I0.4 的常闭触点是为单步工作方式设置的。以右行为例，在机械手碰到右限位开关 I0.3 后，与"右行"步对应的存

储器位 M2.3 不会马上变为 OFF，如果右行电磁阀 Q0.3 的线圈不与右限位开关 I0.3 的常闭触点串联，机械手不能停在右限位开关处，还会继续右行，对于某些设备，可能造成事故。

**4. 自动回原点程序**

图 5-27 是自动回原点程序的顺序功能图和用置位/复位电路设计的梯形图。在回原点工作方式，回原点开关 I2.1 为 ON，在 OB1 中调用回原点程序。在回原点方式按下起动按钮 I2.6，机械手可能处于任意状态，根据机械手当时所处的位置和夹紧装置的状态，可以分为以下 3 种情况，分别采用不同的处理方法。

（1）夹紧装置松开

如果 Q0.1 为 OFF，表示夹紧装置松开，没有夹持工件，机械手应上升和左行，直接返回原点位置。按下起动按钮 I2.6，应进入图 5-27 中的"B 点升"步 M1.4，转换条件为 $\overline{I2.6} \cdot \overline{Q0.1}$。如果机械手已经在最上面，上限位开关 I0.2 为 ON，进入"B 点升"步后，因为转换条件满足，将马上转换到"左行"步。

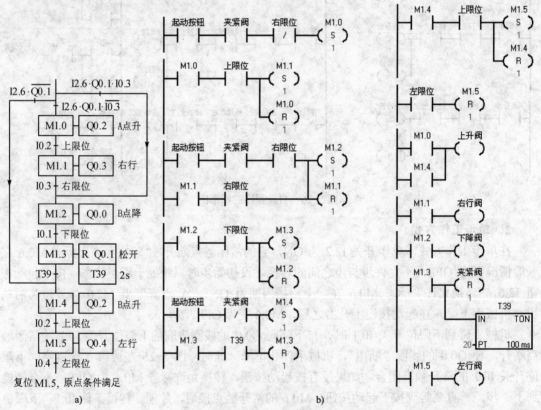

图 5-27 自动回原点的顺序功能图与梯形图
a) 顺序功能图　b) 梯形图

自动返回原点的操作结束后，原点条件满足。公用程序中的原点条件标志 M0.5 变为 ON，顺序功能图中的初始步 M0.0 在公用程序中被置位，为进入单周期、连续或单步工作方式做好了准备，因此可以认为图 5-25 中的初始步 M0.0 是"左行"步 M1.5 的后续步。

（2）夹紧装置处于夹紧状态，机械手在最右边

此时夹紧电磁阀 Q0.1 和右限位开关 I0.3 均为 ON，应将工件放到 B 点后再返回原点位置。按下起动按钮 I2.6，机械手应进入"B 点降"步 M1.2，转换条件为 I2.6·Q0.1·I0.3，首先执行下降和松开操作，释放工件后，机械手再上升、左行，返回原点位置。如果机械手已经在最下面，下限位开关 I0.1 为 ON。进入"B 点降"步后，因为转换条件已经满足，所以将马上转换到"松开"步。

（3）夹紧装置处于夹紧状态，机械手不在最右边

此时夹紧电磁阀 Q0.1 为 ON，右限位开关 I0.3 为 OFF。按下起动按钮 I2.6，应进入"A 点升"步 M1.0，转换条件为 I2.6·Q0.1·$\overline{I0.3}$，机械手首先应上升，然后右行、下降和松开工件，将工件放到 B 点后再上升、左行，返回原点位置。如果机械手已经在最上面，上限位开关 I0.2 为 ON，进入"A 点升"步后，因为转换条件已经满足，所以将马上转换到"右行步"。

## 5.4　习题

1. 设计出图 5-28 所示的顺序功能图的梯形图程序。
2. 用 SCR 指令设计图 5-29 所示的顺序功能图的梯形图程序。
3. 设计出图 5-30 所示的顺序功能图的梯形图程序。

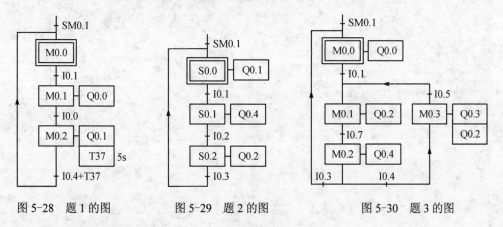

图 5-28　题 1 的图　　　　图 5-29　题 2 的图　　　　图 5-30　题 3 的图

4. 设计出第 4 章题 6 中旋转工作台控制系统的梯形图。
5. 设计出第 4 章题 7 中冲床控制系统的梯形图。
6. 设计出第 4 章题 8 中小车控制系统的梯形图。
7. 设计出第 4 章题 9 中动力头控制系统的梯形图。
8. 设计出第 4 章题 10 中信号灯控制系统的梯形图。
9. 设计出第 4 章题 12 中液体混合控制系统的梯形图。
10. 设计出图 5-31 所示的顺序功能图的梯形图程序。
11. 设计出图 5-32 所示的顺序功能图的梯形图程序。
12. 取消第 4 章题 12 中液体混合装置 3 次工作循环的要求，设置手动、连续、单周期和单步 4 种工作方式。设计出液体混合控制装置的控制面板、PLC 的硬件接线图和梯形

图程序。

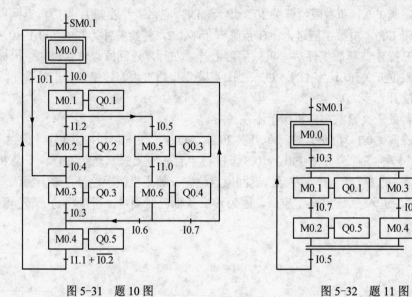

图 5-31　题 10 图　　　　　　　　　图 5-32　题 11 图

# 第6章　S7-200 的功能指令

## 6.1　功能指令概述

### 6.1.1　功能指令的类型及其学习方法

第 3 章介绍了用于数字量控制的位逻辑指令和定时器、计数器指令，它们属于 PLC 最基本的指令。功能指令是指这些基本指令和第 5 章介绍的顺序控制继电器指令之外的指令。

**1. 功能指令的类型**

可以将功能指令分为下面几种类型。

（1）较常用的指令

例如数据的传送与比较、数学运算、跳转和子程序调用等指令。

（2）与数据的基本操作有关的指令

例如字逻辑运算、求反码、数据的移位、循环移位和数据类型转换等指令。这些指令也很重要，几乎所有计算机语言都有这些指令。它们与计算机的基础知识（例如数制、数据类型等）有关，应通过例子和实验了解这些指令的基本功能。学好某种 PLC 的这类指令，再学别的 PLC 的同类指令就很容易了。

（3）与 PLC 的高级应用有关的指令

例如，与中断、高速计数、高速输出、PID 控制、位置控制和通信有关的指令，有的涉及一些专门知识，可能需要阅读有关的书籍或教材才能正确地理解和使用它们。

（4）用得较少的指令

例如与字符串有关的指令、表格处理指令、编码、解码指令、看门狗复位指令和读/写实时时钟指令等。学习时对它们有一般性的了解就可以了。如果在读程序或编程序时遇到它们，单击选中程序中或指令列表中的某条指令，然后按〈F1〉键，就可以通过出现的在线帮助获得有关该指令应用的详细信息。

**2. 功能指令的学习方法**

初学功能指令时，可以首先按指令的分类浏览所有的指令，知道它们大致用来干什么。S7-200 系统手册的附录 G（快速参考信息）中有各指令的功能简表。除了指令的功能描述外，使用功能指令还涉及很多细节问题，例如指令中每个操作数的意义、是输入参数还是输出参数、每个操作数的数据类型和可以选用的存储区、受指令执行影响的特殊存储器（SM）、使方框指令的 ENO（使能输出）为 0 的非致命错误条件等。

PLC 的初学者没有必要花大量的时间去熟悉功能指令使用中的细节，更没有必要死记硬背它们。在需要的时候，可以通过系统手册或在线帮助了解指令应用的详细信息。

学习功能指令时应重点了解指令的基本功能和有关的基本概念。与学外语不能只靠背单词，应主要通过阅读和会话来学习一样，要学好 PLC 的功能指令，也离不开实践。一定要通过读程序、编程序和调试程序来学习功能指令，逐渐加深对功能指令的理解，在实践中提高阅读程序和编写程序的能力。仅仅阅读编程手册或教材中指令有关的信息，是永远掌握不了指令的使用方法的。

### 6.1.2　S7-200 的指令规约

#### 1．使能输入与使能输出

在梯形图中，用方框表示某些指令，例如定时器和数学指令。方框指令的输入端均在左边，输出端均在右边（见图 6-1）。梯形图中有一条提供"能流"的左侧垂直母线，当图中的 I0.4 的常开触点接通时，能流流到整数除法指令 DIV_I 的使能输入端 EN（Enable），该输入端有能流时，指令 DIV_I 才能被执行。

能流只能从左往右流动，网络中不能有短路、开路和反方向的能流。

图 6-1　ENO 为 ON 的梯形图程序状态

如果方框指令 EN 的输入端有能流且执行时无错误（DIV_I 指令的除数非 0），使能输出 ENO（Enable Output）将能流传递给下一个元件（见图 6-1）。ENO 可以作为下一个方框指令的 EN 输入，即几个方框指令可以串联在同一行中。

如果指令在执行时出错，能流将在出现错误的方框指令终止。图 6-2 中的 I0.4 为 ON 时，有能流流入 DIV_I 指令的 EN 输入端。因为 VW2 中的除数为 0，指令执行失败，DIV_I 指令框和方框外的地址和常数变为红色，所以没有能流从它的 ENO 输出端流出。它右边的"导线"、方框指令和线圈为灰色，表示没有能流流过它们。

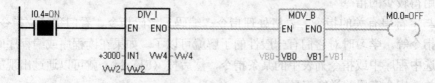

图 6-2　ENO 为 OFF 的梯形图程序状态

只有前一个方框指令被正确执行，后一个方框指令才能被执行。EN 和 ENO 的操作数均为能流，数据类型为 BOOL 型。

语句表（STL）程序没有 EN 输入，堆栈的栈顶值为 1 时，STL 指令才能执行。与梯形图中的 ENO 相对应，语句表设置了一个 ENO 位，可以用 AENO（And ENO）指令访问 ENO 位，AENO 用来产生与方框指令的 ENO 相同的效果。

下面是图 6-1 中的梯形图对应的语句表程序。

```
LD        I0.4
MOVW      +3000, VW4       //3 000→VW4
AENO
/I        VW2, VW4         //VW2/VW4→VW2
AENO
MOVB      VB0, VB1         //VB0 传送给 VB1
AENO
=         M0.0
```

梯形图中除法指令的操作为 IN1 / IN2 = OUT；语句表中除法指令的操作为 OUT / IN1 = OUT，输出参数 OUT 同时又是被除数，所以转换时自动增加了一条字传送指令 MOVW，为除法指令的执行做好准备。如果删除上述程序中的前两条 AENO 指令，将程序转换为梯形图后，可以看到图 6-1 中的两个方框指令由串联变为并联。

**2. 梯形图中的指令**

必须有能流输入才能执行的方框指令或线圈指令称为条件输入指令，它们不能直接连接到左侧母线上。如果需要无条件地执行这些指令，可以用接在左侧母线上的 SM0.0（该位始终为 ON）的常开触点来驱动它们。有的线圈或方框指令的执行与能流无关，例如标号指令 LBL（见图 6-26）和顺序控制指令 SCR（见图 5-12）等，应将它们直接连接到左侧母线上。比较触点（见图 6-4）没有能流输入时，输出为 0；有能流输入时，输出与比较结果有关。

在键入语句表指令时，值得注意的是必须使用英文的标点符号。如果使用中文的标点符号，将会出错。错误的输入用红色标记。

全局符号名被 STEP 7-Micro/WIN 自动地添加英语的双引号，例如"PUMP1"。符号"#INPUT1"中的"#"号表示该符号是局部变量，生成新编程元件时出现的红色问号"??.?" 或 "????" 表示需要输入地址或数值（见图 6-3）。

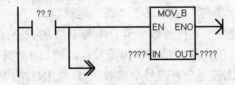

图 6-3　两种能流指示器

**3. 能流指示器**

LAD 提供两种能流指示器，它们由编辑器自动添加和移除，并不是用户放置的。

1）➔ 是开路能流指示器（见图 6-3），指示网络中存在开路状况。必须解决开路问题，网络才能成功编译。

2）➔ 是可选能流指示器，用于指令的级连，表示可将其他梯形图元件附加到该位置。即使没有在该位置添加元件，网络也能成功编译。该指示器出现在方框元素的 ENO 能流输出端。

## 6.2 数据处理指令

### 6.2.1 比较指令与数据传送指令

#### 1. 字节、整数、双整数和实数比较指令

比较指令（见图 6-4）用来比较两个数据类型相同的数值 IN1 与 IN2 的大小。在梯形图中，满足比较关系式给出的条件时，比较指令的触点接通。触点中间和语句表指令中的 B、I（语句表指令中为 W）、D、R、S 分别表示无符号字节（BYTE）、有符号整数（INT）、有符号双整数（DINT）、有符号实数（REAL，或称为浮点数）和字符串（STRING）比较。表 6-1 中比较指令的字节、整数、双整数和实数比较条件"x"分别是==（语句表为=）、<>（不等于）、>=、<=、>和<。以比较条件 > 为例，IN1 > IN2 时，梯形图中的比较触点闭合。IN1 在触点的上面，IN2 在触点下面。

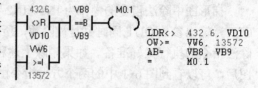

图 6-4　比较指令的梯形图

表 6-1　比较指令

| 无符号字节比较 | | 有符号整数比较 | | 有符号双整数比较 | | 有符号实数比较 | | 字符串比较 | |
|---|---|---|---|---|---|---|---|---|---|
| LDBx | IN1, IN2 | LDWx | IN1, IN2 | LDDx | IN1, IN2 | LDRx | IN1, IN2 | LDSx | IN1, IN2 |
| ABx | IN1, IN2 | AWx | IN1, IN2 | ADx | IN1, IN2 | ARx | IN1, IN2 | ASx | IN1, IN2 |
| OBx | IN1, IN2 | OWx | IN1, IN2 | ODx | IN1, IN2 | ORx | IN1, IN2 | OSx | IN1, IN2 |

字符串比较指令的比较条件"x"只有==（语句表为=）和<>。

在语句表中，以 LD、A、O 开始的比较指令分别表示开始、串联和并联的比较触点。满足比较条件时，以 LD、A、O 开始的比较指令分别将二进制数 1 装载到逻辑堆栈的栈顶、将 1 与栈顶中的值进行"与"运算或者"或"运算。

字节比较指令用来比较两个无符号数字节 IN1 与 IN2 的大小；整数比较指令用来比较两个有符号字整数 IN1 与 IN2 的大小，最高位为符号位，例如 16#7FFF > 16#8000（后者为负数）；双整数比较指令用来比较两个有符号双整数 IN1 与 IN2 的大小，双整数比较是有符号的，例如 16#7FFFFFFF > 16#80000000（后者为负数）；实数比较指令用来比较两个有符号实数 IN1 与 IN2 的大小。例 6-1 使用了整数比较指令。

本节的程序见附录 D 例程清单中的例程"比较指令与传送指令"。

【例 6-1】 用接通延时定时器和比较指令组成占空比可调的脉冲发生器。

M0.2 和 10ms 定时器 T33 组成了一个脉冲发生器，使 T33 的当前值按图 6-5b 中的锯齿波变化。比较指令用来产生脉冲宽度可调的方波，Q0.0 为 OFF 的时间取决于比较指令"LDW>= T33,80"的第 2 个操作数的值。

#### 2. 字符串比较指令

字符串比较指令比较两个数据类型为 STRING 的 ASCII 码字符串相等或不相等。可以在两个字符串变量之间或一个常数字符串、一个字符串变量之间进行比较。如果比较中使用了常

数字符串，它必须是梯形图中比较触点上面的参数，或语句表比较指令中的第一个参数。

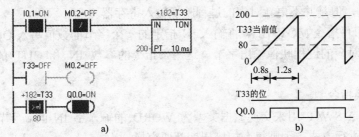

图 6-5　延时定时器和比较指令组成的脉冲发生器及其波形图

a) 脉冲发生器　b) 波形图

在程序编辑器中，常数字符串参数赋值必须以双引号字符开始和结束。常数字符串的最大长度为 126 个字符，每个字符占一个字节。

如果字符串变量从 VB100 开始存放，在字符串比较指令中，该字符串对应的输入参数为 VB100。字符串变量的最大长度为 254 个字符（字节），可以在数据块编辑器中初始化字符串。

**3．字节、字、双字和实数的传送**

表 6-2 的传送指令助记符中最后的 B、W、DW（或 D）和 R 分别表示操作数为字节、字、双字和实数。

表 6-2　传送指令

| 梯 形 图 | 语 句 表 | | 描　述 | 梯 形 图 | 语 句 表 | | 描　述 |
|---|---|---|---|---|---|---|---|
| MOV_B | MOVB | IN, OUT | 传送字节 | MOV_BIW | BIW | IN, OUT | 字节立即写 |
| MOV_W | MOVW | IN, OUT | 传送字 | BLKMOV_B | BMB | IN, OUT, N | 传送字节块 |
| MOV_DW | MOVD | IN, OUT | 传送双字 | BLKMOV_W | BMW | IN, OUT, N | 传送字块 |
| MOV_R | MOVR | IN, OUT | 传送实数 | BLKMOV_D | BMD | IN, OUT, N | 传送双字块 |
| MOV_BIR | BIR | IN, OUT | 字节立即读 | SWAP | SWAP | IN | 交换字节 |

传送指令（见图 6-6）将源输入参数 IN 传送到输出参数 OUT 指定的目的地址，传送过程不改变源存储单元的数据值。字传送指令的操作数可以是 WORD 和 INT，双字传送指令的操作数可以是 DWORD 和 DINT。

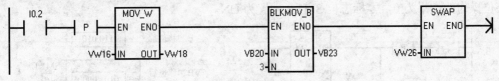

图 6-6　传送指令

**4．字节、字、双字的块传送指令**

块传送指令将起始地址为 IN 的 N 个连续的存储单元中的数据传送到从地址 OUT 开始的 N 个存储单元，字节变量 N = 1～255。图 6-6 中的字节块传送指令 BLKMOV_B 将 VB20～VB22 中的数据传送到 VB23～VB25 中。

**5．字节立即读/写指令**

字节立即传送指令在物理 I/O 点和存储器之间立即传送一个字节的数据。

1）字节立即读指令 MOV_BIR 读取输入 IN 指定的一个字节的物理输入，并将结果写入 OUT 指定的地址，但是并不更新对应的过程映像输入寄存器。

2）字节立即写指令 MOV_BIW 将输入 IN 指定的一个字节的数值写入 OUT 指定的物理输出，同时更新对应的过程映像输出字节。这两条指令的参数 IN 和 OUT 的数据类型都是 BYTE（字节）。

**6．字节交换指令**

字节交换指令 SWAP 用来交换数据类型为 WORD 的输入字 IN 的高字节与低字节。该指令应采用脉冲执行方式，否则每个扫描周期都要交换一次。

## 6.2.2 移位与循环移位指令

字节、字、双字移位指令和循环移位指令的操作数 IN 和 OUT 的数据类型分别为 BYTE、WORD 和 DWORD。移位位数 N 的数据类型为 BYTE。本节的程序见附录 D 例程清单中的例程"移位指令与彩灯控制程序"。

**1．右移位和左移位指令**

移位与循环移位指令见表 6-3。移位指令将输入 IN 中的数各位的值向右或向左移动 N 位后，送给输出 OUT 指定的地址。移位指令对移出位自动补 0（见图 6-7），如果移动的位数 N 大于允许值（字节操作为 8，字操作为 16，双字操作为 32），实际移位的位数为最大允许值。字节移位操作是无符号的，对有符号的字和双字移位时，符号位也被移位。

表 6-3　移位与循环移位指令

| 梯形图 | 语 句 表 | | 描 述 | 梯形图 | 语 句 表 | | 描 述 |
|---|---|---|---|---|---|---|---|
| SHR_B | SRB | OUT, N | 右移字节 | ROR_B | RRB | OUT, N | 循环右移字节 |
| SHL_B | SLB | OUT, N | 左移字节 | ROL_B | RLB | OUT, N | 循环左移字节 |
| SHR_W | SRW | OUT, N | 右移字 | ROR_W | RRW | OUT, N | 循环右移字 |
| SHL_W | SLW | OUT, N | 左移字 | ROL_W | RLW | OUT, N | 循环左移字 |
| SHR_DW | SRD | OUT, N | 右移双字 | ROR_DW | RRD | OUT, N | 循环右移双字 |
| SHL_DW | SLD | OUT, N | 左移双字 | ROL_DW | RLD | OUT, N | 循环左移双字 |
| — | | | | SHRB | SHRB DATA, S_BIT, N | | 移位寄存器 |

如果移位次数非 0，"溢出"标志位 SM1.1 保存最后一次被移出的位的值（见图 6-7）。如果移位操作的结果为 0，零标志位 SM1.0 被置为 ON。

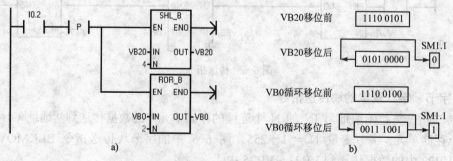

图 6-7　移位与循环移位指令的梯形图和示意图

a) 梯形图　b) 示意图

**2．循环右移位和循环左移位指令**

循环移位指令将输入 IN 中各位的值向右或向左循环移动 N 位后，送给输出 OUT 指定的地址。循环移位是环形的，即被移出来的位将返回到另一端空出来的位置（见图 6-7）。移出的最后一位的数值被存放在溢出标志位 SM1.1 中。

如果移动的位数 N 大于允许值（字节操作为 8，字操作为 16，双字操作为 32），在执行循环移位之前先对 N 进行求模运算。例如字循环移位时，将 N 除以 16 后取余数，从而得到一个有效的移位位数。字节循环移位求模运算的结果为 0～7，字循环移位为 0～15，双字循环移位为 0～31。如果求模运算的结果为 0，不进行循环移位操作。

如果实际移位次数为 0，零标志 SM1.0 被置为 ON。字节操作是无符号的，对有符号的字和双字移位时，符号位也被移位。

**3．移位寄存器指令**

移位寄存器指令 SHRB 将 DATA 端输入的位数值移入移位寄存器（见图 6-8）。S_BIT 指定移位寄存器最低位的地址，字节型变量 N 指定移位寄存器的长度和移位方向。

图 6-8 中 N 为正数 14，在使能输入 I0.3 的上升沿，I0.4 的值从移位寄存器的最低位 V30.0 移入，寄存器中的各位由低位向高位移动（左移）一位，被移动的最高位 V31.5 的值被移到溢出标志位 SM1.1 中。N 为负数时，I0.4 的值从移位寄存器的最高位 V31.5 移入，最低位 V30.0 移到溢出标志位 SM1.1 中。

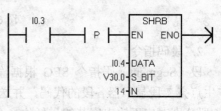

图 6-8　移位寄存器

## 6.2.3　数据转换指令

**1．标准转换指令**

表 6-4 中的数据转换指令除了解码、编码指令之外的 10 条指令属于标准转换指令，它们是字节（B）与整数（I）之间（数值范围为 0～255）、整数与双整数（DI）之间、BCD 码与整数之间、双整数（DI）与实数（R）之间的转换指令（见表 6-4）和 7 段译码指令。输入参数 IN 指定的数据转换后保存到输出参数 OUT 指定的地址中。本节的程序见附录 D 例程清单中的例程"数据转换指令"。

表 6-4　数据转换指令

| 梯形图 | 语　句　表 | | 描　　述 | 梯形图 | 语　句 | | 描　　述 |
|---|---|---|---|---|---|---|---|
| B_I | BTI | IN, OUT | 字节转换为整数 | BCD_I | BCDI | OUT | BCD 码转换为整数 |
| I_B | ITB | IN, OUT | 整数转换为字节 | ROUND | ROUND | IN, OUT | 实数四舍五入为双整数 |
| I_DI | ITD | IN, OUT | 整数转换为双整数 | TRUNC | TRUNC | IN, OUT | 实数截位取整为双整数 |
| DI_I | DTI | IN, OUT | 双整数转换为整数 | SEG | SEG | IN, OUT | 段码 |
| DI_R | DTR | IN,OUT | 双整数转换为实数 | DECO | DECO | IN, OUT | 解码 |
| I_BCD | IBCD | OUT | 整数转换为 BCD 码 | ENCO | ENCO | IN, OUT | 编码 |

ASCII 字符或字符串与数值的转换指令见 6.8.2 节。

在 BCD 码与整数相互转换的指令中，整数的有效范围为 0～9 999。STL 中的 BCDI 和 IBCD 指令的输入、输出参数使用同一个地址。

如果转换后的数值超出输出的允许范围，溢出标志位 SM1.1 将被置为 ON。

将有符号的整数转换为双整数时，符号位被扩展到高位字。字节是无符号的，字节转换为整数时没有扩展符号位的问题（高位字节恒为 0）。

整数转换为字节指令只能转换 0～255，转换其他数值时会产生溢出，并且输出不会改变。

ROUND 指令将 32 位的实数四舍五入后转换为双整数，如果小数部分≥0.5，整数部分加 1。截位取整指令 TRUNC 将 32 位实数转换为 32 位带符号整数，小数部分被舍去。如果转换后的数超出双整数的允许范围，溢出标志位 SM1.1 被置为 ON。

数据转换指令的梯形图和 7 段显示器示意图如图 6-9 所示。图中 BCD_I 指令将 BCD 码 16#258（600）转换为整数 258，I_BCD 指令将整数 3927 转换为 BCD 码 16#3927。

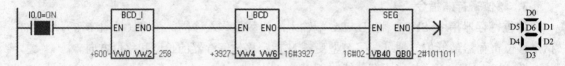

图 6-9　数据转换指令

### 2. 段码指令

段（Segment）码指令 SEG 根据输入字节 IN 低 4 位对应的十六进制数（16#0～F），产生点亮 7 段显示器各段的代码，并送到输出字节 OUT 中。图 6-9 中 7 段显示器的 D0～D6 段分别对应于输出字节的最低位（第 0 位）～第 6 位，某段应亮时输出字节中对应的位为 1，反之为 0。例如在显示数字"2"时，仅 D2 和 D5 段熄灭，其余各段亮，SEG 指令的输出值为二进制数 2#101 1011（见图 6-9），它的第 0～第 6 位中仅第 2 位和第 5 位为 0，其余各位为 1。

用 PLC 的 4 个输出点来驱动外接的 7 段译码驱动芯片，再用它来驱动 7 段显示器，可以节省 3 个输出点，并且不需要使用段码指令。

### 3. 计算程序中的数据转换

【例 6-2】 用实数运算求直径为 9 876mm 的圆的周长，将结果转换为整数。

```
LD      I0.0
ITD     +9876, AC1          //将 9 876 装入 AC1 中，整数转换为双整数
DTR     AC1, AC1            //双整数转换为实数 9 876.0
*R      3.1416, AC1        //乘以 π 得 31 026.44
ROUND   AC1, VD10          //转换为整数 31 026 后，送 VD10 中
```

### 4. 解码指令与编码指令

解码指令与编码指令如图 6-10 所示。

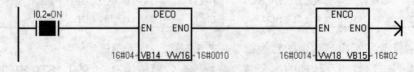

图 6-10　解码指令与编码指令

解码（Decode，或称为译码）指令 DECO 根据输入字节 IN 的最低 4 位表示的位号，将输出字 OUT 对应的位置位为 1，输出字的其他位均为 0。图 6-10 的 VB14 中是错误代码 4，解码指令 DECO 将输出字 VW16 的第 4 位置 1，VW16 中的二进制数为 2#0000 0000 0001 0000（16#0010）。DECO 指令相当于自动电话交换机的功能，源操作数的最低 4 位为电话号码，交换机根据它接通对应的电话机（将目标操作数的对应位置 1）。

编码（Encode）指令 ENCO 将输入字 IN 中的最低有效位（有效位的值为 1）的位编号写入输出字节 OUT 的最低 4 位中。图 6-10 的 VW18 中的错误信息为 16#0014（2#0000 0000 0001 0100，第 4 位和第 2 位为 1，低位的错误优先），编码指令 ENCO 将错误信息转换为输出字节 VB15 中的错误代码 2。假设 VW18 的各位对应于指示电梯所在楼层的 16 个限位开关，执行编码指令后，VB15 中是轿厢所在的楼层数。

### 6.2.4 表格指令

#### 1. 填表指令

填表指令 ATT（见表 6-5）向表格 TBL 中增加一个参数 DATA 指定的字数值。表格内的第一个数是表格的最大条目数 TL。创建表格时，可以在首次扫描时设置 TL 的初始值（见图 6-11）。第二个数是表格内实际的条目数 EC。新数据被放入表格内上一次填入数的后面。每向表格内填入一个新的数据，EC 自动加 1。除了 TL 和 EC 外，表格最多可以装入 100 个数据。填入表格的数据过多时，SM1.4 将被置 1。本节的程序见附录 D 例程清单中的例程"表格指令"。表格指令的参数 TBL 和 DATA 的数据类型分别为 WORD 和 INT。

表 6-5　表格指令

| 梯 形 图 | 语句表指令 | | 描　述 | 梯 形 图 | 语句表指令 | | 描　述 |
|---|---|---|---|---|---|---|---|
| AD_T_TBL | ATT | DATA, TBL | 填表 | TBL_FIND | FND> | TBL, PTN, INDX | 查表 |
| TBL_FIND | FND= | TBL, PTN, INDX | 查表 | FIFO | FIFO | TBL, DATA | 先入先出 |
| TBL_FIND | FND<> | TBL, PTN, INDX | 查表 | LIFO | LIFO | TBL, DATA | 后入先出 |
| TBL_FIND | FND< | TBL, PTN, INDX | 查表 | FILL_N | FILL | IN, OUT, N | 存储器填充 |

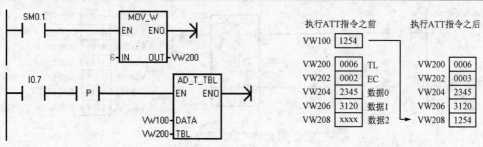

图 6-11　填表指令

#### 2. 先入先出指令

先入先出（First In First Out）指令 FIFO 从 TBL 指定的表格中移走最先放进去的第一个数据（数据 0），并将它送入 DATA 指定的地址（见图 6-12）。表格中剩余的各条目依次向上移动一个位置。每次执行该指令，条目数 EC 减 1。

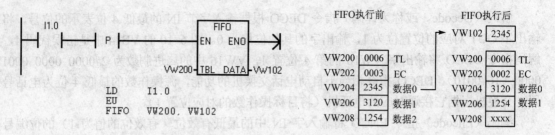

图 6-12　先入先出指令

如果 FIFO 和 LIFO 指令试图从空表中移走数据，错误标志 SM1.5 将被置为 ON。

**3. 后入先出指令**

后入先出（Last In First Out）指令 LIFO 从 TBL 指定的表格中移走最后放进的数据，并将它送入 DATA 指定的地址（见图 6-13）。每执行一次指令，条目数 EC 减 1。

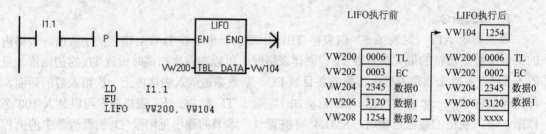

图 6-13　后入先出指令

**4. 查表指令**

查表指令 TBL_FIND（见图 6-14）从指针 INDX 所指的地址开始查 TBL 指定的表格，搜索与数据 PTN 的关系满足参数 CMD 定义的条件的数据。CMD = 1～4 分别代表=、<>（不等于）、< 和 >。如果发现了一个符合条件的数据，INDX 指向该数据。再次调用查表指令继续查找下一个符合条件的数据之前，应先将 INDX 加 1。如果没有找到，INDX 的数值等于 EC。一个表格最多有 100 个编号为 0～99 的数据条目。

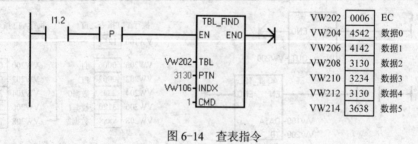

图 6-14　查表指令

用查表指令查找 ATT、LIFO 和 FIFO 指令生成的表时，实际填表数 EC 和输入的条目数相对应。查表指令并不需要 ATT、LIFO 和 FIFO 指令中的最大填表数 TL。因此，查表指令用参数 TBL 定义的地址（VW202）比 ATT、LIFO 或 FIFO 指令的 TBL 定义的地址（VW200）大两个字节。

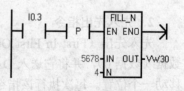

图 6-15　填充指令

**5. 存储器填充指令**

存储器填充指令 FILL 用输入参数 IN 指定的字值填充从地址 OUT 开始的 N 个连续的字，字节型参数 N = 1～255。图 6-15 中的 FILL 指令将 5 678 填入 VW30～VW36 这 4 个字中。IN 和 OUT 的数据类型为 INT。

## 6.2.5 实时时钟指令

### 1. 用编程软件读取与设置实时时钟的日期和时间

与 PLC 建立起通信连接后，执行"PLC"菜单的"实时时钟"命令，打开 CPU 时钟操作对话框（见图 6-16），可以看到 CPU 中的日期和时间。单击"读取 PLC"按钮，显示出 CPU 实时时钟的日期和时间的当前值。修改日期和时间的预设值后，单击"设置"按钮，设置的日期和时间被下载到 CPU 中。

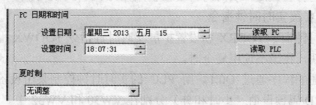

图 6-16 读取与设置实时时钟

单击"读取 PC"按钮，显示出动态变化的计算机实时时钟的日期和时间。单击"设置"按钮，显示的日期和时间值被下载到 CPU 中。

### 2. 读取实时时钟指令

读取实时时钟指令 READ_RTC（见图 6-17 和表 6-6）从 CPU 的实时时钟读取当前日期和时间，并把它们装载到从参数 T 指定的字节地址开始的 8 字节时间缓冲区内，依次存放的是年的低 2 位、月、日、时、分、秒、0 和星期的代码，日期和时间的数据类型为字节型BCD 码。用十六进制数的显示格式输入和显示 BCD 码，例如小时数 16#13 表示 13 点。

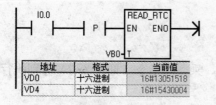

图 6-17 读取实时时钟指令

图 6-18 设置实时时钟指令

星期的取值范围为 0～7，1 表示星期日，2～7 表示星期一～星期六，为 0 时将禁用星期（保持为 0）。S7-200 CPU 不根据日期检查核实星期的值是否正确，不接收无效日期，例如 2 月 30 日。本节的程序见附录 D 例程清单中的例程"实时时钟指令"。

表 6-6 时钟指令

| 梯 形 图 | 语句表指令 | 描 述 | 梯 形 图 | 语句表指令 | 描 述 |
|---|---|---|---|---|---|
| READ_RTC | TODR T | 读取实时时钟 | READ_RTCX | TODRX T | 读取扩展实时时钟 |
| SET_RTC | TODW T | 设置实时时钟 | SET_RTCX | TODWX T | 设置扩展实时时钟 |

图 6-17 中的程序在 I0.0 的上升沿读取日期时间值,用 VB0 开始的时间缓冲区保存。在状态表中用十六进制格式监控 VD0 和 VD4 读取的 BCD 码日期时间值,图中读取的日期和时间为 2013 年 5 月 15 日 18 时 15 分 43 秒,星期三。

**3. 设置实时时钟指令**

图 6-18 中的设置实时时钟指令 SET_RTC 将 VB10 开始的 8B 时间日期值写入 CPU 的实时时钟。

**4. 时钟数据的断电保持**

断电后,CPU 靠内置超级电容或外插电池卡为实时时钟提供缓冲电源。在缓冲电源放电完毕并再次上电时,时钟值为默认值,并停止运行。CPU 221 和 CPU 222 没有内置的实时时钟,需要外插带电池的实时时钟卡才能获得实时时钟的功能。

长时间掉电或内存丢失后,实时时钟会被初始化为 90 年 1 月 1 日,00:00:00,星期日。

**5. 读取和设置扩展实时时钟指令**

读取扩展实时时钟指令 TODRX 和设置扩展实时时钟指令 TODWX 用于读、写实时时钟的夏令时时间和日期,我国不使用夏令时。

**【例 6-3】** 下面的程序通过 Q0.1,用 PLC 的实时时钟控制某个设备的运行。设备起动和停止的时间的 BCD 码预设值(小时和分)分别在 VW30 和 VW32 中。

```
LD       SM0.0
TODR     VB20            //读实时时钟,小时值在 VB23 中,分钟值在 VB24 中

LDW>=    VW23, VW30      //VW30 中是设置的 BCD 格式的起始时、分值
AW<      VW23, VW32      //VW32 中是设置的 BCD 格式的结束时、分值
=        Q0.1            //在设置的时间范围内,Q0.1 为 ON
```

# 6.3 数学运算指令

## 6.3.1 整数运算指令

### 1. 四则运算指令

在梯形图中,整数、双整数与浮点数的加、减、乘、除指令(见表 6-7)分别执行下列运算:

$$IN1 + IN2 = OUT, \quad IN1 - IN2 = OUT, \quad IN1 * IN2 = OUT, \quad IN1 / IN2 = OUT$$

表 6-7 数学运算指令

| 梯 形 图 | 语 句 表 | | 描 述 | 梯 形 图 | 语 句 表 | | 描 述 |
|---------|--------|---------|--------|---------|--------|---------|--------|
| ADD_I   | +I     | IN1, OUT | 整数加法 | DIV_DI  | /D     | IN1, OUT | 双整数除法 |
| SUB_I   | −I     | IN1, OUT | 整数减法 | ADD_R   | +R     | IN1, OUT | 实数加法 |
| MUL_I   | *I     | IN1, OUT | 整数乘法 | SUB_R   | −R     | IN1, OUT | 实数减法 |
| DIV_I   | /I     | IN1, OUT | 整数除法 | MUL_R   | *R     | IN1, OUT | 实数乘法 |
| ADD_DI  | +D     | IN1, OUT | 双整数加法 | DIV_R   | /R     | IN1, OUT | 实数除法 |
| SUB_DI  | −D     | IN1, OUT | 双整数减法 | MUL     | MUL    | IN1, OUT | 整数相乘产生双整数 |
| MUL_DI  | *D     | IN1, OUT | 双整数乘法 | DIV     | DIV    | IN1, OUT | 带余数的整数除法 |

在语句表中，整数、双整数与浮点数的加、减、乘、除指令分别执行下列运算：

$$IN1 + OUT = OUT, \quad OUT - IN1 = OUT, \quad IN1 * OUT = OUT, \quad OUT / IN1 = OUT$$

整数（I）、双整数（DI 或 D）和实数（浮点数，R）运算指令的运算结果分别为整数、双整数和实数，除法不保留余数。运算结果如果超出允许的范围，溢出标志位被置 1。

整数乘法产生双整数指令 MUL 将两个 16 位整数相乘，产生一个 32 位乘积。在 STL 的 MUL 指令中，32 位 OUT 的低 16 位被用做乘数。

带余数的整数除法指令 DIV 将两个 16 位整数相除，产生一个 32 位结果，高 16 位为余数，低 16 位为商。在 STL 的 DIV 指令中，32 位 OUT 的低 16 位被用做被除数。本节的程序见附录 D 例程清单中的例程"数学运算指令"。

这些指令影响 SM1.0（运算结果为零）、SM1.1（有溢出、运算期间生成非法值或非法输入）、SM1.2（运算结果为负）和 SM1.3（除数为 0）。

【例 6-4】 用模拟电位器调节定时器 T37 的预设值为 5～20s，设计数学运算程序。

CPU 221 和 CPU 222 有一个模拟电位器，其他 CPU 有两个模拟电位器。可以用小螺钉旋具来调整电位器的位置。CPU 将电位器 0 和电位器 1 的位置转换为 0～255 的数字值，分别存入 SMB28 和 SMB29 中。

要求在输入信号 I0.3 的上升沿，用电位器 0 来设置定时器 T37 的预设值，设定的时间范围为 5～20s，即从电位器读出的数字 0～255 对应于 5～20s。设读出的数字为 $N$，以 0.1s 为单位的 100ms 定时器 T37 的预设值为

$$(200–50) \times N / 255 + 50 = 150 \times N / 255 + 50 \quad (0.1s)$$

为了保证运算的精度，应先乘后除。$N$ 的最大值为 255，使用整数乘整数得双整数的乘法指令 MUL。由于乘法运算的结果可能大于一个字能表示的最大正数 32 767，所以需要使用双字除法指令 DIV_DI，其运算结果为双字。本例中的商不会超过一个字的长度，商在双字的低位字中。图 6-19 是实现上述要求的数学运算梯形图程序。累加器可以存放字节、字和双字，在数学运算时使用累加器来存放操作数和运算的中间结果比较方便。

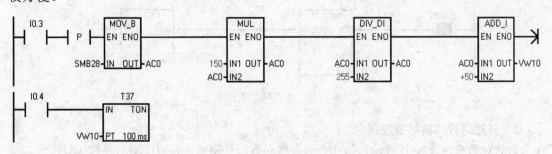

图 6-19　数学运算程序

### 2. 递增与递减指令

在梯形图中，递增（Increment）与递减（Decrement）指令（见表 6-8）分别执行运算 IN + 1 = OUT 和 IN - 1 = OUT。

在语句表中，递增指令和递减指令分别执行运算 OUT + 1 = OUT 和 OUT - 1 = OUT。

表 6-8 递增与递减指令

| 梯 形 图 | 语 句 表 | 描 述 | 梯 形 图 | 语 句 表 | 描 述 |
|---------|---------|------|---------|---------|------|
| INC_B | INCB OUT | 字节递增 | DEC_B | DECB OUT | 字节递减 |
| INC_W | INCW OUT | 字递增 | DEC_W | DECW OUT | 字递减 |
| INC_D | INCD OUT | 双字递增 | DEC_D | DECD OUT | 双字递减 |

字节递增、递减操作是无符号的，而整数和双整数的递增、递减操作是有符号的。这些指令影响零标志 SM1.0、溢出标志 SM1.1 和负数标志 SM1.2。

## 6.3.2 浮点数函数运算指令

浮点数函数运算指令（见表 6-9）的输入参数 IN 与输出参数 OUT 均为实数（即浮点数）。这类指令影响零标志 SM1.0、溢出标志 SM1.1 和负数标志 SM1.2。SM1.1 用于表示溢出错误和非法数值。PID 回路指令将在第 7 章中介绍。

表 6-9 浮点数函数运算指令

| 梯 形 图 | 语 句 表 | 描 述 | 梯 形 图 | 语 句 表 | 描 述 |
|---------|---------|------|---------|---------|------|
| SIN | SIN IN, OUT | 正弦 | LN | LN IN, OUT | 自然对数 |
| COS | COS IN, OUT | 余弦 | EXP | EXP IN, OUT | 自然指数 |
| TAN | TAN IN, OUT | 正切 | SQRT | SQRT IN, OUT | 平方根 |
| - | | | PID | PID TBL, LOOP | PID 回路 |

**1. 三角函数指令**

正弦（SIN）、余弦（COS）和正切（TAN）指令计算角度值输入 IN 的三角函数，结果存放在输出参数 OUT 指定的地址中。输入值是以弧度为单位的浮点数，求三角函数前应先将角度值乘以 $\pi/180$（0.017 453 29），转换为弧度值。

【例 6-5】 图 6-20 是求正弦值的程序，VD14 中的角度值是以度为单位的浮点数，AC1 中是转换后的弧度值，用 SIN 指令求输入角度的正弦值。

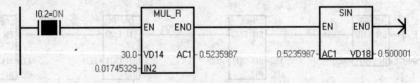

图 6-20 求正弦值的程序

**2. 自然对数和自然指数指令**

自然对数指令 LN 计算输入值 IN 的自然对数，并将结果存放在输出参数 OUT 中，即 ln(IN)= OUT。求以 10 为底的对数时，应将自然对数值除以 2.302 585（10 的自然对数值）。

自然指数指令 EXP 计算输入值 IN 的以 e 为底的指数，结果存于 OUT 中。e 约等于 2.718 281 828。该指令与自然对数指令配合，可以实现以任意实数为底、任意实数为指数的运算。例如，5 的 3/2 次方($5^{3/2}$)=EXP((3/2)*LN(5))= 11.180 34。

**3. 平方根指令**

平方根指令 SQRT 将 32 位正实数 IN 开平方，得到 32 位实数运算结果 OUT，即

$$\sqrt{\text{IN}} = \text{OUT} \, .$$

### 6.3.3 逻辑运算指令

字节、字、双字逻辑运算指令各操作数的数据类型分别为 BYTE、WORD 和 DWORD。本节的程序见附录 D 例程清单中的例程"逻辑运算指令"。

**1. 取反指令**

梯形图中的取反（求反码）指令（见图 6-21）将输入 IN 中的二进制数逐位取反，即二进制数的各位由 0 变为 1，由 1 变为 0（见图 6-22），并将结果装入参数 OUT 指定的地址中。取反指令影响零标志 SM1.0。语句表中的取反指令（见表 6-10）将 OUT 中的二进制数逐位取反，并将结果装入 OUT 指定的地址中。

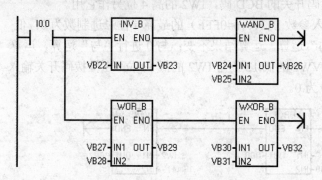

图 6-21　取反与逻辑运算指令

| 地址 | 格式 | 当前值 |
|------|------|--------|
| VB22 | 二进制 | 2#0011_1011 |
| VB23 | 二进制 | 2#1100_0100 |
| VB24 | 二进制 | 2#0101_1001 |
| VB25 | 二进制 | 2#0100_1011 |
| VB26 | 二进制 | 2#0100_1001 |
| VB27 | 二进制 | 2#0111_0101 |
| VB28 | 二进制 | 2#0100_1001 |
| VB29 | 二进制 | 2#0111_1101 |
| VB30 | 二进制 | 2#0101_1111 |
| VB31 | 二进制 | 2#1000_1001 |
| VB32 | 二进制 | 2#1101_0110 |

图 6-22　状态表

表 6-10　逻辑运算指令

| 梯 形 图 | 语 句 表 | | 描 述 | 梯 形 图 | 语 句 表 | | 描 述 |
|----------|------|------|------|----------|------|------|------|
| INV_B | INVB | OUT | 字节取反 | WAND_W | ANDW | IN1, OUT | 字与 |
| INV_W | INVW | OUT | 字取反 | WOR_W | ORW | IN1, OUT | 字或 |
| INV_DW | INVD | OUT | 双字取反 | WXOR_W | XORW | IN1, OUT | 字异或 |
| WAND_B | ANDB | IN1, OUT | 字节与 | WAND_DW | ANDD | IN1, OUT | 双字与 |
| WOR_B | ORB | IN1, OUT | 字节或 | WOR_DW | ORD | IN1, OUT | 双字或 |
| WXOR_B | XORB | IN1, OUT | 字节异或 | WXOR_DW | XORD | IN1, OUT | 双字异或 |

**2. 逻辑运算指令**

字节、字和双字做"与"运算时（见图 6-21），如果两个操作数 IN1 和 IN2 的同一位均为 1，运算结果 OUT 的对应位为 1，否则为 0。做"或"运算时，如果两个操作数的同一位均为 0，运算结果的对应位为 0，否则为 1。做"异或"（Exclusive Or）运算时，如果两个操作数的同一位不同，运算结果的对应位为 1，否则为 0。这些指令影响零标志 SM1.0。

在状态表中生成用二进制格式监控的 VB22 后（见图 6-22），单击 VB22，按〈Enter〉键将会自动生成具有相同显示格式的下一个字节 VB23，用这样的方法快速地生成要监控的 VB22～VB32 这 11 个字节。

梯形图中的指令对两个输入参数 IN1 和 IN2 进行逻辑运算，语句表中的指令对变量 IN 和 OUT 进行逻辑运算（见表 6-10），运算结果被存放在 OUT 指定的地址中。

【例 6-6】　求 VW0 中整数的绝对值，仍将结果存放在 VW0 中。

```
LD          I0.1
EU                               //在 I0.1 的上升沿
AW<         VW0, 0               //如果 VW0 中为负数
INVW        VW0                  //VW0 逐位取反
INCW        VW0                  //加 1 得到原 VW0 中的数的绝对值
```

### 3．逻辑运算指令应用举例

要求用字节逻辑"或"运算将 QB0 的第 2～第 4 位置为 1，其余各位保持不变。图 6-23 中的 WOR_B 指令的输入参数 IN1（16#1C）的第 2～第 4 位为 1，其余各位为 0。QB0 的某一位与 1 进行"或"运算，运算结果为 1，与 0 进行"或"运算，运算结果不变。不管 QB0 的这 3 位为 0 或 1，逻辑"或"运算后 QB0 的这 3 位总是为 1，其他位不变。

假设用 IW2 的低 12 位读取 3 位拨码开关的 BCD 码，IW2 的高 4 位另作它用。

图 6-23 中的 WAND_W 指令的输入参数 IN2（16#0FFF）的最高 4 位二进制数为 0，低 12 位为 1。IW2 的某一位与 1 进行"与"运算，运算结果不变；与 0 进行"与"运算，运算结果为 0。WAND_W 指令的运算结果 VW2 的低 12 位与 IW2 的低 12 位（3 位拨码开关输入的 BCD 码）的值相同，VW2 的高 4 位为 0。

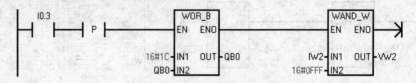

图 6-23　逻辑运算指令应用举例

两个相同的字节做"异或"运算后，运算结果的各位均为 0。图 6-24 的 VB4 中是上一个扫描周期 IB0 的值。如果 IB0 至少有一位的状态发生了变化，前后两个扫描周期 IB0 的值的异或运算结果 VB5 的值非 0，图中的比较触点被接通，将 M0.0 置位，状态发生了变化的位的异或结果为 1。异或运算后将 IB0 的值保存到 VB4 中，供下一次运算时使用。

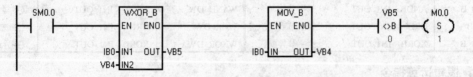

图 6-24　异或运算指令的应用

## 6.4　程序控制指令

### 6.4.1　跳转与标号指令

#### 1．跳转与标号指令的应用

JMP 线圈通电（即栈顶的值为 1）时，跳转条件满足，跳转指令 JMP（Jump）使程序流程跳转到对应的标号 LBL（Label）处，标号指令用来指示跳转指令的目的位置。JMP 与 LBL 指令的操作数 n 为常数 0～255，JMP 和对应的 LBL 指令必须在同一个程序块中。多条

跳转指令可以跳到同一个标号处。如果用一直为 ON 的 SM0.0 的常开触点驱动 JMP 线圈，相当于无条件跳转。

将例程"跳转指令"下载到 PLC 后运行程序，启动程序状态监控。图 6-25a 中 I0.4 的常开触点断开，跳转条件不满足，顺序执行下面的网络，可以用 I0.3 控制 Q0.0。图 6-25b 中 I0.4 的常开触点接通，跳转到标号 LBL 0 处。因为没有执行 I0.3 的触点所在的网络，所以用灰色显示其中的触点和线圈，此时不能用 I0.3 控制 Q0.0。Q0.0 保持跳转之前最后一个扫描周期的状态不变。

### 2．跳转指令对定时器的影响

图 6-26 中的 I0.0 为 OFF 时，跳转条件不满足，用 I0.1～I0.3 起动各定时器开始定时。定时时间未到时，令 I0.0 为 ON，跳转条件满足。100ms 定时器停止定时，当前值保持不变。10ms 和 1ms 定时器继续定时，定时时间到时它们在跳转区外的触点也会动作，令 I0.0 变为 OFF，停止跳转，100ms 定时器在保持的当前值的基础上继续定时。

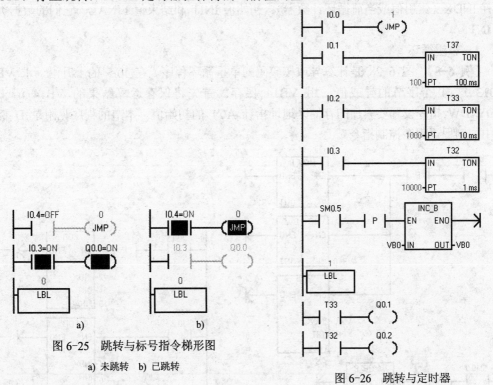

图 6-25　跳转与标号指令梯形图

a) 未跳转　b) 已跳转

图 6-26　跳转与定时器

### 3．跳转对功能指令的影响

未跳转时，图 6-26 中周期为 1s 的时钟脉冲 SM0.5 通过 INC_B 指令使 VB0 每秒加 1。跳转条件满足时，不执行被跳过的 INC_B 指令，VB0 的值保持不变。

### 4．跳转指令的应用

【例6-7】用跳转指令实现图 6-27 中的流程图的功能。图中标出了跳转（JMP）和标号（LBL）指令中的操作数。下面是满足要求的程序。

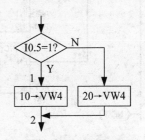

图 6-27　跳转指令流程图

```
LD      I0.5
JMP     1                //I0.5 为 ON 时跳转到标号指令 LBL 1 处
LD      SM0.0
MOVW    20, VW4          //I0.5 为 OFF 时，将 20→VW4
JMP     2                //跳转到标号指令 LBL 2 处
LBL     1
MOVW    10, VW4          //I0.5 为 ON 时，将 10→VW4
LBL     2
```

### 6.4.2　循环指令

在控制系统中，经常遇到需要重复执行若干次相同任务的情况，这时可以使用循环指令。FOR 指令表示循环开始，NEXT 指令表示循环结束，并将堆栈的栈顶值设为 1。驱动 FOR 指令的逻辑条件满足时，反复执行 FOR 与 NEXT 之间的指令。在 FOR 指令中，需要设置 INDX（索引值或当前循环计数器）、初始值 INIT 和结束值 FINAL，它们的数据类型均为 INT。

**1. 单重循环**

【例 6-8】 图 6-28 是计算异或校验码的单重循环程序。在 I0.5 的上升沿，求 VB10～VB13 这 4 个字节的异或值，用 VB14 保存。首先将保存运算结果的 VB14 清 0，用 MOV_DW 指令设置要累加的存储区地址指针 AC1 的初始值。本节的程序见附录 D 例程清单中的例程"程序控制指令"。

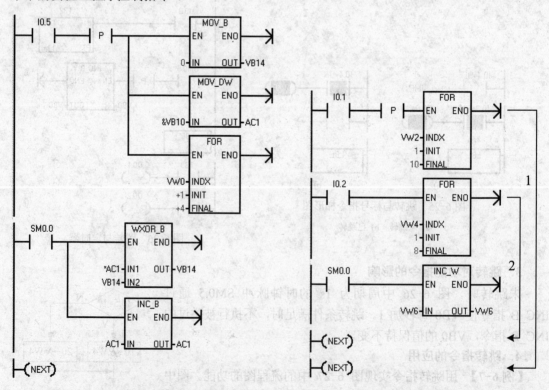

图 6-28　计算异或校验码的单重循环程序　　　　图 6-29　双重循环程序

第一次循环时将指针 AC1 所指的 VB10 与 VB14 异或，运算结果用 VB14 保存。然后将地址指针 AC1 的值加 1，指针指向 VB11，为下一次循环的异或运算做好准备。

FOR 指令的 INIT 为 1，FINAL 为 4，每次执行到 NEXT 指令时，INDX 的值加 1，并将运算结果与结束值 FINAL 比较。如果 INDX 的值小于等于结束值，返回去执行 FOR 与 NEXT 之间的指令；如果 INDX 的值大于结束值，则循环终止。本例中 FOR 指令与 NEXT 指令之间的指令将被执行 4 次。如果起始值大于结束值，则不执行循环。

图 6-30 是显示循环指令执行结果的状态表。VB10～VB13 同一位中 1 的个数为奇数时，VB14 对应位的值为 1，反之为 0。

**2. 多重循环**

允许循环嵌套，即 FOR/NEXT 循环在另一个 FOR/NEXT 循环之中，最多可以嵌套 8 层。

在图 6-29 中 I0.1 的上升沿，执行 10 次标有 1 的外层循环，如果此时 I0.2 为 ON，每执行一次外层循环，将执行 8 次标有 2 的内层循环。每次内层循环将 VW6 的值加 1，执行完后，VW6 的值增加 80（即执行内层循环的次数）。FOR 指令必须与 NEXT 指令配套使用。

| 地址 | 格式 | 当前值 |
|------|------|--------|
| VB10 | 二进制 | 2#0111_1011 |
| VB11 | 二进制 | 2#1101_0101 |
| VB12 | 二进制 | 2#0110_0001 |
| VB13 | 二进制 | 2#1001_1101 |
| VB14 | 二进制 | 2#0101_0010 |

图 6-30　显示循环程序执行结果的状态表

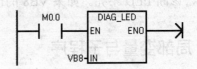

图 6-31　诊断 LED 指令

循环程序是在一个扫描周期内执行的，如果循环次数很大，循环程序的执行时间很长，可能使监控定时器（看门狗）动作。循环程序一般在信号的上升沿时调用。

## 6.4.3　其他指令

**1. 条件结束指令与停止指令**

条件结束指令 END（见表 6-11）根据它前面的逻辑条件终止当前的扫描周期。只能在主程序中使用 END 指令。

表 6-11　程序控制指令

| 梯形图 | 语 句 表 | 描　述 | 梯形图 | 语 句 表 | 描　述 |
|--------|----------|--------|--------|----------|--------|
| END | END | 程序有条件结束 | —<br>RET | CALL SBR_n, x1, x2, …<br>CRET | 调用子程序<br>从子程序有条件返回 |
| STOP | STOP | 切换到 STOP 模式 | | | |
| WDR | WDR | 看门狗定时器复位 | FOR<br>NEXT | FOR　INDX, INIT, FINAL<br>NEXT | 循环<br>循环结束 |
| JMP<br>LBL | JMP　N<br>LBL　N | 跳转到标号<br>标号 | DIAG_LED | DLED　IN | 诊断 LED |

停止指令 STOP 使 CPU 从 RUN 模式切换到 STOP 模式，立即终止用户程序的执行。如果在中断程序中执行 STOP 指令，中断程序立即终止，忽略全部等待执行的中断，继续执行主程序的剩余部分，并在主程序执行结束时，完成从 RUN 模式至 STOP 模式的转换。可以

在检测到 I/O 错误时（SM5.0 为 ON）执行 STOP 指令，将 PLC 强制切换到 STOP 模式。

### 2．监控定时器复位指令

监控定时器又称为看门狗（Watchdog），它的定时时间为 500ms，每次扫描它都被自动复位，然后又开始定时。在正常工作时，扫描周期小于 500ms，它不起作用。如果扫描周期超过 500ms，CPU 将会自动切换到 STOP 模式，并会产生致命错误"扫描看门狗超时"。如果估计扫描周期可能超过 500ms，可以在程序中使用 WDR 指令，重新触发监控定时器，以扩展允许使用的扫描时间。在每次执行 WDR 指令时，看门狗超时时间都会被复位为 500ms。

带数字量输出的扩展模块也有一个监控定时器，每次使用 WDR 指令时，应对每个这样的模块的某一个输出字节使用立即写入指令（BIW），以复位扩展模块的看门狗。

### 3．诊断 LED 指令

S7-200 检测到致命错误时，SF/DIAG（系统故障/诊断）LED（发光二极管）发出红光。在编程软件系统块的"LED 配置"选项卡中，如果选择了有变量被强制与（或）模块有 I/O 错误时 LED 亮，出现上述诊断事件时 LED 将发黄光；如果两个选项都没有被选择，SF/DIAG LED 发黄光只受 DIAG_LED 指令的控制。如果图 6-31 的 VB8 中的错误代码为 0，诊断 LED 不亮。如果 VB8 的值为非 0，诊断 LED 发黄光。

## 6.5 局部变量与子程序

### 6.5.1 局部变量

#### 1．局部变量与全局变量

I、Q、M、SM、AI、AQ、V、S、T、C 和 HC 地址区中的变量称为全局变量。在符号表中定义的上述地址区中的符号称为全局符号。程序中的每个 POU（程序组织单元）均有自己的由 64B（梯形图编程为 60B）局部（Local）存储器组成的局部变量。局部变量用来定义有使用范围限制的变量，它们只能在它被创建的 POU 中使用。与此相反，全局变量在符号表中定义，在各 POU 中均可以使用。全局符号与局部变量名称相同时，在定义局部变量的 POU 中，该局部变量的定义优先。该全局变量的定义只能在其他 POU 中使用。

局部变量有以下优点。

1）如果在子程序中只使用局部变量，不使用全局变量，不作任何改动就可以将子程序移植到别的项目中去。

2）同一级子程序的局部变量分时使用同一片物理存储器。

3）局部变量用来在子程序和调用它的程序之间传递输入参数和输出参数。

每个子程序最多可以使用 16 个输入/输出参数。如果下载超出此限制的程序，STEP 7-Micro/WIN 将返回错误。

#### 2．查看局部变量表

局部变量用局部变量表来定义，局部变量表在程序编辑区的上面，二者用水平分裂条分隔（见图 6-32）。将光标放到分裂条上，光标变为垂直方向的双向箭头，按住鼠标左键上、下移动鼠标，可以拖动分裂条，调整局部变量表的高度。将分裂条拖到程序编辑器窗口最上面，局部变量表不再被显示，但是仍然存在。将分裂条下拉可以再次显示局部变量表。

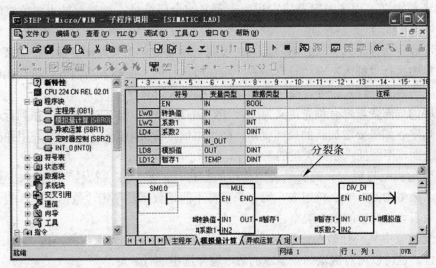

图 6-32　模拟量计算子程序

### 3. 局部变量的类型

（1）临时变量（TEMP）

临时变量是暂时保存在局部数据区中的变量。只有在执行某个 POU 时，它的临时变量才被使用。同一级的 POU 的局部变量使用公用的存储区，类似于公用的布告栏，谁都可以往上面贴布告，后贴的布告将原来的布告覆盖掉。在每次调用 POU 之后，不再保存它的局部变量的值。假设主程序调用子程序 1 和子程序 2，它们属于同一级的子程序。在子程序 1 调用结束后，它的局部变量的值将被后面调用的子程序 2 的局部变量覆盖。每次调用子程序和中断程序时，首先应初始化局部变量（写入数值），然后再使用它，简称为先赋值后使用。

如果要在多个 POU 中使用同一个变量，应使用全局变量，而不是局部变量。

在主程序和中断程序的局部变量表中只有 TEMP 变量。子程序的局部变量表中还有下面 3 种局部变量。

（2）输入参数（IN）

输入参数用来将调用它的 POU 提供的数据值传入子程序。如果参数是直接寻址（例如 VB10），指定地址的值被传入子程序中；如果参数是间接寻址（例如 *AC1），用指针指定的地址的值被传入子程序中；如果参数是常数（例如 16#1234）或地址（例如 &VB100），常数或地址的值被传入子程序中。

（3）输出参数（OUT）

输出参数用来将子程序的执行结果返回给调用它的 POU。由于输出参数并不保留子程序上次执行时分配给它的值，所以每次调用子程序时必须给输出参数分配值。

（4）输入_输出参数（IN_OUT）

其初始值由调用它的 POU 传送给子程序，并用同一个参数将子程序的执行结果返回给调用它的 POU。常数和地址（例如 &VB100）不能作为输出参数和输入_输出参数。

**4. 在局部变量表中增加和删除变量**

首先应在变量表中定义局部变量，然后才能在 POU 中使用它们。在程序中使用符号名时，程序编辑器首先检查相应 POU 的局部变量表，然后检查符号表。如果符号名在这两个表中均未被定义，程序编辑器将它视为未定义的全局符号；这类符号用绿色波浪下划线指示。

主程序和中断程序只有 TEMP（临时）变量。用右键单击其局部变量表中的某一行，在弹出的菜单中执行"插入"→"行"命令，将在所选行的上面插入新的行。执行弹出菜单中的"插入"→"下一行"命令，将在所选行的下面插入新的行。

子程序的局部变量表有预先定义为 IN、IN_OUT、OUT 和 TEMP 的一系列行，不能改变它们的顺序。如果要增加新的局部变量，必须用鼠标右键单击已有的行，并用弹出菜单在所选行的上面或下面插入相同类型的新的行。

选择变量类型与要定义的变量类型相符的空白行，然后在"符号"列键入变量的符号名，符号名最多由 23 个字符组成，第一个字符不能是数字。单击"数据类型"列，用出现的下拉式列表设置变量的数据类型。

单击变量表中某一行最左边的变量序号，该行的背景色变为深蓝色，按〈Delete〉键可以删除该行。也可以用右键快捷菜单中的命令删除选中的行。

**5. 局部变量的地址分配**

在局部变量表中定义变量时，只需指定局部变量的变量类型（TEMP、IN、IN_OUT 或 OUT）和数据类型，不用指定存储器地址。程序编辑器自动地在局部存储器中为所有局部变量指定存储器地址。起始地址为 LB0，1~8 个连续的位参数分配一个字节，字节中的位地址为 Lx.0~Lx.7（x 为字节地址）。字节、字和双字值在局部存储器中按字节顺序分配，例如 LBx、LWx 或 LDx。

## 6.5.2 子程序的编写与调用

S7-200 的控制程序由主程序 OB1、子程序和中断程序组成。STEP 7-Micro/WIN 在程序编辑器窗口中为每个 POU（程序组织单元）提供一个独立的页（见图 6-32）。主程序总是第 1 页，后面是子程序和中断程序。CPU 226 最多可以使用 128 个子程序，其他 CPU 最多可以使用 64 个子程序。

因为各个 POU 在程序编辑器窗口中是分页存放的，子程序或中断程序在执行到末尾时会自动返回，所以不必加返回指令。在子程序或中断程序中可以使用条件返回指令。

**1. 子程序的作用**

子程序常用于需要多次反复执行相同任务的地方，只需要写一次子程序，别的程序在需要它的时候调用它即可，而无需重写该程序。子程序的调用是有条件的，未调用它时不会执行子程序中的指令，因此使用子程序可以减少扫描时间。

在编写复杂的 PLC 程序时，最好把全部控制功能划分为若干个符合工艺控制要求的子功能块，每个子功能块由一个或多个子程序组成。子程序使程序结构简单清晰，易于调试、查错和维护。在子程序中应尽量使用局部变量，避免使用全局变量，因为与其他 POU 几乎没有地址冲突，可以很方便地将这样的子程序移植到其他项目中。

不能使用跳转语句跳入或跳出子程序。

**2．子程序的创建**

可以用下列方法创建子程序。

1）执行"编辑"菜单中的命令"插入"→"子程序"，程序编辑器将自动生成和打开新的子程序。

2）用鼠标右键单击指令树中的"程序块"文件夹或其中的某个 POU，或在程序编辑器视窗中单击鼠标右键，执行弹出的菜单中的命令"插入"→"子程序"。

**3．子程序举例**

创建项目时自动生成了一个子程序 SBR0。用鼠标右键单击项目树中的该子程序，执行出现的快捷菜单中的"重命名"命令，将它的符号名改为"模拟量计算"，该子程序如图 6-32 所示（见附录 D 例程清单中的例程"子程序调用"）。

在该子程序的局部变量表中，定义了名为"转换值"、"系数 1"和"系数 2"的输入（IN）参数，名为"模拟值"的输出（OUT）参数和名为"暂存 1"的临时（TEMP）变量。局部变量表最左边的一列是编程软件自动分配的每个变量在局部存储器（L）中的地址。

子程序中变量名称前面的"#"表示局部变量，是 STEP 7-Micro/WIN 自动添加的。在子程序中键入局部变量时不用键入"#"号。

**4．子程序的调用**

可以在主程序、其他子程序或中断程序中调用子程序，调用子程序时将执行子程序中的指令，直至子程序结束为止，然后返回调用它的程序中该子程序调用指令的下一条指令之处。

子程序可以嵌套调用，即在子程序中调用别的子程序，一共可以嵌套 8 层。

在中断程序中调用的子程序不能再调用别的子程序。在子程序的局部变量表中为该子程序定义输入、输出参数后，将生成梯形图中的客户化调用指令块（见图 6-33），方框的左边是子程序的输入参数和输入/输出参数，右边是输出参数。

图 6-33  客户化调用指令块

在主程序中调用子程序时，首先打开程序编辑器视窗的主程序 OB1，显示出需要调用子程序的地方。打开项目树"程序块"文件夹或最下面的"调用子例程"文件夹，用鼠标左键按住需要调用的子程序"模拟量计算"，将它"拖"到程序编辑器中需要的位置上，放开左键，该子程序便被放置在该位置上。也可以将矩形光标置于程序编辑器视窗中需要放置该子程序的地方，然后用鼠标双击项目树中要调用的子程序，子程序方框将会自动出现在光标所在的位置。

用语句表编程时，子程序调用指令的格式为

　　　　　　　CALL 子程序名称，参数 1，参数 2，……，参数 n

n = 1～16。图 6-33 的主程序梯形图对应的语句表程序为

```
LD      I0.4
CALL    模拟量计算, AIW2, VW20, 2356, VD40
```

在语句表中调用带参数的子程序时，参数按下述的顺序排列，输入参数在最前面，其次是输入/输出参数，最后是输出参数。梯形图中从上到下的同类参数，在语句表中按从左到右的顺序排列。

子程序调用指令中的有效操作数为存储器地址、常量、全局符号和调用指令所在的 POU 中的局部变量，不能指定为被调用子程序中的局部变量。

在调用子程序时，CPU 保存当前的逻辑堆栈，将栈顶值置为 1，堆栈中的其他值清零，控制转移至被调用的子程序。该子程序执行完后，CPU 将堆栈恢复为调用时保存的数值，并将控制权交还给调用子程序的 POU。

子程序和调用程序共用累加器，不会因为使用子程序而自动保存或恢复累加器的值。

调用子程序时，输入参数被复制到子程序的局部存储器，子程序执行完后，从局部存储器复制输出参数到指定的输出参数地址。

子程序在同一个周期内被多次调用时，子程序内部不能使用上升沿、下降沿、定时器和计数器指令。

如果在使用子程序调用指令后修改该子程序中的局部变量表，调用指令将变为无效。此时，必须在删除无效调用后，重新调用修改后的子程序。

### 5. 用地址指针作输入参数的子程序

【例 6-9】 设计对 V 存储器中连续的若干个字节进行异或运算的子程序，在 I0.5 的上升沿调用它，对 VB10 开始的 4B 数据进行异或运算，并将运算结果存放在 VB14 中。

用鼠标右键单击项目树中的"程序块"或其中的某个 POU，从弹出的菜单中执行命令"插入"→"子程序"，自动生成和打开新建的子程序 SBR1。用鼠标右键单击项目树中生成的子程序，用"重命名"命令将它的符号名改为"异或运算"。

单击程序编辑器下面各 POU 的选项卡（见图 6-32），可以选择显示哪一个 POU。

图 6-34a 是"异或运算"子程序的局部变量表，图 6-34b 是 STL 程序。BTI 指令用于将数据类型为字节的输入参数"字节数 B"转换为数据类型为整数的临时变量"字节数 I"。子程序中的"*#地址指针"是输入参数"地址指针"指定的地址中变量的值。在循环程序执行的过程中，该指针中的地址值是动态变化的。

| | 符号 | 变量类型 | 数据类型 |
|---|---|---|---|
| LD0 | 地址指针 | IN | DWORD |
| LB4 | 字节数B | IN | BYTE |
| | | IN_OUT | |
| LB5 | 异或结果 | OUT | BYTE |
| LW6 | 循环计数器 | TEMP | INT |
| LW8 | 字节数I | TEMP | INT |

```
网络 1
LD    SM0.0
MOVB  0, #异或结果
BTI   #字节数B, #字节数I
FOR   #循环计数器, 1, #字节数I

网络 2
LD    SM0.0
XORB  *#地址指针, #异或结果
INCD  #地址指针

网络 3
NEXT
```

a)            b)

图 6-34 异或运算子程序的局部变量表和 STL 程序

a) 异或运算子程序的局部变量表 b) STL 程序

图 6-35 是主程序中调用"异或运算"子程序的程序。调用时指定输入参数"地址指针"的值&VB10 是源地址的初始值，即数据字节从 VB10 开始存放；需要异或运算的数据的字节数为 4，异或运算的结果用 VB14 保存。程序执行的结果见图 6-36。

### 6. 子程序中的定时器

停止调用子程序时，子程序内线圈的 ON/OFF 状态保持不变。如果在停止调用子程序"定时器控制"时（见图 6-37）该子程序中的定时器正在定时，100ms 定时器 T37 将停止定时，当前值保持不变，重新调用子程序时继续定时。但是 1ms 定时器 T32 和 10ms 定时器 T33 将继续定时，在定时时间到时，它们在子程序之外的触点也会动作。

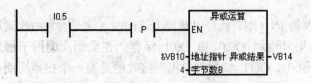

| 地址 | 格式 | 当前值 |
|------|------|--------|
| VB10 | 二进制 | 2#1000_1011 |
| VB11 | 二进制 | 2#0100_1001 |
| VB12 | 二进制 | 2#1110_0011 |
| VB13 | 二进制 | 2#0101_1001 |
| VB14 | 二进制 | 2#0111_1000 |

图 6-35　调用异或运算子程序的程序　　　　　　　图 6-36　程序执行的结果

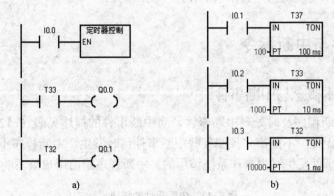

a)　　　　　　　　　　　　b)

图 6-37　主程序与子程序 SBR_2

a) 主程序　b) 子程序 SBR_2

### 7. 子程序的有条件返回

在子程序中用触点电路控制 RET（从子程序有条件返回）线圈指令，触点电路接通时条件满足，子程序被停止执行，返回调用它的程序。

### 8. 对有保持功能的电路的处理

生成一个新的项目，在子程序 SBR_0 的局部变量表中生成输入参数"起动"、"停止"和 IN_OUT 参数"电机"，数据类型均为 BOOL。图 6-38 是子程序 SBR_0 中的梯形图。在主程序 OB1 中两次调用子程序 SBR_0（见图 6-39）。

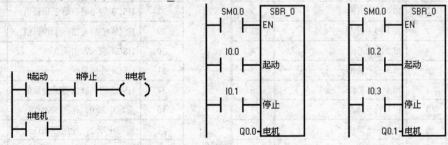

图 6-38　子程序 SBR_0 中的梯形图　　　图 6-39　在主程序 OB1 中两次调用子程序 SBR_0

如果参数"电机"的数据类型为输出（OUT），在运行程序时发现，接通 I0.0 外接的小开关，Q0.0 和 Q0.1 同时变为 ON。这是因为分配给 SBR_0 的输出参数"电机"的地址为 L0.2，第一次调用 SBR_0 之后，L0.2 的值为 ON。第二次调用 SBR_0 时，虽然起动按钮 I0.2 为 OFF，但是因为两次调用 SBR_0 时局部变量区是公用的，此时输出参数"电机"

（L0.2）的值是上一次调用 SBR_0 时的运算结果，仍然为 ON，所以第二次调用 SBR_0，执行图 6-38 中的程序时，输出参数"电机"使 Q0.1 为 ON。如果将图 6-38 中的电路改为置位、复位电路，也有同样的问题。

将输出参数"电机"的变量类型改为 IN_OUT 就可以解决上述问题。这是因为两次调用子程序，参数"电机"返回的运算结果分别用 Q0.0 和 Q0.1 保存。在第二次调用子程序 SBR_0，执行指令"O #电机"时，用 IN_OUT 参数"电机"接收的是前一个扫描周期用 Q0.1 保存的值，与本扫描周期第一次调用子程序后用 Q0.0 保存的参数"电机"的值无关。POU 中的局部变量一定要遵循"先赋值后使用"的原则。

## 6.6　中断程序与中断指令

### 6.6.1　中断的基本概念与中断事件

中断功能用中断程序及时处理中断事件，对中断事件的描述见表 6-12。中断事件与用户程序的执行时序无关，不能事先预测某些中断事件何时发生。中断程序不是由用户程序调用的，而是在中断事件发生时由操作系统调用的。中断程序是由用户编写的。

表 6-12　中断事件的描述

| 优先级分组 | 中断号 | 中　断　描　述 | 组中的优先级 | 优先级分组 | 中断号 | 中　断　描　述 | 组中的优先级 |
|---|---|---|---|---|---|---|---|
| 通信（最高） | 8 | 端口 0：字符接收 | 0 | I/O（中等） | 27 | HSC0 输入方向改变 | 11 |
| | 9 | 端口 0：发送完成 | 0 | | 28 | HSC0 外部复位 | 12 |
| | 23 | 端口 0：接收消息完成 | 0 | | 13 | HSC1 的当前值等于预设值 | 13 |
| | 24 | 端口 1：接收消息完成 | 1 | | 14 | HSC1 输入方向改变 | 14 |
| | 25 | 端口 1：字符接收 | 1 | | 15 | HSC1 外部复位 | 15 |
| | 26 | 端口 1：发送完成 | 1 | | 16 | HSC2 的当前值等于预设值 | 16 |
| I/O（中等） | 19 | PTO0 脉冲输出完成 | 0 | | 17 | HSC2 输入方向改变 | 17 |
| | 20 | PTO1 脉冲输出完成 | 1 | | 18 | HSC2 外部复位 | 18 |
| | 0 | I0.0 的上升沿 | 2 | | 32 | HSC3 的当前值等于预设值 | 19 |
| | 2 | I0.1 的上升沿 | 3 | | 29 | HSC4 的当前值等于预设值 | 20 |
| | 4 | I0.2 的上升沿 | 4 | | 30 | HSC4 输入方向改变 | 21 |
| | 6 | I0.3 的上升沿 | 5 | | 31 | HSC4 外部复位 | 22 |
| | 1 | I0.0 的下降沿 | 6 | | 33 | HSC5 的当前值等于预设值 | 23 |
| | 3 | I0.1 的下降沿 | 7 | 定时（最低） | 10 | 定时中断 0，使用 SMB34 | 0 |
| | 5 | I0.2 的下降沿 | 8 | | 11 | 定时中断 1，使用 SMB35 | 1 |
| | 7 | I0.3 的下降沿 | 9 | | 21 | T32 的当前值等于预设值 | 2 |
| | 12 | HSC0 的当前值等于预设值 | 10 | | 22 | T96 的当前值等于预设值 | 3 |

需要由用户程序把中断程序与中断事件连接起来，并且只有在允许系统中断后，才进入等待中断事件触发中断程序执行的状态。可以用指令取消中断程序与中断事件的连接，或者禁止全部中断。

因为不能预知系统何时调用中断程序，所以中断程序不应改写其他程序使用的存储器。为此，中断程序应尽量使用它的局部变量和它调用的子程序的局部变量。中断程序可以调用一级子程序，累加器和逻辑堆栈在中断程序和被调用的子程序中是公用的。

中断处理提供对特殊内部事件或外部事件的快速响应。应优化中断程序，执行完某项特定任务后立即返回被中断的程序。应使中断程序尽量短小，以减少中断程序的执行时间，减少对其他处理的延迟，否则可能引起主程序控制的设备的操作异常。设计中断程序时应遵循"越短越好"的格言。

中断程序不能嵌套，即中断程序不能再被中断。正在执行中断程序时，如果又有中断事件发生，将按照发生的时间顺序和优先级排队。

新建项目时自动生成中断程序 INT_0，S7-200 CPU 最多可以使用 128 个中断程序。用鼠标右键单击项目树的"程序块"文件夹或其中的某个 POU，执行弹出的菜单中的命令"插入"→"中断程序"，可以创建一个中断程序。创建成功后，程序编辑器将显示新的中断程序，程序编辑器底部出现标有新的中断程序的标签。

## 6.6.2 中断指令

### 1. 中断允许指令与中断禁止指令

中断允许指令（ENI）（见表 6-13）全局性地允许处理所有被连接的中断事件。中断禁止指令（DISI）全局性地禁止处理所有中断事件，允许中断排队等候，但是不会执行中断程序，直到用中断允许指令 ENI 重新允许中断，或中断队列溢出为止。

表 6-13 中断指令

| 梯 形 图 | 语 句 表 | 描 述 | 梯 形 图 | 语 句 表 | 描 述 |
| --- | --- | --- | --- | --- | --- |
| RETI | CRETI | 从中断程序有条件返回 | ATCH | ATCH INT, EVNT | 连接中断 |
| ENI | ENI | 允许中断 | DTCH | DTCH EVNT | 分离中断 |
| DISI | DISI | 禁止中断 | CLR_EVNT | CEVNT EVNT | 清除中断事件 |

### 2. 中断连接指令、中断分离指令与清除中断事件指令

1）中断连接指令（ATCH）用来建立中断事件（EVNT）和处理该事件的中断程序（INT）之间的联系，并允许处理该中断事件。中断事件由中断事件号指定（见表 6-12），中断程序由中断程序号指定。INT 和 EVNT 的数据类型均为 BYTE。

可以将多个中断事件连接到同一个中断程序，但是一个中断事件不能同时连接到多个中断程序。中断被允许且中断事件发生时，将执行为该事件指定的最后一个中断程序。

2）中断分离指令（DTCH）用来断开 EVNT 指定的中断事件与所有中断程序之间的连接，从而禁止处理该中断事件，使对应的中断返回未激活或被忽略的状态。

3）清除中断事件指令（CEVNT）从中断队列中清除所有的中断事件，例如用来清除因为机械震动造成的 A/B 相高速计数器产生的错误的中断事件。如果该指令用于清除假的中断事件，应在从队列中清除事件之前分离事件。否则在执行清除事件指令后，将向队列添加新的事件。

### 3. 中断程序的执行

进入 RUN 模式时自动禁止中断。CPU 自动调用中断程序需要满足下列条件。

1）执行了全局中断允许指令 ENI。

2）执行了中断事件对应的 ATCH 指令。

3）出现对应的中断事件。

在执行中断程序之前，操作系统保存逻辑堆栈、累加寄存器和指示累加寄存器与指令操作状态的特殊存储器标志位（SM），从中断程序返回时，恢复上述存储单元的值，避免了中断程序的执行对主程序造成的破坏。

执行完中断程序的最后一条指令之后，将会从中断程序返回，继续执行被中断的操作。用户不用在中断程序中编写无条件返回指令。可以通过执行从中断有条件返回指令（CRETI），在控制它的逻辑条件满足时从中断程序返回。

在中断程序中不能使用 DISI、ENI、HDEF（高速计数器定义）和 END 指令。

**4. 中断优先级与中断队列溢出**

中断按以下固定的优先级顺序执行，即通信中断（最高优先级）、I/O 中断和定时中断（最低优先级）。在上述 3 个优先级范围内，CPU 按照"先来先服务"的原则处理中断，任何时刻只能执行一个中断程序。一旦某个中断程序开始执行，就要一直执行到完成为止，即使另一中断程序的优先级较高，也不能中断正在执行的中断程序。正在处理其他中断时发生的中断事件则需排队等待处理。各中断队列的最大中断数和中断队列溢出的 SM 位见表 6-14。3 个中断队列及其能保存的最大中断个数如表 6-14 所示。

如果中断事件产生过于频繁，使中断产生的速率比可以处理的速率快，或者中断被 DISI 指令禁止，中断队列溢出状态位（见表 6-14）将被置 1。只能在中断程序中使用这些位，这是因为当队列变空或返回主程序时这些位被复位。

表 6-14　各中断队列的最大中断数和中断队列溢出的 SM 位

| 队　列 | CPU 221，CPU 222，CPU 224 | CPU 224XP，CPU 226，CPU 226XM | 中断队列溢出的 SM 位 |
|---|---|---|---|
| 通信中断队列 | 4 | 8 | SM4.0 |
| I/O 中断队列 | 16 | 16 | SM4.1 |
| 定时中断队列 | 8 | 8 | SM4.2 |

如果多个中断事件同时发生，则组之间和组内的优先级会确定首先处理哪一个中断事件。处理了优先级最高的中断事件之后，会检查队列，以查找仍在队列中的当前优先级最高的事件，并会执行连接到该事件的中断程序。CPU 将按此规则继续执行，直至队列为空、且控制权返回到主程序的扫描执行为止。

## 6.6.3　中断程序举例

**1. 通信端口中断**

可以通过用户程序控制 PLC 的串行通信端口，通信端口的这种工作模式称为自由端口模式。在该模式下，接收消息完成、发送消息完成和接收一个字符均可以产生中断事件，利用接收中断和发送中断可以简化程序对通信的控制。

**2. I/O 中断**

I/O 中断包括上升沿中断、下降沿中断、高速计数器（HSC）中断和脉冲列输出（PTO）中断。输入点 I0.0～I0.3 的上升沿或下降沿都可以产生中断。

高速计数器中断允许响应 HSC 的计数当前值等于预设值、与轴的转动方向对应的计数方向改变和计数器外部复位等中断事件。这些事件均可以触发实时执行的操作，而 PLC 的扫描工作方式不能快速响应这些高速事件。完成指定脉冲数输出时也可以产生中断，脉冲列输出可以用于步进电机的控制。

【例 6-10】 出现事故时，I0.0 的上升沿产生中断，使 Q0.0 立即置位，同时将事故发生的日期和时间保存在 VB10～VB17 中；事故消失时，I0.0 的下降沿产生中断，使 Q0.0 立即复位，同时将事故消失的日期和时间保存在 VB20～VB27 中。

下面是主程序和中断程序（见附录 D 例程清单中的例程"I/O 中断程序"）。

```
//主程序  OB1
LD      SM0.1          //第一次扫描时
ATCH    INT_0, 0       //指定在 I0.0 的上升沿执行中断程序 INT_0
ATCH    INT_1,1        //指定在 I0.0 的下降沿执行中断程序 INT_1
ENI                    //允许全局中断

LD      SM5.0          //如果检测到 I/O 错误
DTCH    0              //禁用 I0.0 的上升沿中断
DTCH    1              //禁用 I0.0 的下降沿中断

//中断程序 0（INT_0）
LD      SM0.0          //该位总是为 ON
SI      Q0.0, 1        //立即置位 Q0.0
TODR    VB10           //读实时时钟

//中断程序 1（INT_1）
LD      SM0.0          //该位总是为 ON
RI      Q0.0, 1        //立即复位 Q0.0
TODR    VB20           //读实时时钟
```

### 3．定时中断

定时中断和定时器 T32/T96 中断统称为时间基准中断。

定时中断用来执行一个周期性的操作，以 1ms 为增量，周期时间可以取 1～255ms。定时中断 0 和定时中断 1 的时间间隔分别用特殊存储器字节 SMB34 和 SMB35 来设置。每当定时时间到时，将执行指定的定时中断程序，例如可以用定时中断来采集模拟量的值和执行 PID 程序。如果定时中断事件已被连接到一个定时中断程序，为了改变定时中断的时间间隔，首先必须修改 SMB34 或 SMB35 的值，然后重新把中断程序连接到定时中断事件上。重新连接时，定时中断功能清除前一次连接的累计时间，并用新的定时值重新开始定时。

定时中断一旦被启用，中断就会周期性地不断产生。每当定时时间到，将会执行被连接的中断程序。如果退出 RUN 状态或者定时中断被分离，定时中断被禁止。如果执行了全局中断禁止指令 DISI，定时中断事件仍然会连续出现，但是不会处理所连接的中断程序。每个定时中断事件都会进入中断队列排队等候，直到中断启用或中断队列满为止。

【例 6-11】 用定时中断 0 实现周期为 2s 的高精度定时。

定时中断的定时时间最长为 255ms，为了实现周期为 2s 的高精度周期性操作的定时，将定时中断的定时时间间隔设为 250ms，在定时中断 0 的中断程序中，将 VB0 加 1，然后用比较触点指令"LDB="判断 VB0 是否等于 8。若相等（中断了 8 次，对应的时间间隔为 2s），在中断程序中执行每 2s 一次的操作，例如使 QB0 加 1。下面是语句表程序（见附录 D 例程清单中的例程"定时中断程序"）。

```
//主程序 OB1
LD      SM0.1              //第一次扫描时
MOVB    0, VB0             //将中断次数计数器清零
MOVB    250, SMB34         //设置定时中断 0 的中断时间间隔为 250ms
ATCH    INT_0, 10          //指定产生定时中断 0 时执行中断程序 INT_0
ENI                        //允许全局中断


//中断程序 INT_0，每隔 250ms 中断一次
LD      SM0.0              //该位总是为 ON
INCB    VB0                //中断次数计数器加 1

LDB=    8, VB0             //如果中断了 8 次（2s）
MOVB    0, VB0             //将中断次数计数器清零
INCB    QB0                //每 2s 将 QB0 加 1
```

如果有两个定时时间间隔分别为 200ms 和 500ms 的周期性任务，将定时中断的时间间隔设置为 100ms，可以在定时中断程序中用两个 VB 字节分别对中断次数计数，根据它们的计数值来处理这两个任务。

**4. 定时器 T32/T96 中断**

定时器 T32/T96 中断用于及时地响应一个指定的时间间隔的结束，1ms 分辨率的定时器 T32 和 T96 支持这种中断。中断被启用后，当定时器的当前值等于预设时间值，在 CPU 的 1ms 定时器刷新时，执行被连接的中断程序。定时器 T32/T96 中断的优点是最大定时时间为 32.767s，比定时中断的 255ms 大得多。

**【例 6-12】** 使用 T32 中断控制 8 位节日彩灯，每 2.5s 循环左移一位。1ms 定时器 T32 定时时间到时产生中断事件，中断号为 21。分辨率为 1ms 的定时器必须使用下面主程序中 LDN 开始的 4 条指令来产生脉冲序列（见附录 D 例程清单中的例程"T32 中断程序"）。

```
//主程序 OB1
LD      SM0.1              //第一次扫描时
MOVB    16#F, QB0          //设置彩灯的初始状态，最低 4 位的灯被点亮
ATCH    INT_0, 21          //指定 T32 定时时间到时执行中断程序 INT_0
ENI                        //允许全局中断

LDN     M0.0               //T32 和 M0.0 组成脉冲发生器
TON     T32, 2500          //T32 的预设值为 2 500ms

LD      T32
=       M0.0

//中断程序 INT_0
LD      SM0.0
```

```
        RLB        QB0, 1              //彩灯左移 1 位
```

## 6.7　高速计数器与高速脉冲输出指令

PLC 的普通计数器的计数过程与扫描工作方式有关，CPU 用通过每一个扫描周期读取一次被测信号的方法来捕捉被测信号的上升沿，被测信号的频率较高时，将会丢失计数脉冲，因此普通计数器的工作频率很低，最多几十赫兹。高速计数器可以对普通计数器无能为力的事件进行计数，S7-200 有 6 个高速计数器 HSC0～HSC5，可以设置多达 13 种工作模式。

### 6.7.1　高速计数器的工作模式与外部输入信号

高速计数器一般与增量式编码器一起使用。编码器每转发出一定数量的计数脉冲和一个复位脉冲，以此作为高速计数器的输入。高速计数器有一组预设值，开始运行时装入第一个预设值，当前计数值小于预设值时，设置的输出为 ON。当前计数值等于预设值或者有外部复位信号时，产生中断。发生当前计数值等于预设值的中断时，装载入新的预设值，并设置下一阶段的输出。出现复位中断事件时，装入第一个预设值和设置第一组输出状态，以重复该循环。

因为中断事件产生的速率远远低于高速计数器的计数速率，所以用高速计数器可以实现高速运动的精确控制，并且与 PLC 的扫描周期关系不大。

编码器分为以下几种类型。

**1. 增量式编码器**

光电增量式编码器的码盘上有均匀刻制的光栅。码盘旋转时，输出与转角增量成正比的脉冲，需要用高速计数器来计脉冲数。根据输出信号的个数，有 3 种增量式编码器。

1）单通道增量式编码器内部只有 1 对光耦合器，只能产生一个脉冲序列。

2）双通道增量式编码器又称为 A/B 相型编码器，内部有两对光耦合器，能输出相位差为 90°的两路独立的脉冲序列。正转和反转时两路脉冲的超前、滞后关系刚好相反（见图 6-40），如果使用 A/B 相型编码器，PLC 可以识别出转轴旋转的方向。

3）三通道增量式编码器内部除了有双通道增量式编码器的两对光耦合器外，在脉冲码盘的另外一个通道还有一个透光段，每转一圈，输出一个脉冲，该脉冲称为 Z 相零位脉冲，用做系统清零信号，或作为坐标的原点，以减小测量的积累误差。

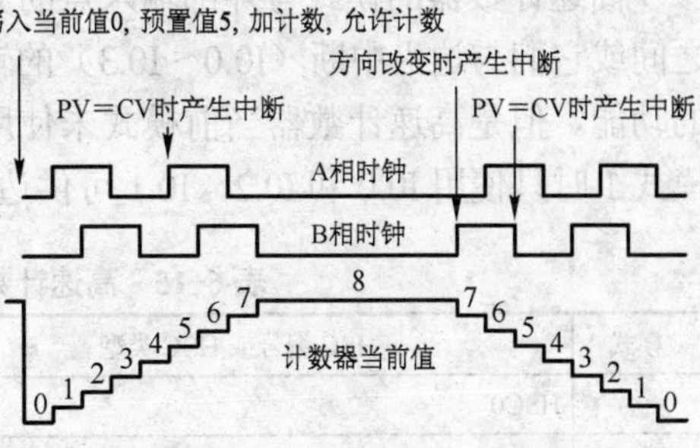

图 6-40　4 倍速 A/B 相正交计数器

**2. 绝对式编码器**

$N$ 位绝对式编码器有 $N$ 个码道，最外层的码道对应于编码的最低位。每个码道有一个光耦合器，用来读取该码道的 0、1 数据。绝对式编码器输出的 $N$ 位二进制数反映了运动物体所处的绝对位置，根据位置的变化情况，可以判别出旋转的方向。

### 3. 高速计数器的工作模式

S7-200 的高速计数器有以下 4 类工作模式。

1）无外部方向控制信号的单相加/减计数器（模式 0～2），用高速计数器控制字节的第 3 位来控制加计数或减计数。该位为 1 时，为加计数；该位为 0 时，为减计数。

2）带外部方向控制信号的单相加/减计数器（模式 3～5）：方向输入信号为 1 时，为加计数，为 0 时，为减计数。

3）有加计数时钟脉冲和减计数时钟脉冲输入的双相计数器（模式 6～8）：若加、减计数脉冲的上升沿出现的时间间隔不到 0.3μs，高速计数器认为这两个事件是同时发生的，当前值不变，也不会有计数方向变化的指示。反之，高速计数器能捕捉到每一个独立事件。

4）A/B 相正交计数器（模式 9～11）的两路计数脉冲的相位互差 90°（见图 6-40），正转时 A 相时钟脉冲比 B 相时钟脉冲超前 90°，反转时 A 相时钟脉冲比 B 相时钟脉冲滞后 90°。利用这一特点，可以实现在正转时加计数，反转时减计数。

A/B 相正交计数器可以选择 4 倍速模式（见图 6-40）和 1 倍速模式（见图 6-41），1 倍速模式在时钟脉冲的每一个周期计 1 次数，4 倍速模式在两个时钟脉冲的上升沿和下降沿都要计数，因此每一个周期要计 4 次数。

两相计数器的两个时钟脉冲可以同时工作在最大速率，全部计数器可以同时以最大速率运行，互不干扰。

根据有无复位输入和启动输入，上述 4 类工作模式又可以各分为 3 种，因此 HSC1 和 HSC2 有 12 种工作模式。此外，还有一种计高速输出脉冲数的模式 12。因为 HSC0 和 HSC4 没有启动输入，所以只有 8 种工作模式；HSC3 和 HSC5 只有时钟脉冲输入，所以只有一种工作模式。

CPU 221 和 CPU 222 不能使用 HSC1 和 HSC2。

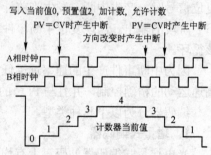

图 6-41 1 倍速 A/B 相正交计数器

### 4. 高速计数器的外部输入信号

高速计数器的模式与外部输入点的分配如表 6-15 所示。有些高速计数器的输入点相互之间或它们与边沿中断（I0.0～I0.3）的输入点有重叠，同一个输入点不能同时用于两种不同的功能。但是高速计数器当前模式未使用的输入点可以用于其他功能。例如，HSC0 工作在模式 1 时只使用 I0.0 和 I0.2，I0.1 可供边沿中断或 HSC3 使用。

表 6-15 高速计数器的模式与外部输入点分配表

| 模式 | HSC 编号或 HSC 类型 | 输 入 点 | | | |
|---|---|---|---|---|---|
| | HSC0 | I0.0 | I0.1 | I0.2 | |
| | HSC1 | I0.6 | I0.7 | I1.0 | I1.1 |
| | HSC2 | I1.2 | I1.3 | I1.4 | I1.5 |
| | HSC3 | I0.1 | | | |
| | HSC4 | I0.3 | I0.4 | I0.5 | |
| | HSC5 | I0.4 | | | |

| 模式 | HSC 编号或 HSC 类型 | 输　入　点 | | | |
|---|---|---|---|---|---|
| 0 | | 时钟 | | | |
| 1 | 带内部方向输入信号的单相加/减计数器 | 时钟 | | 复位 | |
| 2 | | 时钟 | | 复位 | 启动 |
| 3 | | 时钟 | 方向 | | |
| 4 | 带外部方向输入信号的单相加/减计数器 | 时钟 | 方向 | 复位 | |
| 5 | | 时钟 | 方向 | 复位 | 启动 |
| 6 | | 加时钟 | 减时钟 | | |
| 7 | 带加减计数时钟脉冲输入的双相计数器 | 加时钟 | 减时钟 | 复位 | |
| 8 | | 加时钟 | 减时钟 | 复位 | 启动 |
| 9 | | A 相时钟 | B 相时钟 | | |
| 10 | A/B 相正交计数器 | A 相时钟 | B 相时钟 | 复位 | |
| 11 | | A 相时钟 | B 相时钟 | 复位 | 启动 |
| 12 | 只有 HSC 0 和 HSC 3 支持模式 12。HSC0 计 Q0.0 输出的脉冲数，HSC3 计 Q0.1 输出的脉冲数 | | | | |

复位输入信号有效时，将清除计数当前值，并保持清除状态，直至复位信号关闭为止。启动输入有效时，将允许计数器计数。关闭启动输入时，计数器当前值保持恒定，时钟脉冲不起作用。如果在关闭启动输入时使复位输入有效，将忽略复位输入，当前值保持不变。如果激活复位输入后再激活启动输入，则当前值被清除。

## 6.7.2　高速计数器的程序设计

### 1. 高速计数器指令

高速计数器指令 HDEF（见表 6-16）用输入参数 HSC 指定高速计数器，用输入参数 MODE 设置工作模式。这两个参数的数据类型为 BYTE。每个高速计数器只能使用一条 HDEF 指令。可以用首次扫描位 SM0.1，在第一个扫描周期用 HDEF 指令来定义高速计数器。高速计数器指令 HSC 用于启动编号为 N 的高速计数器，N 的数据类型为 WORD。

可以用地址 HCx（x = 0～5）来读取高速计数器的当前值。

表 6-16　高速计数器指令与高速输出指令

| 梯　形　图 | 指　　　令 | 描　　　述 |
|---|---|---|
| HDEF | HDEF　HSC, MODE | 定义高速计数器的工作模式 |
| HSC | HSC　N | 激活高速计数器 |
| PLS | PLS　N | 脉冲输出 |

### 2. 使用指令向导生成高速计数器的应用程序

在特殊存储器（SM）区，每个高速计数器都有一个状态字节、一个设置参数用的控制字节、一个 32 位预设值寄存器和一个 32 位当前值寄存器。状态字节给出了当前计数方向和当前值是否大于或等于预设值等信息。只有在执行高速计数器的中断程序时，状态位才有效。控制字节中的各位用于设置高速计数器的属性。可以在 S7-200 的系统手册中查阅这些特殊存储器的信息。

用户在使用高速计数器时，需要根据有关的特殊存储器的意义来编写初始化程序和中断程序。这些程序的编写既烦琐又容易出错。使用 STEP 7-Micro/WIN 的指令向导能简化高速计数器的编程过程，既简单方便，又不容易出错。

【例 6-13】 要求通过高速计数器的计数来周期性地控制 Q0.1 和 Q0.2（见图 6-42），计数脉冲的周期为 1ms。用指令向导生成高速计数器 HSC0 的初始化程序和中断程序，HSC0 为无外部方向输入信号的单相加/减计数器（模式 0）。图 6-43 是高速计数器运行时的趋势图。

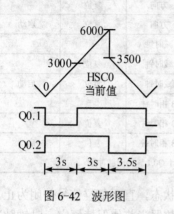

图 6-42 波形图

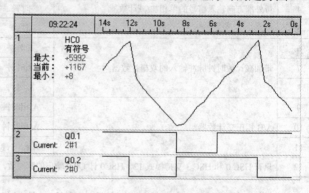

图 6-43 高速计数器运行时的趋势图

用鼠标双击指令树"向导"文件夹中的"高速计数器"，打开高速计数器向导，按下面的步骤设置高速计数器的参数。

在第 1 页选中配置"HC0"，计数模式为默认的模式 0。每次操作完成后单击"下一步"按钮。

在第 2 页（初始化选项）采用默认的计数器初始化子程序的符号名 HSC_INIT。设置计数器的预设值 PV 为 3 000，当前值 CV 为默认的 0，初始计数方向为加计数。

在第 3 页（中断）设置当前值等于预设值时产生中断，使用默认的中断程序符号名 COUNT_EQ。向导允许高速计数器按多个步进行计数，即在中断程序中修改某些参数（例如修改计数器的计数方向、当前值和预设值），并将另一个中断程序连接至相同的中断事件。本例设置为 3 步。

第 4 页（第 1 步）的"当前 INT（中断程序）"为 COUNT_EQ。自动选中"连接此事件到一个新的中断程序"，采用默认的新的中断程序（新 INT）的名称 HSC0_STEP1。设置"新 PV"（新预设值）为 6 000，不更新计数当前值和计数方向。

单击上面的"下一步"按钮，第 5 页（第 2 步）的"当前 INT"为 HSC0_STEP1。自动选中"连接此事件到一个新的中断程序"，采用默认的新的 INT 的名称 HSC0_STEP2。设置新的计数方向为减计数，更新计数当前值为 3 500，新的预设值为 0（见图 6-42）。

单击上面的"下一步"按钮，在第 6 页（第 3 步）选中"连接此事件到一个新的中断程序"，设置新 INT 的名称为 COUNT_EQ。预设值更新为 3 000，不更新计数当前值，新的计数方向为加计数。实际上是开始下一周期的计数操作，计数器当前值的周期性波形如图 6-42 所示。

单击下面的"下一步"按钮，第 7 页（组件）显示将要自动生成的初始化计数器子程序 HSC_INIT 和 3 个中断程序。单击"完成"按钮，在项目树的"程序块"文件夹中，可以看到自动生成的上述 4 个程序。

主程序在 I0.1 的上升沿时调用 HSC_INIT，下面的程序中对 Q0.1 和 Q0.2 的立即置位和立即复位的指令是人工添加的。程序见附录 D 例程清单中的例程"高速输入高速输出"。

（1）主程序

```
LD      I0.1
EU
CALL    HSC_INIT        //调用 HSC0 初始化子程序
```

（2）初始化子程序 HSC_INIT

```
LD      SM0.0           //SM0.0 总是为 ON
MOVB    16#F8, SMB37     //设置控制字节，加计数、允许计数
MOVD    +0, SMD38        //装载当前值 CV
MOVD    +3000, SMD42     //装载预设值 PV
HDEF    0, 0             //设置 HSC0 为模式 0
ATCH    COUNT_EQ0, 12    //当前值等于预设值时调用中断程序 COUNT_EQ0
ENI                      //允许全局中断
HSC     0                //起动 HSC0
RI      Q0.1, 1          //用户添加的立即复位指令
SI      Q0.2, 1          //用户添加的立即置位指令
```

（3）中断程序 COUNT_EQ

HSC0 的计数当前值等于第 1 个预设值 3 000 时，调用中断程序 COUNT_EQ0。

```
LD      SM0.0
MOVB    16#A0, SMB37     //设置控制字节，允许计数，写入新的预设值，不改变计数方向
MOVD    +6000, SMD42     //装载预设值 PV
ATCH    HSC0_STEP1, 12   //当前值等于预设值时执行中断程序 HSC0_STEP1
HSC     0                //起动 HSC0
SI      Q0.1, 1          //用户添加的立即置位指令
```

（4）中断程序 HSC0_STEP1

HSC0 的计数当前值等于第 2 个预设值 6 000 时，调用中断程序 HSC0_STEP1。

```
LD      SM0.0
MOVB    16#F0, SMB37     //设置控制字节，允许计数，写入当前值和预设值，改为减计数
MOVD    +3500, SMD38     //将当前值改为 3 500
MOVD    +0, SMD42        //装载预设值 PV
ATCH    HSC0_STEP2, 12   //当前值等于预设值时执行中断程序 HSC0_STEP2
HSC     0                //起动 HSC0
RI      Q0.2, 1          //用户添加的立即复位指令
```

（5）中断程序 HSC0_STEP2

HSC0 的计数当前值等于第 3 个预设值 0 时，调用中断程序 HSC0_STEP2。

```
LD      SM0.0
MOVB    16#B8, SMB37     //设置控制字节，允许计数，写入新的预设值，改为加计数
MOVD    +3000, SMD42     //装载预设值 PV
```

| ATCH | COUNT_EQ, 12 | //当前值等于预设值时调用中断程序 COUNT_EQ |
|---|---|---|
| HSC | 0 | //起动 HSC0 |
| RI | Q0.1, 1 | //用户添加的立即复位指令 |
| SI | Q0.2, 1 | //用户添加的立即置位指令 |

高速计数器只记录未经过滤的输入事件，不受输入滤波器的影响。

调试时，可以用状态表中的地址 HC0 来监视高速计数器 HSC0 的当前值（见图 6-43）。

### 6.7.3 高速脉冲输出

#### 1. PWM 发生器

脉冲宽度与脉冲周期之比称为占空比。脉冲列（PTO）功能提供周期和脉冲数目可以由用户控制的占空比为 50% 的方波脉冲输出。脉冲宽度调制（PWM，简称为脉宽调制）功能提供连续的、周期和宽度可以由用户控制的脉冲列输出（见图 6-44）。

每个 CPU 有两个 PTO/PWM（脉冲列/脉冲宽度调制）发生器，分别通过数字量输出点 Q0.0 和 Q0.1 输出高速脉冲列或脉冲宽度可调的脉冲。

PTO/PWM 发生器与过程映像输出寄存器共同使用 Q0.0 及 Q0.1。Q0.0 或 Q0.1 被设置为 PTO 或 PWM 功能时，禁止使用这两个输出点的数字量输出功能，此时输出波形不受过程映像输出寄存器状态、输出强制或立即输出指令的影响。不使用 PTO/PWM 发生器时，Q0.0 与 Q0.1 作为普通的数字量输出使用。建议在启动 PTO 或 PWM 操作之前，用 R 指令将 Q0.0 或 Q0.1 的过程映像寄存器复位为 OFF。

PTO/PWM 的输出负载必须至少为额定负载的 10%，才能提供陡直的上升沿和下降沿。

在特殊存储器区，每个 PTO/PWM 发生器有一个 8 位的控制字节、16 位无符号的周期值和脉冲宽度值字，以及一个无符号的 32 位脉冲计数值双字。通过它们来对 PWM 编程是比较麻烦的。可以用指令树中的 PTO/PWM 向导，或"工具"菜单中的"运动控制向导"来

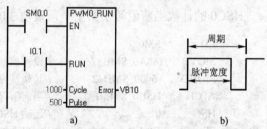

图 6-44　PWM 指令和 PWM 输出波形

a) PWM 指令　b) PWM 输出波形

快速设置 PTO/PWM 发生器的参数。运动控制向导还可以设置 EM 253 位置控制模块的操作。STEP 7-Micro/WIN 为 EM 253 提供一个用于控制、监视和测试位置控制操作的控制面板。

#### 2. 用向导设置脉宽调制的参数

PWM 功能提供可变占空比的脉冲输出，时间基准可以设置为 μs 或 ms。指定的脉冲宽度值大于周期值时，占空比为 100%，输出连续接通。脉冲宽度为 0 时，占空比为 0%，输出断开。PWM 的高频输出波形经滤波后可以得到与占空比基本上成正比的模拟量输出电压。

用鼠标双击指令树的"向导"文件夹中的"PTO/PWM"，打开脉冲输出向导。

在第 1 页指定 Q0.0 或 Q0.1 作为脉冲发生器，单击"下一步"按钮，进入下一页。

在第 2 页选择组态 PWM，并选择脉冲宽度和周期的时间基准（ms 或 μs），就完成了对 PWM 的组态。

单击第 3 页的"完成"按钮，向导将生成 PWM 指令 PWMx_RUN，指令名称中的 x 是

Q0.0 或 Q0.1 的位地址（0 或 1）。在项目树的文件夹"\程序块\向导"中，可以看到生成的子程序 PWM0_RUN。

子程序 PWM0_RUN（见图 6-44）的参数 RUN 用来控制是否产生脉冲，周期 Cycle 和脉冲宽度 Pulse 的数据类型为 WORD。周期的有效范围为 10～65 535 μs 或 2～65 535 ms，脉冲宽度的有效范围为 0～65 535 μs 或 0～65 535 ms。

## 6.8 数据块应用与字符串指令

### 6.8.1 数据块概述

#### 1. 在数据块中对地址和数据赋值

数据块用来对 V 存储器（变量存储器）的字节、字和双字地址分配常数（赋值）。首次扫描时，CPU 将数据块中的初始值赋值到指定的 V 存储器地址中。

用鼠标双击项目树"数据块"文件夹中的"用户定义 1"，打开数据块。

数据块中的典型行包括起始地址以及一个或多个数据值，双斜线（"//"）之后的注释为可选项。数据块的第一行必须包含明确的地址（包括符号地址），以后的行可以不包含明确的地址。在单地址值后面输入多个数据或输入只包含数据的行时，由编辑器进行地址赋值。编辑器根据前面的地址和数据的长度（字节、字或双字）为数据指定地址。数据块编辑器接受大小写字母，允许用英语的逗号、制表符或空格作为地址和数据的分隔符号。图 6-45 给出了一个数据块的例子。

```
VB1     25, 134              //从VB1开始的两字节数值
VD4     100.5                //地址为VD4的双字实数数值
VW10    -1357, 418, 562      //从VW10开始的3个字数值
        2567, 5328           //数据值的地址为VW16和VW18
```

图 6-45　一个数据块的例子

完成一个赋值行后同时按〈Ctrl〉键和〈Enter〉键，在下一行自动生成下一个可用的地址。对数据块所作的更改在数据块下载后才生效。可以单独下载数据块。

#### 2. 错误处理

如果输入错误的地址和数据、地址在数据值之后、数值超出允许范围、使用非法语法或无效值、使用了符号地址或中文的标点符号，将在错误行的左边出现红色的，出错的地址或数据的下面用波浪线标示。单击工具栏上的编译按钮，对项目所有的组件进行编译。如果编译器发现地址重叠或对同一地址重复赋值等错误，将在输出窗口显示错误。双击某一条错误信息，将在数据块窗口指出有错误的行。

#### 3. 数据块的密码保护

用鼠标右键单击项目树"数据块"文件夹中的数据页，执行快捷菜单中的"插入"→"数据页"命令，将生成一个数据页。执行快捷菜单中的"属性"命令，在打开的对话框的"保护"选项卡中，可以为数据页设置密码保护。

### 6.8.2 字符串指令

#### 1. 字符和字符串的表示方法

与字符常量相比，字符串常量的第一个字节是字符串的长度（即字符个数）。

ASCII 常数字符的有效范围是 ASCII 32～ASCII 255，不包括 DEL 字符、单引号和双引号字符。在此范围之外的 ASCII 字符必须使用特殊字符格式$。例如，字节中的数为 5 时，状态表显示的是'$05'（见图 6-47）。

（1）符号表中字符和字符串的表示方法

字节、字和双字中的 ASCII 字符用英语的单引号表示，例如'A'、'AB'和'12AB'（见图 6-46）。不能定义 3 个或大于 4 个字符的符号。

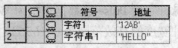

图 6-46　符号表

指定给符号名的 ASCII 常量字符串用英语的双引号表示，例如"HELLO"。

（2）数据块中字符和字符串的表示方法

在数据块编辑器中，用英语的单引号定义字符常量，可以将 VB 地址分配给任意个字符的常量、将 VW 和 VD 地址分别分配给两个和 4 个字符的常量。对于 3 个字符或大于 4 个字符的常量，必须使用 V 或 VB 地址。

用英语的双引号定义最多 254 个字符的字符串，只能将 V 或 VB 地址用于字符串分配。下面是一些例子。

| | | |
|---|---|---|
| VW0 | 'AB', '1C' | //字符常量 |
| VB10 | 'ABCDE', 'BCS' | //较长的字符常量和 3 个字符的常量 |
| V20 | "ABCD", "moning" | //字符串常量，第一个字节是字符串长度 |

（3）程序编辑器中字符和字符串的表示方法

在程序编辑器中输入字符常量时，用英语的单引号将字节、字或双字存储器中的 ASCII 字符常量括起来，例如'A'、'AB'和'AB12'。不能使用 3 个字符或大于 4 个字符的常量。

输入常数字符串参数时，用英语的双引号将最多 126 个 ASCII 字符常量括起来。有效的地址为 VB。

**2．字符、字符串与数据转换指令**

字符、字符串与数据转换指令见表 6-17。详细的使用方法见系统手册或在线帮助。本节的程序见附录 D 例程清单中的例程"字符串指令"。

表 6-17　字符、字符串与数据转换指令

| 梯形图 | 语句表 | 描　述 | 梯形图 | 语句表 | 描　述 |
|---|---|---|---|---|---|
| ATH | ATH IN, OUT, LEN | ASCII 码→十六进制数 | I_S | ITS IN, OUT, FMT | 整数→字符串 |
| HTA | HTA IN, OUT, LEN | 十六进制数→ASCII 码 | DI_S | DTS IN, OUT, FMT | 双整数→字符串 |
| ITA | ITA IN, OUT, FMT | 整数→ASCII 码 | R_S | RTS IN, OUT, FMT | 实数→字符串 |
| DTA | DTA IN, OUT, FMT | 双整数→ASCII 码 | S_I | STI IN, INDX,OUT | 子字符串→整数 |
| RTA | RTA IN, OUT, FMT | 实数→ASCII 码 | S_DI | STD IN, INDX,OUT | 子字符串→双整数 |
| — | | | S_R | STR IN, INDX,OUT | 子字符串→实数 |

**3．复制、连接字符串和求字符串长度指令**

求字符串长度指令 SLEN（见表 6-18）返回输入参数 IN 指定的字符串的长度值，输出参数 OUT 的数据类型为 BYTE。该指令不能用于中文字符。

表 6-18　字符串指令

| 梯形图 | 语句表 | 描　述 | 梯形图 | 语句表 | 描　述 |
|--------|--------|--------|--------|--------|--------|
| STR_LEN | SLEN　IN, OUT | 求字符串长度 | SSTR_CPY | SSCPY　IN, INDX, N, OUT | 复制子字符串 |
| STR_CPY | SCPY　IN, OUT | 复制字符串 | STR_FIND | SFND　IN1, IN2, OUT | 搜索字符串 |
| STR_CAT | SCAT　IN, OUT | 字符串连接 | CHR_FIND | CFND　IN1, IN2, OUT | 搜索字符 |

字符串复制指令 SCPY 将参数 IN 指定的字符串复制到 OUT 指定的字符串中。

字符串连接指令（SCAT）将参数 IN 指定的字符串附加到 OUT 指定的字符串的后面。

【例 6-14】　字符串指令应用举例。

```
LD      I0.3
SCPY    "HELLO ", VB70        //将字符串"HELLO "复制到 VB70 开始的存储区中
SCAT    "WORLD", VB70         //将字符串"WORLD"附到 VB70 开始的字符串的后面
SLEN    VB70, VB82           //求 VB70 开始的字符串的长度
```

执行完 SCAT 指令后，VB70 开始的字符串为"HELLO WORLD"。VB70 中是字符串的长度 11（十六进制数 16#0b），因为它是特殊字符，所以在状态表中显示的 VB70 中的字符为'$0b'（见图 6-47）。VB82 中是执行 SLEN 指令后得到的字符串长度 11。

**4. 从字符串中复制子字符串指令**

执行完例 6-14 中的程序后，图 6-48 中的 SSTR_CPY 指令从 INDX 指定的第 7 个字符开始，将 IN 指定的字符串"HELLO WORLD"中的 5 个字符'WORLD'复制到 OUT 指定的 VB83 开始的新字符串中，OUT 的数据类型为字节。

**5. 字符串搜索指令**

STR_FIND 指令（见图 6-48）在 IN1 指定的字符串"HELLO WORLD"中，搜索 IN2 指定的字符串"WORLD"，如果找到了与字符串 IN2 完全匹配的一段字符，用 OUT 指定的地址 VB89 保存字符'WORLD'的首个字符'W'在字符串 IN1 中的位置。VB89 的初始值为 1 表示从第一个字符开始搜索。如果没有找到，OUT 被清零。

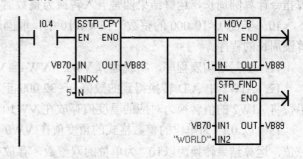

| | 地址 | 格式 | 当前值 |
|----|------|------|--------|
| 18 | VD70 | ASCII | '$0bHEL' |
| 19 | VD74 | ASCII | 'LO W' |
| 20 | VD78 | ASCII | 'ORLD' |
| 21 | VB82 | 无符号 | 11 |
| 22 | VD83 | ASCII | '$05WOR' |
| 23 | VW87 | ASCII | 'LD' |
| 24 | VB89 | 有符号 | +7 |

图 6-47　状态表　　　　　　　　　　图 6-48　字符串指令

**6. 字符搜索指令**

CHR_FIND 指令在字符串 IN1 中搜索字符串 IN2 包含的第一次出现的任意字符，用字节变量 OUT 的初始值指定搜索的起始位置。如果找到了匹配的字符，字符的位置被写入 OUT 中；如果没有找到，OUT 被清零。

## 6.9 习题

**1. 填空**

1）如果方框指令的 EN 输入端有能流流入且执行时无错误，则 ENO 输出端_____。

2）字符串比较指令的比较条件只有_____和_____。

3）主程序调用的子程序最多嵌套____层，中断程序调用的子程序_____嵌套。

4）VB0 的值为 2#1011 0110，将 VB2 循环右移两位，然后左移 4 位后为 2#_____。

5）用读取实时时钟指令 TODR 读取的日期和时间的数制为_____。

6）执行"JMP 2"指令的条件_____时，将不执行该指令和_____指令之间的指令。

7）在主程序和中断程序的变量表中只有_____变量。

8）S7-200 有___个高速计数器，可以设置___种不同的工作模式。

9）HSC0 的模式 3 的时钟脉冲输入为 I____，用 I_____控制方向。

2．在 MW4 小于等于 1 247 时，将 M0.1 置位为 ON，反之将 M0.1 复位为 OFF。用比较指令设计出满足要求的程序。

3．编写程序，在 I0.0 的上升沿将 VW10～VW58 清零。

4．字节交换指令 SWAP 为什么必须采用脉冲执行方式？

5．用 I0.0 控制接在 QB0 上的 8 个彩灯是否移位，每 2s 移 1 位。用 I0.1 控制左移或右移，首次扫描时将彩灯的初始值设置为 16#0E（仅 Q0.1～Q0.3 为 ON），设计出梯形图程序。

6．用 I1.0 控制接在 QB0 上的 8 个彩灯是否移位，每 2s 左移 1 位。用 IB0 设置彩灯的初始值，在 I1.1 的上升沿将 IB0 的值传送到 QB0 中，设计出梯形图程序。

7．用实时时钟指令设计控制路灯的程序，20：00 时开灯，06：00 时关灯。

8．用实时时钟指令设计控制路灯的程序，在 5 月 1 日～10 月 31 日的 20：00 开灯，06：00 关灯；在 11 月 1 日～下一年 4 月 30 号的 19：00 开灯，7：00 关灯。

9．半径（<10 000 的整数）在 VW10 中，取圆周率为 3.141 6。编写程序，用浮点数运算指令计算圆周长，运算结果四舍五入转换为整数后，存放在 VW20 中。

10．半径（<10 000 的整数）在 VW10 中，取圆周率为 3.141 6。用整数运算指令编写计算圆周长的程序。

11．编写语句表程序，实现运算 VW2 - VW4 = VW6。

12．AIW2 中 A/D 转换得到的数值 0～32 000 正比于温度值 0～1 200℃。在 I0.0 的上升沿，将 AIW2 的值转换为对应的温度值存放在 VW10 中，设计出梯形图程序。

13．以 0.1° 为单位的整数格式的角度值在 VW0 中，在 I0.0 的上升沿，求出该角度的正弦值，运算结果转换为以 $10^{-6}$ 为单位的双整数，存放在 VD2 中，设计出程序。

14．编写程序，用 WAND_W 指令将 VW0 的最低 4 位清零，其余各位保持不变，运算结果用 VW2 保存。

15．编写程序，用 WOR_B 指令将 Q0.2、Q0.5 和 Q0.7 置为 ON，QB0 其余各位保持不变。

16．编写程序，用字节逻辑运算指令，将 VB0 的高 4 位置为 2#1001，低 4 位不变。

17．编写程序，如果前后两个扫描周期 VW4 的值不变，则将 M0.2 复位，反之将 M0.2 置位。

18．设计循环程序，求 VD20 开始连续存放的 5 个浮点数的平均值。

19．在 I0.0 的上升沿，用循环程序求 VW100～VW108 的累加和。为了防止溢出，将被累加的整数转换为双整数后再累加。用 VD10 保存累加和。

20．编写程序，求出 VW10～VW28 中最大的数，存放在 VW30 中。

21．用子程序调用编写图 4-5 中两条运输带的控制程序，分别设置自动程序和手动程序，用 I0.4 作为自动/手动切换开关。手动时用 I0.0 和 I0.1 对应的按钮分别点动控制两条运输带。

22．设计程序，用子程序求圆的面积，输入参数为直径（小于 32 767 的整数），输出量为圆的面积（双整数）。在 I0.0 的上升沿调用该子程序，直径为 10 000mm，运算结果用 VD10 存放。

23．用定时中断，每 1s 将 VW8 的值加 1，在 I0.0 的上升沿禁止该定时中断，在 I0.2 的上升沿重新启用该定时中断。设计出主程序和中断子程序。

24．第一次扫描时将 VB0 清零，用定时中断 0，每 100ms 将 VB0 加 1，VB0 等于 100 时关闭定时中断，并将 Q0.0 立即置 1。设计出主程序和中断子程序。

16. ……FR12，H VW20 …，得到要显示的5个数字 VW……存储器……

19. ……I0.0 为1时，启动脉冲序列，VW00、VW02、VW04 依次……2s，……
……将脉冲数发送到及指定的地址。H VW00……1s的……
20

1，用……计数器……

1，H I0.0 为……对 VB12 中……10.0 为1，……指令将常数……至……

# 第 7 章　PLC 的通信与自动化通信网络

## 7.1　计算机通信概述

### 7.1.1　串行通信的基本概念

目前各式各样的可编程设备（例如工业控制计算机、PLC、变频器、机器人和数控系统等）已经被广泛使用。将这些由不同厂家生产的设备连接在网络中，相互之间进行数据通信，实现集中管理和分散控制，是计算机控制系统发展的大趋势。因此，有必要了解有关工厂自动化通信网络和 PLC 通信方面的知识。

**1. 并行通信与串行通信**

并行数据通信（简称为并行通信）是以字节或字为单位的数据传输方式，其传输线根数多，目前已经很少使用。串行数据通信（简称为串行通信）是以二进制的位（bit）为单位的数据传输方式，每次只传送一位。串行通信需要的信号线少，最少的只需要两根线（双绞线），传输线既作为数据线又作为通信联络控制线，数据按位进行传送。串行通信适用于距离较远的场合，工业控制一般使用串行通信。计算机和 PLC 都有通用的串行通信端口，例如 RS-232C 和 RS-485 端口。

**2. 异步通信与同步通信**

在串行通信中，接收方和发送方的传输速率应相同，但是实际的发送速率与接收速率之间总是有一些微小的差别。如果不采取措施，在连续传送大量的信息时，将会因为积累误差而造成错位，使接收方收到错误的信息。为了解决这一问题，需要使发送过程和接收过程同步。按同步方式的不同，串行通信分为异步通信和同步通信。

图 7-1 是异步通信的字符信息格式。发送的字符由一个起始位、7~8 个数据位、一个奇偶校验位（可以没有）、一个或两个停止位组成。在通信开始之前，通信的双方需要对所采用的信息格式和数据的传输速率作相同的约定。接收方检测到停止

图 7-1　异步通信的字符信息格式

位和起始位之间的下降沿后，将它作为接收的起始点，在每一位的中点接收信息。一个字符信息格式仅有十来位，即使发送方和接收方的收、发频率略有不同，也不会因两台设备之间的时钟脉冲周期的积累误差而导致收、发错位。异步通信传送的附加的非有效信息较多，传输效率较低。

同步通信以字节为单位（一个字节由 8 位二进制数组成），每次传送 1~2 个同步字符、若干个数据字节和校验字符。同步字符起联络作用，用它来通知接收方开始接收数据。在同步通信中，发送方和接收方应使用同一个时钟脉冲。可以通过调制解调方式在数据流中提取

出同步信号，使接收方得到与发送方完全相同的接收时钟信号。

### 3．单工与双工通信方式

单工通信方式只能沿单一方向发送或接收数据。双工方式的数据可以沿两个方向传送，每一个站既可以发送数据，也可以接收数据。可将双工方式分为全双工方式和半双工方式。

全双工方式数据的发送和接收分别使用两组不同的数据线，通信的双方都能在同一时刻接收和发送信息，其示意图如图7-2所示。

半双工方式用同一组线（例如双绞线）接收和发送数据，通信的某一方在同一时刻只能发送数据或接收数据，其示意图如图7-3所示。

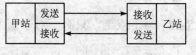

图7-2　全双工方式示意图

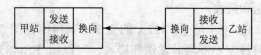

图7-3　半双工方式示意图

在串行通信中，传输速率（又称为波特率）的单位为 bit/s，即每秒传送的二进制位数。常用的标准波特率为（300～38 400）bit/s 等。不同的串行通信网络的传输速率差别极大，有的只有数百 bit/s，高速串行通信的传输速率可达 10Gbit/s。

## 7.1.2　串行通信的端口标准

### 1．RS-232C

RS-232C 是美国 EIC（电子工业联合会）在 1969 年公布的通信协议，目前已基本上被 USB 取代。工业控制中 RS-232C 一般使用 9 针连接器。

RS-232C 采用负逻辑，用-15～-5V 表示逻辑"1"状态，用+5～+15V 表示逻辑"0"状态，最大通信距离为 15m，最高传输速率为 20kbit/s，只能进行一对一的通信。通信距离较近时，通信双方可以直接连接，最简单的情况是不需要控制联络信号，只需要发送线、接收线和信号地线（见图7-4），便可以实现全双工通信。

RS-232C 使用的单端驱动、单端接收电路如图7-5所示，这是一种共地的传输方式，容易受到公共地线上的电位差和外部引入的干扰信号的影响。

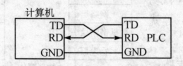

图7-4　RS-232C 的信号线连接

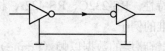

图7-5　单端驱动、单端接收电路

### 2．RS-422 与 RS-485

RS-422A 采用平衡驱动、差分接收电路（见图 7-6），利用两根导线间的电位差传输信号。这两根导线称为 A（TXD/RXD-）和 B（TXD/RXD+）。当 B 的电压比 A 高时，认为传输的是逻辑"高"电平信号；当 B 的电压比 A 低时，认为传输的是逻辑"低"电平信号。能够有效工作的差动电压范围十分宽广，从零点几伏

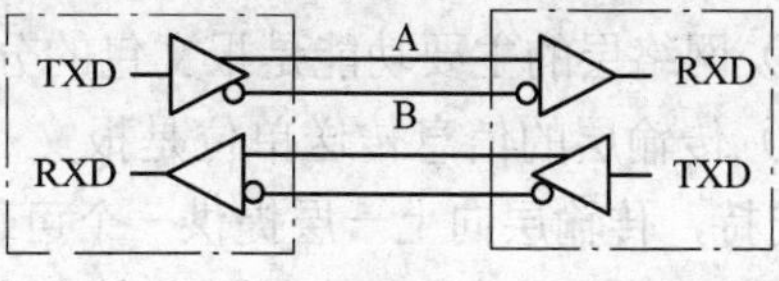

图7-6　RS-422A 平衡驱动、差分接收电路

到接近 10V。

平衡驱动器有一个输入信号，两个输出信号互为反相信号，图中的小圆圈表示反相。外部输入的干扰信号主要以共模方式出现，两根传输线上的共模干扰信号相同。因为接收器是差分输入，所以共模信号被互相抵消。只要接收器有足够的抗共模干扰能力，就能从干扰信号中识别出驱动器输出的有用信号，从而克服外部干扰的影响。

RS-422 在最大传输速率 10Mbit/s 时，允许的最大通信距离为 12m；传输速率为 100kbit/s 时，最大通信距离为 1 200m。一台驱动器可以连接 10 台接收器。

RS-422A 是全双工，用 4 根导线传送数据（见图 7-6），两对平衡差分信号线分别用于发送和接收。

RS-485 是 RS-422A 的变形（其网络见图 7-7），RS-485 为半双工，只有一对平衡差分信号线，不能同时发送和接收。可以用 RS-485 通信端口和双绞线组成串行通信网络，构成分布式系统。

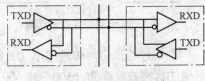

在 S7-200 CPU 联网时，应将所有 CPU 模块输出的 DC 24V 传感器电源的 M 端子用导线连接起来。M 端子实际上是 A、B 线信号的 0V 参考点。

图 7-7  RS-485 网络

## 7.2  计算机通信的国际标准

### 7.2.1  开放系统互连模型

如果没有计算机网络通信标准，不可能实现不同厂家生产的智能设备之间的通信。

国际标准化组织（ISO）提出了开放系统互连模型（OSI），作为通信网络国际标准化的参考模型，它详细描述了软件功能的 7 个层次（见图 7-8）。

1）物理层的下面是物理媒体，例如双绞线、同轴电缆和光纤等。物理层为用户提供建立、保持和断开物理连接的功能，定义了传输媒体端口的机械、电气、功能和规程的特性。RS-232C、RS-422A 和 RS-485 等就是物理层标准的例子。

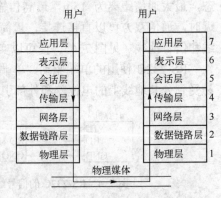

图 7-8  开放系统互连模型示意图

2）数据链路层的数据以帧（Frame）为单位传送，每一帧包含一定数量的数据和必要的控制信息，例如同步信息、地址信息和流量控制信息，通过校验、确认和要求重发等方法实现差错控制。数据链路层负责在两个相邻节点间的链路上实现差错控制、数据成帧和同步控制等。

3）网络层的主要功能是报文包的分段、报文包阻塞的处理和通信子网中路径的选择。

4）传输层的信息传送单位是报文（Message），它的主要功能是流量控制、差错控制、连接支持，传输层向上一层提供一个可靠的端到端（End-to-End）的数据传送服务。

5）会话层的功能是支持通信管理和实现与最终用户应用进程之间的同步，按正确的顺序收、发数据，进行各种对话。

6）表示层用于应用层信息内容的形式变换，例如数据加密/解密、信息压缩/解压和数据兼容，把应用层提供的信息变成能够共同理解的形式。

7）应用层是 OSI 的最高层，为用户的应用服务提供信息交换，为应用接口提供操作标准。

不是所有的通信协议都需要 OSI 模型中的全部 7 层，有的现场总线通信协议只有 7 层模型中的第 1、第 2 和第 7 层。

## 7.2.2  IEEE 802 通信标准

在通信网络中，允许一个站发送，多个站接收，这种通信方式称为广播方式。

计算机以方波的形式将数据发送到通信线上，两个站或多个站同时向通信线发送数据时，由于各个站发送的数据并不同步，通信线上出现的将会是乱七八糟的波形，因此数据通信的首要问题就是要避免两个站或多个站同时发送数据。

如果通信网络中的站点比较少，对通信的快速性要求不是太高，可以采用主从通信方式。主从通信网络只有一个主站，其他的站都是从站。只有主站才有权主动发送请求报文（或称为请求帧），从站收到后才能向主站返回响应报文。如果有多个从站，主站按事先设置好的轮询表的顺序向从站轮流发送请求报文，每个从站在轮询表中至少要出现一次，对实时性要求较高的从站可以在轮询表中出现几次。

国际电工与电子工程师学会（IEEE）的 802 委员会于 1982 年颁布了一系列计算机局域网分层通信协议标准草案，总称为 IEEE 802 标准。它把 OSI 参考模型的底部两层分解为逻辑链路控制层（LLC）、媒体访问层（MAC）和物理传输层。前两层对应于 OSI 模型中的数据链路层，数据链路层是一条链路（Link）两端的两台设备进行通信时共同遵守的规则和约定。

IEEE 802 的媒体访问控制层对应于 3 种当时已建立的标准，即带冲突检测的载波侦听多路访问（CSMA/CD）协议、令牌总线（Token Bus）和令牌环（Token Ring）。下面分别予以介绍。

（1）CSMA/CD

CSMA/CD 通信协议的基础是 Xerox 等公司研制的以太网（Ethernet）。早期的 IEEE 802.3 标准规定的波特率为 10Mbit/s，后来先后发布了 100Mbit/s 的快速以太网 IEEE 802.3u、1 000Mbit/s 的千兆位以太网 IEEE 802.3z 以及 10 000Mbit/s 的 IEEE 802ae。

CSMA/CD 各站共享一条广播式的传输总线，每个站都是平等的，采用竞争方式发送信息到传输线上。也就是说，任何一个站都可以随时发送广播报文，并被其他各站接收。某个站识别到报文上的接收站名与本站的站名相同时，便将报文接收下来。由于没有专门的控制站，所以两个或多个站可能因为同时发送报文而产生冲突，造成报文作废。

为了防止冲突，发送站在发送报文之前，先监听一下总线是否空闲，如果空闲，则发送报文到总线上，称之为"先听后讲"。但是这样做仍然有产生冲突的可能，这是因为从组织报文到报文在总线上传输需要一段时间，在这段时间内，另一个站通过监听也可能会认为总线空闲，并发送报文到总线上，这样就会因为两个站同时发送而产生冲突。

为了解决这一问题，在发送报文开始的一段时间内，继续监听总线，采用边发送、边接收的办法，把接收到的数据与本站发送的数据相比较，若相同，则继续发送，这称为"边听边讲"；若不相同，则说明发生了冲突，立即停止发送报文，并发送一段简短的冲突标志

（阻塞码序列）来通知总线上的其他站点。为了避免产生冲突的站同时重发它们的帧，采用专门的算法来计算重发的延迟时间。通常把这种"先听后讲"与"边听边讲"相结合的方法称为带冲突检测的载波侦听多路访问技术（CSMA/CD），其控制策略是竞争发送、广播式传送、载体监听、冲突检测、冲突后退和再试发送。

以太网首先在个人计算机网络系统（例如办公自动化系统和管理信息系统）中得到了极为广泛的应用。在以太网发展的初期，通信速率较低。如果网络中的设备较多，信息交换比较频繁，可能会经常出现竞争和冲突，从而影响信息传输的实时性。随着以太网传输速率的提高 100Mbit/s 或 1 000Mbit/s 和采用了相应的措施，这一问题已经得到解决。以太网在工业控制中得到了广泛的应用，大型工业控制系统最上层的网络几乎全部采用以太网，以太网也越来越多地在底层网络使用。使用以太网很容易实现管理网络和控制网络的一体化。

（2）令牌总线

IEEE 802 标准中的工厂媒体访问技术是令牌总线，其编号为 802.4。

在令牌总线中，媒体访问控制是通过传递一种称为令牌的控制帧来实现的。按照逻辑顺序，令牌从一个装置传递到另一个装置，传递到最后一个装置后，再传递给第一个装置，如此周而复始，形成一个逻辑环。令牌有"空"和"忙"两种状态，令牌网开始运行时，由指定的站产生一个空令牌沿逻辑环传送。任何一个要发送报文的站都要等到令牌传给自己，判断为空令牌时才能发送报文。发送站首先把令牌置为"忙"，并写入要传送的报文、发送站名和接收站名，然后将载有报文的令牌送入环网传输。令牌沿环网循环一周后返回发送站时，如果报文已被接收站复制，则发送站将令牌置为"空"，送上环网继续传送，以供其他站使用。如果在传送过程中令牌丢失，则由监控站向网内注入一个新的令牌。

令牌传递式总线能在很重的负荷下提供实时同步操作，传输效率高，用于频繁、少量的数据传送，因此它最适合于需要进行实时通信的工业控制网络系统。

（3）令牌环

令牌环媒体访问方案是 IBM 公司开发的，有些类似于令牌总线。在令牌环上，最多只能有一个令牌绕环运动，不允许两个站同时发送数据。令牌环从本质上看是一种集中控制式的环，环上必须有一个中心控制站负责网络工作状态的检测和管理。

## 7.2.3 现场总线及其国际标准

### 1. 现场总线的定义

IEC 对现场总线（Fieldbus）的定义是，"安装在制造和过程区域的现场装置与控制室内的自动控制装置之间的数字式、串行、多点通信的数据总线称为现场总线"。现场总线以开放、独立的、全数字化的双向多变量通信代替 4～20mA 现场电动仪表信号。现场总线 I/O 集检测、数据处理、通信为一体，可以代替变送器、调节器和记录仪等模拟仪表，它不需要框架、机柜，可以直接安装在现场导轨槽上。现场总线 I/O 的接线极为简单，只需一根电缆，从主机开始，沿数据链从一个现场总线 I/O 连接到下一个现场总线 I/O。

使用现场总线后，可以节约配线、安装、调试和维护等方面的费用，现场总线 I/O 与 PLC 可以组成高性能价格比的集散控制系统（DCS）。通过现场总线，操作员可以在中央控制室实现远程监控，对现场设备进行参数调整和故障诊断。

## 2. IEC 61158

由于历史的原因，目前有多种现场总线标准并存，IEC 的现场总线国际标准（IEC 61158）在 1999 年底获得通过，2000 年又补充了两种类型。

为了满足实时性应用的需要，各大公司和标准化组织纷纷提出了各种提升工业以太网实时性的解决方案，从而产生了实时以太网（Real Time Ethernet, RTE）。2007 年 7 月出版的 IEC 61158 第 4 版的现场总线类型采纳了经过市场考验的 20 种现场总线（见表 7-1）。

表 7-1　IEC 61158 第 4 版的现场总线类型

| 类型 | 技 术 名 称 | 类型 | 技 术 名 称 |
|---|---|---|---|
| 类型 1 | TS61158 现场总线，原 IEC 技术报告 | 类型 11 | TC net 实时以太网 |
| 类型 2 | CIP 现场总线（美国 Rockwell 公司支持） | 类型 12 | Ether CAT 实时以太网 |
| 类型 3 | PROFIBUS 现场总线（西门子公司支持） | 类型 13 | Ethernet Powerlink 实时以太网 |
| 类型 4 | P-Net 现场总线（丹麦 Process Data 公司支持） | 类型 14 | EPA 实时以太网 |
| 类型 5 | FF HSE 高速以太网（美国 Rosemount 公司支持） | 类型 15 | Modbus RTPS 实时以太网 |
| 类型 6 | SwiftNet（波音公司支持，已被撤销） | 类型 16 | SERCOS Ⅰ、Ⅱ现场总线 |
| 类型 7 | WorldFIP 现场总线（法国 Alstom 公司支持） | 类型 17 | VNET/IP 实时以太网 |
| 类型 8 | Interbus 现场总线（德国 Phoenix contact 公司支持） | 类型 18 | CC-Link 现场总线 |
| 类型 9 | FF H1 现场总线（美国 Rosemount 公司支持） | 类型 19 | SERCOS Ⅲ实时以太网 |
| 类型 10 | PROFINET 实时以太网（西门子公司支持） | 类型 20 | HART 现场总线 |

其中的类型 1 是原 IEC 61158 第 1 版技术规范的内容，类型 2 CIP 包括 DeviceNet、ControlNet 和实时以太网 Ethernet/IP。类型 6（SwiftNet）因为市场应用很不理想，已被撤销。

用于工厂自动化的以太网（EPA）是我国拥有自主知识产权的实时以太网通信标准，已被列为现场总线国际标准 IEC 61158 第 4 版的类型 14。

## 3. IEC 62026

IEC 62026 是供低压开关设备与控制设备使用的控制器电气接口标准，于 2000 年 6 月通过。它包括：

IEC 62026-1：一般要求。

IEC 62026-2：执行器传感器接口 AS-i（西门子公司支持）。

IEC 62026-3：设备网络 DN（美国 Rockwell 公司支持）。

IEC 62026-4：Lonworks 总线的通信协议 LonTalk，已取消。

IEC 62026-5：智能分布式系统 SDS（美国 Honeywell 公司支持）。

IEC 62026-6：串行多路控制总线 SMCB（美国 Honeywell 公司支持）。

# 7.3　西门子的工业自动化通信网络

PLC 的通信包括 PLC 之间、PLC 与上位计算机之间以及 PLC 与其他智能设备之间的通信。西门子的 PLC 可以通过集成的通信端口或通过通信处理器，与计算机和其他智能设备通信。它们可以组成网络，构成集中管理的分布式控制系统。

### 1．工业以太网

西门子工业自动化通信网络（见图 7-9）的顶层为工业以太网，它是基于国际标准 IEEE 802.3 的开放式网络。以太网可以实现管理-控制网络的一体化，通过广域网（例如 ISDN 或 Internet）可以实现全球性的远程通信。以太网的网络规模可达 1024 站，距离可达 1.5km（电气网络）或 200km（光纤网络）。S7-200 通过以太网模块 CP 243-1 或互联网模块 CP 243-1 IT 接入以太网。

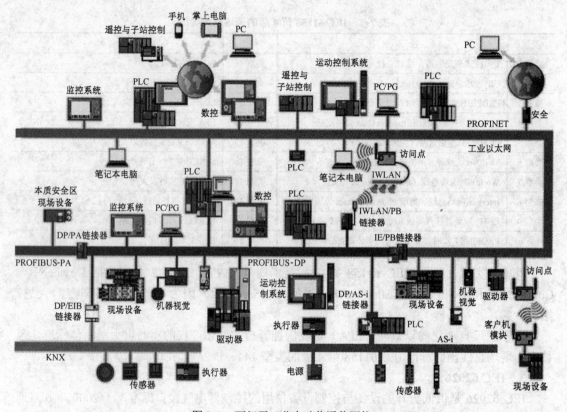

图 7-9　西门子工业自动化通信网络

西门子的 PROFINET 是基于工业以太网的现场总线国际标准，其实时通信功能的响应时间约为 10ms。其同步实时功能用于高性能的同步运动控制，响应时间小于 1ms。

### 2．PROFIBUS

西门子通信网络的中间层为工业现场总线 PROFIBUS，它已被纳入现场总线的国际标准 IEC 61158。它用于车间级和现场级，传输速率最高为 12Mbit/s，响应时间的典型值为 1ms，使用屏蔽双绞线电缆最长为 9.6km，使用光缆最长为 90km，最多可以接 127 个从站。

PROFIBUS 提供了下列 3 种通信协议。

1）PROFIBUS-DP（分布式外部设备）特别适合于 PLC 与现场级分布式 I/O 设备之间的通信。S7-200 通过 PROFIBUS-DP 从站模块 EM 277 连接到 PROFIBUS-DP 网络。

2）PROFIBUS-PA（过程自动化）可以用于防爆区域的现场传感器和执行器的低速数据传输。PROFIIBUS-PA 使用屏蔽双绞线电缆，由总线提供电源。

3）PROFIBUS-FMS（现场总线报文规范）已基本上被以太网取代，现在很少使用。

### 3. AS-i 网络

西门子通信网络的底层包括 AS-i 和 KNX，后者是楼宇系统技术的通用总线。

AS-i 是执行器-传感器接口（Actuator Sensor Interface）的简称，是传感器和执行器通信的国际标准（IEC 62026-2），响应时间小于 5ms，使用屏蔽的或非屏蔽的双绞线，由总线提供电源。

AS-i 属于主从式网络，每个网段只有一个主站。AS-i 所有分支电路的最大总长度为 100m，可以用中继器延长，最长通信距离为 300m。西门子提供多种多样的 AS-i 产品。

CP 243-2 是 S7-200 的 AS-i 主站通信处理器，最多可以连接 62 个 AS-i 从站。S7-200 可以接两个 CP 243-2，每个 CP 243-2 的 AS-i 网络最多 248 点数字量输入和 186 点数字量输出。

可以用 STEP 7-Micro/WIN 中的"AS-i 向导"对 AS-i 网络组态。基于 CP 243-2 的 AS-i 网络的组态与编程的方法见编者写的《西门子工业通信网络组态编程与故障诊断》一书。

## 7.4 S7-200 的通信概述

### 7.4.1 S7-200 的网络通信协议

S7-200 支持多种通信协议，点对点接口（PPI）、多点接口（MPI）和 PROFIBUS 协议的物理层均为 RS-485，只要波特率相同，这 3 种协议可以在网络中同时运行，不会相互干扰。一个网络最多有 127 个地址（0～126）和 32 个主站，网络中各设备的地址不能重叠。运行 STEP 7-Micro/WIN 的计算机的默认地址为 0，HMI（人机界面，例如触摸屏）的默认地址为 1，PLC 的默认地址为 2。

#### 1. 点对点接口协议（PPI）

PPI（Point-to-Point）是主/从协议，网络中的 S7-200 CPU 均为从站，其他 CPU、编程计算机或 HMI 为主站。PPI 协议用于 S7-200 CPU 与编程计算机之间、S7-200 CPU 之间、S7-200 CPU 与 HMI 之间的通信。

如果在用户程序中使能了 PPI 主站模式，S7-200 CPU 在 RUN 模式下可以作为主站，它们可以用网络读指令 NETR 和网络写指令 NETW 读/写其他 CPU 中的数据。S7-200 CPU 作为 PPI 主站时，还可以作为从站响应来自其他主站的通信申请。

#### 2. 多点接口协议（MPI）

MPI 是西门子公司的 PLC、HMI 和编程器通信端口使用的通信协议，用于建立小型通信网络。最多可以接 32 个站，一个网段的最长通信距离为 50m，可以用 RS-485 中继器扩展通信距离。

MPI 的通信速率为 19.2kbit/s～12Mbit/s。连接 S7-200 CPU 集成的通信口时，MPI 网络的最高速率为 187.5 kbit/s。如果要求波特率高于 187.5 kbit/s，S7-200 应通过 EM 277 模块连接网络，计算机应通过通信处理器卡（CP 卡）来连接网络。

MPI 允许主/主通信和主/从通信，S7-300/400 CPU 作为网络的主站，可以用 XGET/XPUT 指令来读/写 S7-200 的存储区。S7-200 CPU 只能作为从站，它不需要编写通信程序，通过指定的 V 存储区与 S7-300/400 交换数据。

**3．PROFIBUS 协议**

PROFIBUS-DP 协议通信主要用于分布式 I/O 设备（远程 I/O）的高速通信。S7-200 CPU 需要通过 EM 277 PROFIBUS-DP 从站模块接入 PROFIBUS 网络。主站初始化网络并核对网络中的从站设备是否与设置的相符。主站周期性地将输出数据写到从站，并读取从站的数据。

**4．TCP/IP**

S7-200 配备了以太网模块 CP 243-1 或互联网模块 CP-243-1 IT 后，支持 TCP/IP 以太网通信协议，计算机应安装以太网网卡。在安装了 STEP 7-Micro/WIN 之后，计算机上会有一个标准的浏览器，可以用它来访问 CP 243-1 IT 模块的主页。

**5．用户定义的协议（自由端口模式）**

在自由端口模式，由用户自定义与其他设备通信的协议。Modbus RTU 协议和与西门子变频器通信的 USS 协议，就是建立在自由端口模式基础上的通信协议。

自由端口模式通过使用接收中断、发送中断、字符中断、发送指令（XMT）和接收指令（RCV），实现 S7-200 CPU 的通信口与其他设备的通信。

## 7.4.2　S7-200 的通信功能简介

S7-200 的通信功能示意图如图 7-10 所示。

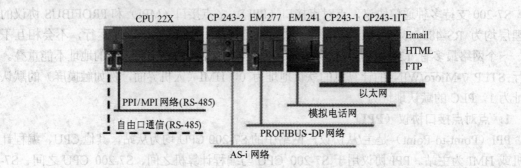

图 7-10　S7-200 的通信功能示意图

**1．西门子 PLC 之间的通信**

S7-200 之间可以通过 RS-485 端口、Modem 模块和 PPI 协议通信，或通过以太网和无线电通信。在 S7-200 和 S7-300/400 之间可以通过 PROFIBUS-DP、MPI、Modbus RTU 协议和 RS-485 端口通信，也可以通过以太网和无线电通信。

**2．S7-200 与西门子驱动装置之间的通信**

S7-200 与西门子 MicroMaster 系列和 V20 系列变频器之间可以使用指令库中的 USS 通信指令，简单方便地实现通信。在 S7-200 和 V20 之间，还可以使用 Modbus RTU 协议通信。

**3．S7-200 与第三方设备之间的通信**

如果对方支持，可以采用 PROFIBUS-DP 或 Modbus RTU 协议通信，或采用自由端口模式，使用自定义协议，与第三方的人机界面、PLC、变频器、串行打印机和仪表等通信。如果对方是 RS-485 端口，可以直接连接；如果对方是 RS-232 端口，需要用硬件进行转换。

162

### 7.4.3 S7-200 的串行通信网络

#### 1. 网络中继器

中继器（见图 7-11）用来将网络分段，一个网络段最多有 32 个设备，使用中继器可以增加接入网络的设备。中继器还可以隔离不同的网络段，延长网络总的距离。网络增加一台中继器，可将网络再扩展 50m。如果两台相邻的中继器中间没有其他节点，波特率为 9 600bit/s 时，一个网络段最长距离为 1 000m（见表 7-2）。一个网络最多可以串联 9 个中继器，但是网络的总长度不能超过 9 600m。中继器为网络段提供偏置和终端匹配电阻。

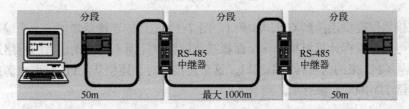

图 7-11　带中继器的 PPI 网络

表 7-2　网络电缆的最大长度

| 波特率 /（bit/s） | 非隔离的 CPU 端口 | 有中继器的 CPU 端口或 EM277/m | 波特率 /（bit/s） | 非隔离的 CPU 端口 | 有中继器的 CPU 端口或 EM277/m |
|---|---|---|---|---|---|
| 9.6~187.5k | 50m | 1000 | 1~1.5M | 不支持 | 200 |
| 500k | 不支持 | 400 | 3~12M | 不支持 | 100 |

#### 2. S7-200 CPU 通信端口的引脚分配

S7-200 CPU 上的 RS-485 通信口是 9 针 D 型连接器。表 7-3 给出了 S7-200 CPU 通信端口的引脚分配。

表 7-3　S7-200 CPU 通信端口的引脚分配

| 针 | PROFIBUS 名称 | 端口 0 / 端口 1 | 针 | PROFIBUS 名称 | 端口 0 / 端口 1 |
|---|---|---|---|---|---|
| 1 | 屏蔽 | 机壳接地 | 6 | +5V | +5V，100Ω 串联电阻 |
| 2 | 24V 返回 | 逻辑地（24V 公共端） | 7 | +24V | +24V |
| 3 | RS-485 信号 B | RS-485 信号 B | 8 | RS-485 信号 A | RS-485 信号 A |
| 4 | 发送申请 | RTS（TTL） | 9 | 不用 | 10 位协议选择 |
| 5 | 5V 返回 | 逻辑地（5V 公共端） | 连接器外壳 | 屏蔽 | 机壳接地 |

#### 3. 网络连接器和终端电阻

西门子的网络连接器用于把多个设备连接到网络中。两种连接器都有两组螺钉端子，用来连接网络的输入线和输出线。

两种网络连接器还有网络偏置和终端偏置的选择开关，该开关在 On 位置时的内部接线图如图 7-12 所示，在 Off 位置时未接终端电阻。应将网络终端处的连接器上的开关放在 On 位置，将网络中间的连接器上的开关放在 Off 位置（见图 7-13）。图 7-12 中 A、B 线之间是终端电阻，根据传输线理论，终端电阻可以吸

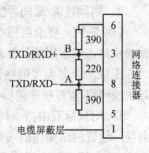

图 7-12　终端连接器接线图

收网络上的反射波，有效地增强信号强度。390Ω 的偏置电阻用于在电气情况复杂时确保
A、B 信号的相对关系，以保证 0、1 信号的可靠性。

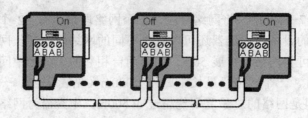

图 7-13　网络连接器

　　一种连接器仅提供连接到 CPU 的端口，图 7-13 左边的连接器增加了一个编程器端口。
这种连接器可以把编程计算机或操作员面板接到网络中，而不用改动现有的网络连接。编程
口连接器把从 CPU 来的信号传到编程口，这个连接器对于连接从 CPU 获取电源的设备（例
如文本显示器 TD 400C）很有用。

## 7.5　S7-200 的通信功能

### 7.5.1　网络读/写指令与 S7-200 CPU 之间的通信

#### 1. 网络读/写指令

　　网络读/写指令用于 S7-200 PLC 之间的通信。网络读指令 NETR（见表 7-4）初始化通
信操作，通过参数 PORT 指定的通信端口，根据参数 TBL 指定的表格中的参数，接收远程
设备的数据。网络写指令 NETW 初始化通信操作，通过 PORT 指定的端口，根据参数 TBL
指定的表格中的参数，向远程设备写入数据。

表 7-4　通信指令

| 梯形图 | 语　句　表 | | 描　述 | 梯形图 | 语　句　表 | | 描　述 |
|---|---|---|---|---|---|---|---|
| NETR | NETR | TBL, PORT | 网络读 | RCV | RCV | TBL, PORT | 接收 |
| NETW | NETW | TBL, PORT | 网络写 | GET_ADDR | GPA | ADDR, PORT | 读取口地址 |
| XMT | XMT | TBL, PORT | 发送 | SET_ADDR | SPA | ADDR, PORT | 设置口地址 |

　　NETR 和 NETW 指令分别可以读、写远程站点最多 16B 的数据。可以在程序中使用任意
条数的 NETR/NETW 指令，但是在任意时刻最多只能有 8 条 NETR/NETW 指令被同时激活。

#### 2. 用网络读/写向导生成网络读/写程序

　　【例 7-1】　要求用指令向导实现两台 S7-224 CPU 之间的数据通信，2 号站为主站，3 号
站为从站，编程用的计算机的站地址为 0。用指令向导实现上述网络的读、写功能。

　　生成一个名为"网络读/写指令通信主站"的项目（见同名例程）。下面是用网络读/写向
导生成网络读/写程序的操作过程。

　　1）用鼠标双击指令树的"向导"文件夹中的"NETR/NETW"，打开 NETR/NETW 指令
向导，设置网络操作的项数为 2。每一页的操作完成后单击"下一步"按钮。

　　2）在第 2 页选择使用 PLC 的通信端口 0，采用默认的子程序名称 NET_EXE。

3）在第 3 页（网络读/写操作第 1 项/共 2 项）采用默认的操作"NETR"（见图 7-14），从 3 号站读取 4B 的数据，本地和远程 PLC 的起始地址分别为 VB104 和 VB204。每次最多可读、写 16B。

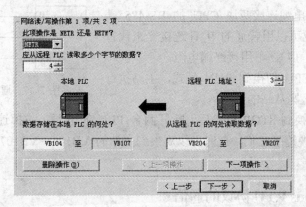

图 7-14　网络读/写向导

4）单击"下一项操作"按钮，在第 4 页（网络读/写操作第 2 项/共 2 项），设置操作为 NETW，将 4B 数据写入 3 号站，本地和远程 PLC 的起始地址分别为 VB100 和 VB200，数据传送示意图如图 7-15 所示。单击"下一步"按钮，进入第 5 页。

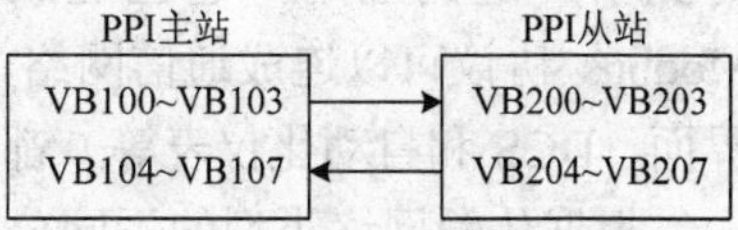

5）在第 5 页设置保存组态数据的 V 存储区的起始地址为 VB200。

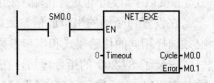

图 7-15　数据传送示意图

6）单击第 6 页的"完成"按钮，生成子程序 NET_EXE 以及名为 NET_SYMS 的符号表，它给出了操作 1 和操作 2 状态字节的地址和超时错误标志的地址。编译程序后，可以看到交叉引用表中向导使用的存储器。

**3．程序设计**

在 2 号站的主程序中，首次扫描时用指令 FILL_N 将 VB104～VB107 清 0。此外，调用指令树文件夹"\程序块\向导"中的 NET_EXE（见图 7-16），该子程序执行用 NETR/NETW 向导设置的网络读、写功能。INT 型参数"Timeout"（超时）为 0 表示不设置超时定时器，为 1～32 767 是以秒为单位的定时器时间。每次完成所有的网络操作时，都会切换 BOOL 变量"Cycle"（周期）的状态。BOOL 变量 "Error"（错误）为 0 时，表示没有错误；为 1 时，表示有错误，错误代码在 NETR/ NETW 的状态字节中。

图 7-16　调用子程序 NET_EXE

生成另一个名为"网络读/写指令通信从站"的项目（见同名例程），用系统块设置其通信端口的 PPI 站地址为 3，从站与主站通信的波特率相同。主程序在首次扫描时将主站要写入数据的 VB200～VB203 清 0。

**4．通信实验**

用状态表监控主站的 VB100～VB107 和从站的 VB200～VB207。将程序块和数据块下载到 2 号站（主站）的 CPU 模块。用状态表将要发送到从站的数据写入 VB100～VB103

（见图 7-15）中。两块 CPU 采用默认的设置，全部 V 区均被设置为有断电保持功能。

将系统块和程序块下载到从站后，站号起作用。用状态表将数据写入主站要读取的 VB204～VB207 中。

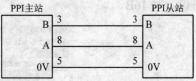

用 PROFIBUS 电缆连接两块 CPU 的 RS-485 端口。在做实验时，也可以用普通的 9 针连接器来代替网络连接器（见图 7-17），不用接终端电阻。

通电后将两块 CPU 切换到 RUN 模式，主站执行网络读/写指令，读、写从站的地址区。

图 7-17　通信的硬件接线图

将两块 CPU 切换到 STOP 模式后，断开两台 PLC 的电源，拔掉连接它们的通信线。先后用 USB/PPI 电缆连接它们，此时可以观察到主站的 VB104～VB107 和从站的 VB200～VB203 接收到的数据。

## 7.5.2　使用 Modbus RTU 协议的通信

### 1．Modbus 串行链路协议

Modbus 通信协议是 Modicon 公司提出的一种报文传输协议，Modbus 协议在工业控制中得到了广泛的应用，它已经成为一种通用的工业标准。不同厂商生产的控制设备通过 Modbus 协议可以连成通信网络，进行集中监控。许多工控产品（例如 PLC、变频器、人机界面、DCS 和自动化仪表等）都在广泛地使用 Modbus 协议。

根据传输网络类型的不同分为串行链路上的 Modbus 和基于 TCP/IP 协议的 Modbus。Modbus 串行通信可以使用 RS-485 端口，短距离点对点通信时也可以使用 RS-232C 端口。

Modbus 串行链路协议是主-从协议，总线中只有一个主站，最多可以有 247 个从站。主站发出带有从站地址的请求报文，指定的从站接收到后发出响应报文进行应答。从站没有收到来自主站的请求时，不会发送数据，从站之间也不会互相通信。

### 2．Modbus 的报文传输模式

Modbus 协议有 ASCII 和 RTU（远程终端单元）这两种报文传输模式，S7-200 采用 RTU 模式。报文以字节为单位进行传输，采用循环冗余校验（CRC）进行错误检查，报文最长为 256B。

在设置每个站的串口通信参数（波特率、校验方式等）时，Modbus 网络上所有的站都必须选择相同的传输模式和串口参数。

安装了 S7-200 的指令库后，在 STEP 7-Micro/WIN 指令树的"\指令\库"中，将会出现文件夹"Modbus Master Port 0"（Modbus 主站端口 0）、"Modbus Master Port 1"和"Modbus Slave Port 0"（Modbus 从站端口 0）。

### 3．基于 Modbus RTU 主站协议的通信

实际中使用得最多的是 PLC 作 Modbus RTU 主站，变频器、伺服驱动器、称重仪表、流量计、智能仪表和其他 PLC 等设备作 Modbus RTU 从站。

主站调用 MBUS_CTRL 指令，初始化 Modbus 通信。调用 MBUS_MSG 指令向从站发送请求消息和处理从站返回的响应消息。参考文献[7]给出了 S7-200 作 Modbus 主站、S7-200 或 V20 变频器作 Modbus 从站的通信的实现方法。

### 4．基于 Modbus RTU 从站协议的通信

Modbus 从站调用 MBUS_INIT 指令，启用、初始化或禁用 Modbus 通信。调用

MBUS_SLAVE 指令，处理来自 Modbus 主站的请求服务。

表 7-5 给出了 S7-200 支持的 Modbus 从站协议功能。参考文献[7]给出了 Modbus RTU 各通信功能的请求帧和响应帧的结构，以及 S7-200 作从站、计算机作主站的通信实例。

表 7-5    S7-200 支持的 Modbus 从站协议功能

| 功　能 | 描　述 |
|---|---|
| 1 | 读单个或多个线圈（数字量输出）的状态，返回任意数量输出点（Q）的 ON/OFF 状态 |
| 2 | 读单个或多个触点（数字量输入）的状态，返回任意数量输入点（I）的 ON/OFF 状态 |
| 3 | 读单个或多个以字为单位的保持寄存器，返回 V 存储区的内容。在一个请求中最多读 120 个字 |
| 4 | 读单个或多个模拟量输入寄存器，返回模拟量输入值 |
| 5 | 写单个线圈（数字量输出），将数字量输出置为指定的值，不是被强制，用户程序可以改写用 Modbus 请求写入的值 |
| 6 | 在 S7-200 的 V 存储区中写入单个保持寄存器的值 |
| 15 | 写多个线圈（数字量输出），将多个数字量输出值写入 Q 映象寄存器中。输出的起始点必须是一个字节的最低位（例如 Q0.0），写入的输出点数必须是 8 的整倍数。这些点不是被强制，用户程序可以改写 Modbus 请求写入的值 |
| 16 | 将多个保持寄存器的值写入 S7-200 的 V 存储区中，在一个请求中最多可以写 120 个字 |

## 7.5.3 使用自由端口模式的通信

自由端口模式为计算机或其他有串行通信端口的设备与 S7-200 CPU 之间的通信提供了一种廉价的和灵活的方法。在自由端口模式，CPU 的串行通信由用户程序控制，可以用接收完成中断、字符接收中断、发送完成中断、发送指令和接收指令来控制通信过程。

CPU 处于 STOP 模式时，自由端口模式被禁止，CPU 可以通过 PPI 协议与编程设备通信。只有当 CPU 处于 RUN 模式时，才能使用自由端口模式。

发送指令 XMT 启动自由端口模式下数据缓冲区（TBL）的数据发送。通过 PORT 指定的通信端口，发送存储在数据缓冲区中的信息。最多可以发送 255 个字符，发送结束时可以产生中断事件。

接收指令 RCV 初始化或中止接收信息的服务，最多可以接收 255 个字符。通过 PORT 指定的通信端口，接收的信息被存储在 TBL 指定的数据缓冲区中。在接收完最后一个字符（或每接收一个字符）时，可以产生一个中断。

为了避免通信中的各方争用通信线，一般采用主从方式，即计算机为主站，PLC 为从站，只有主站才有权主动发送请求报文，从站接收到后返回响应报文。

异或校验或求和校验是提高通信可靠性的重要措施之一，用得较多的是异或校验，即对每一帧中的第一个字符（不包括起始字符）到该帧中正文的最后一个字符作异或运算，并将异或运算的结果（异或校验码）作为报文的一部分发送到接收端。接收方计算出接收到的数据的异或校验码，并与发送方传送过来的校验码进行比较，如果不同，可以判定通信有误，要求重发（应限制重发的次数）。

参考文献[7]给出了使用接收完成中断和使用字符中断的自由端口模式通信的编程实例。

## 7.5.4 使用 USS 协议与变频器通信

变频器具有调节范围宽、精度高、工作可靠、效率高、操作方便、便于与其他设备接口和通信等优点。随着技术的发展和价格的降低，变频器在工业控制中的应用越来越广泛。

如果 PLC 通过通信来监控变频器，使用的接线少，传送的信息量大，可以连续地对多台变频器进行监视和控制。还可以通过通信修改变频器的参数，实现多台变频器的联动控制和同步控制。

USS 通信协议用于 S7 PLC 与西门子变频器之间的通信，编程的工作量很小。通信网络由 PLC 和变频器内置的 RS-485 通信端口和双绞线组成，一台 S7-200 CPU 最多可以监控 31 台变频器。这是一种硬件费用低、使用简便的通信方式。

在通信中，PLC 作为主站，变频器作为从站。主站才有权利发出通信请求报文，报文指定要传输数据的从站。从站只有在接收到主站的请求报文后才能向主站发送数据，从站之间不能直接进行信息交换。

在使用 Modbus 协议或 USS 协议之前，需要先安装西门子的指令库。USS_INIT 指令用于初始化或改变 USS 的通信参数，USS_CTRL 指令用于控制处于激活状态的变频器，每台变频器需要使用一条这样的指令。

此外，还有 3 条读取变频器参数的指令和 3 条改写变频器参数的指令，分别可以读、写一个无符号字、一个无符号双字或一个实数参数。

参考文献[7]给出了 S7-200 用 USS 协议监控 V20 变频器和读、写变频器参数的编程实例。

## 7.6 习题

1. 异步通信为什么需要设置起始位和停止位？
2. 什么是奇校验？
3. 什么是半双工通信方式？
4. RS-232C 和 RS-485 各有什么特点？
5. 什么是主从通信方式？
6. 简述以太网防止多站争用总线采取的控制策略。
7. 简述令牌总线防止多站争用总线采取的控制策略。
8. S7-200 支持哪些通信协议？
9. PROFIBUS 协议由哪 3 部分组成？
10. 简述异或校验的原理。
11. 终端电阻有什么作用？怎样设置网络连接器上的终端电阻开关？
12. 网络中继器有什么作用？
13. 用编程软件的指令向导中的 NETR/NETW 生成 2 号站的通信子程序，要求用 2 号站的 I0.0～I0.7 控制 3 号站的 Q0.0～Q0.7，用 3 号站的 I0.0～I0.7 控制 2 号站的 Q0.0～Q0.7。简述设置参数的过程。

# 第 8 章　PLC 应用中的一些问题

## 8.1　PLC 控制系统的可靠性措施

　　PLC 是专门为工业环境设计的控制装置，一般不需要采取什么特殊措施，就可以直接在工业环境中使用。但是如果环境过于恶劣，电磁干扰特别强烈，或者安装使用不当，都不能保证系统的正常安全运行。干扰可能使 PLC 接收到错误的信号，造成误动作，或使 PLC 内部的数据丢失，严重时甚至会使系统失控。在系统设计时，应采取相应的可靠性措施，消除或减少干扰的影响，以保证系统的正常运行。

　　实践表明，系统中 PLC 之外的部分（特别是机械限位开关和某些执行机构）的故障率，往往比 PLC 本身的故障率高得多，因此在设计时只有采取相应的措施（例如用可靠性高的接近开关代替机械限位开关），才能保证整个系统的可靠性。

### 8.1.1　输入/输出的抗干扰措施

#### 1. 电源的抗干扰措施

　　电源是干扰进入 PLC 的主要途径之一。电源干扰主要是通过供电线路的分布电容和分布电感的耦合产生的，各种大功率用电设备是主要的干扰源。

　　在干扰较强或对可靠性要求很高的场合，可以在 PLC 的交流电源输入端加接带屏蔽层的隔离变压器和低通滤波器。可以在互联网上搜索和选用电源滤波器或净化电源产品。

　　隔离变压器可以抑制从电源线窜入的外来干扰，提高抗高频共模干扰能力。高频干扰信号不是通过变压器绕组的耦合，而是通过初级、次级绕组间的分布电容传递的。在初级、次级绕组之间加绕屏蔽层，并将它和铁心一起接地，可以减少绕组间的分布电容，提高抗高频干扰的能力。

#### 2. 布线的抗干扰措施

　　数字量信号传输距离较远时，可以选用屏蔽电缆。对模拟量信号和高速脉冲信号（例如旋转编码器提供的脉冲信号）应选择屏蔽电缆，通信电缆应按规定选型。S7-200 的交流电源线与 I/O 点之间的隔离电压为 AC 1 500V，可以作为交流线与低压电路之间的安全隔离。

　　PLC 应远离强干扰源，例如大功率晶闸管装置、变频器、高频焊机和大型动力设备等。不能将 PLC 与高压电器安装在同一个开关柜内，在柜内 PLC 应远离动力线，二者之间的距离应大于 200mm。应将不同类型的导线分别装入不同的电缆管或电缆槽中，并使其有尽可能大的空间距离。I/O 线与电源线应分开走线，避免将低压信号线和通信电缆、交流线路和快速切换的直流线路敷设在同一个接线槽内。应为可能遭雷电冲击的线路安装合适的浪涌抑制设备。干扰较严重时，也应设置浪涌抑制设备。

　　将信号线与它的返回线绞合在一起，能减小感性耦合引起的干扰。绞合越靠近端子越好。一般情况下，应将屏蔽电缆的屏蔽层两端接金属机壳，并确保大面积接触金属表面，以便能承受高频干扰。在极少数情况下，也可以只对一端的屏蔽层接地。例如，对于模拟量输入模块的传感器使用的屏蔽双绞线电缆，可以只将传感器侧的电缆屏蔽层接到电气参考地上。

CPU 直流电源的 0V 是供电电路的参考点。将相距较远的非隔离的参考点连接在一起时，由于各参考点的电位不同，可能出现预想不到的电流，导致逻辑错误或损坏设备。应确保需要用通信电缆连接的所有设备或者共享一个共同的参考点，或者进行隔离，以防止不必要的电流。将几个具有不同地电位的 CPU 连到一个 PPI 通信网络时，应使用隔离的 RS-485 中继器。每一个网段的最大长度与使用的波特率以及是否隔离都有关系（见表 7-2）。

### 3. PLC 的接地

控制设备具有以下两种地。

1）安全保护地（或称为电磁兼容性地）。车间里一般有保护接地网络。为了保证操作人员的安全，应将电动机的外壳和控制屏的金属屏体连接到安全保护地上。必须将 CPU 模块上的 PE（保护接地）端子连接到大地或者柜体上。

2）信号地（或称为控制地、仪表地）。它是电子设备的电位参考点。例如，应将 CPU 模块的传感器电源输出端子中的 M 端子接到信号地上。PLC 与变频器通信时，应将 PLC 的 RS-485 端口的第 5 脚（5V 电源的负极）与变频器的模拟量输入信号的 0V 端子连接到信号地上。

控制系统中所有的控制设备需要接信号地的端子应保证一点接地。首先以控制屏为单位，将屏内各设备需要接信号地的端子连接到一起，然后用规定面积的导线将各个屏的信号地端子连接到接地网络的某一点上。信号地最好采用单独的接地装置。

如果将各控制屏或设备的信号地就近连接到当地的安全保护地网络上，强电设备的接地电流可能在两个接地点之间产生较大的电位差，干扰控制系统的工作，严重时可能烧毁设备。有不少企业因为在车间烧电焊，烧毁了控制设备的通信端口和通信设备。电焊机的二次电压很低，但是焊接电流很大。焊接线的"地线"一般搭在与保护接地网络连接的设备的金属构件上。如果电焊机接地线的接地点离焊接点较远，焊接电流通过保护接地网络形成回路。如果各设备的信号地不是一点接地，而是就近接到安全保护地网络上，焊接电流有可能窜入通信网络，烧毁设备的通信端口或通信模块。

### 4. 模拟量信号的处理

应将数字量、模拟量 I/O 线分开敷设，后者应采用屏蔽线。对交流信号与直流信号应分别使用不同的电缆，如果不得已要在同一线槽中布线，应使用屏蔽电缆。模拟量信号的传输线应使用双屏蔽的双绞线（每对双绞线和整个电缆都有屏蔽层）。应对不同的模拟量信号线独立走线，使它们有各自的屏蔽层，以减少线间的耦合。不要把不同的模拟量信号置于同一个公共返回线。

如果模拟量输入/输出信号距离 PLC 较远，应采用 4~20mA 的电流传输方式，而不是采用易受干扰的电压传输方式。在干扰较强的环境下，应选用有光隔离的模拟量 I/O 模块，使用分布电容小、干扰抑制能力强的配电器为变送器供电，以减少对 PLC 模拟量输入信号的干扰。模拟量输入信号的数字滤波是减轻干扰影响的有效措施。应短接未使用的 A-D 通道的输入端，以防止干扰信号进入 PLC，影响系统的正常工作。

### 5. 防止变频器干扰的措施

现在 PLC 越来越多地与变频器一起使用，经常会遇到变频器干扰 PLC 正常运行的故障。变频器已经成为 PLC 最常见的干扰源。

变频器的主电路为交-直-交变换电路，工频电源被整流成直流电压，输出的是基波频率可变的高频脉冲信号，载波频率可能超过 10kHz。变频器的输入电流为含有丰富的高次谐波的脉冲波，它会通过电力线干扰其他设备。高次谐波电流还通过电缆向空间辐射，干扰邻近的电气设备。

可以在变频器输入侧与输出侧串接电抗器或安装谐波滤波器（见图 8-1），以吸收谐波，抑制高频谐波电流。

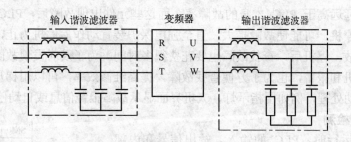

图 8-1 变频器的输入/输出滤波器

将变频器放在控制柜内，并将其金属外壳接地，对高频谐波有屏蔽作用。由于变频器的输入、输出电流（特别是输出电流）中含有丰富的谐波，所以主电路也是辐射源。应将 PLC 的信号线和变频器的输出线分别穿管敷设，一定要使用屏蔽电缆或穿钢管敷设变频器的输出线，以减轻对其他设备的辐射干扰和感应干扰。

变频器应使用专用接地线，且用粗短线接地，必须将其他邻近电气设备的接地线与变频器的接地线分开。

对受干扰的 PLC 可以采用屏蔽措施，例如在 PLC 的电源输入端串入滤波电路或安装隔离变压器，以减小谐波电流的影响。

**6. 强烈干扰环境中的隔离措施**

一般情况下，PLC 采用内部的输入/输出信号隔离措施，就可以保证系统的正常运行。因此，一般没有必要在 PLC 外部再设置干扰隔离器件。

在发电厂等工业环境中，空间极强的电磁场和高电压、大电流断路器的通断将会对 PLC 产生强烈的干扰。受现场条件的限制，有时很长的强电电缆和 PLC 的低压控制电缆只能敷设在同一个电缆沟内，强电干扰在 PLC 的输入线上产生的感应电压和感应电流相当大，可能使 PLC 输入端的光耦合器中的发光二极管发光，使 PLC 产生误动作。此时，可以用小型继电器来隔离用长线引入 PLC 的数字量信号。S7-200 数字量输入模块的最大逻辑 0 信号电流为 1mA，而小型继电器的线圈吸合电流为数十毫安，强电干扰信号通过电磁感应产生的能量一般不会使隔离用的继电器误动作。一般来讲，对于来自开关柜内和距离开关柜不远的输入信号没有必要用继电器来隔离。

为了提高抗干扰能力，对长距离的串行通信信号，可以考虑用光纤进行传输和隔离，或使用带光耦合器的通信端口。

**7. PLC 输出的可靠性措施**

如果用 PLC 驱动交流接触器，应将额定电压为 AC 380V 交流接触器的线圈换成 220V 的。负载要求的输出功率如果超过 PLC 的允许值，应设置外部继电器。PLC 输出模块内的小型继电器的触点小，断弧能力差，不能直接用于 DC 220V 的电路，必须通过外部继电器驱动 DC 220V 的负载。

与 PLC 装在同一个开关柜内的电感性元件（例如继电器、接触器的线圈），应并联 RC 消弧电路（见图 1-15）。

## 8.1.2 故障检测与诊断

大量的工程实践表明，PLC 外部的输入元件与输出元件（例如限位开关、电磁阀和接触器等）的故障率远远高于 PLC 本身的故障率，而这些元件出现故障后，PLC 一般不能觉察出来，不会自动停机，可能使故障扩大，直至强电保护装置动作后停机为止，有时甚至会造成设备和人身事故。停机后，查找故障也要花费很多时间。为了及时发现故障，在没有酿成事故之前自动停机和报警，也为了方便查找故障，提高维修效率，可以用梯形图程序实现故障的自诊断和自动处理，例如用指示灯、人机界面显示故障报警信息或自动停机。

### 1. 逻辑错误检测

在系统正常运行时，PLC 的输入、输出信号和内部的信号（例如存储器位的状态）相互之间存在着确定的关系，如果出现异常的逻辑信号，则说明出现了故障。因此，可以编制一些常见故障的异常逻辑关系，一旦异常逻辑关系为 ON，就表明出现了相应的故障。

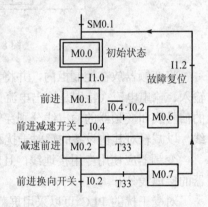

图 8-2 某龙门刨床工作台
故障诊断的顺序功能图

某龙门刨床工作台正常运行时的局部顺序功能图如图 8-2 中的步 M0.0～M0.2 所示，在前进运动时，如果碰到"前进减速"行程开关 I0.4，将进入步 M0.2，工作台减速前进；如果碰到"前进换向"行程开关 I0.2，将进入下一步。

在前进步 M0.1，如果没有碰到前进减速行程开关（I0.4 为 OFF），就碰到了前进换向行程开关（I0.2 的常开触点接通），说明前进减速行程开关出现了故障。这时转换条件 $\overline{I0.4} \cdot I0.2$ 满足，将从步 M0.1 转换到步 M0.6，工作台停止运行，并通过变量 M0.6 用触摸屏显示"前进减速行程开关故障"。操作人员按下故障复位按钮 I1.2 后，故障信息被清除，系统返回初始步。

### 2. 超时检测

机械设备在各工步动作所需的时间一般是不变的，即使变化也不会太大。在 PLC 发出某个输出信号、相应的外部执行机构开始动作时，启动一个定时器监视该步的动作是否按时完成。定时器的预设值比正常情况下该动作的持续时间长一些。

在图 8-2 中的减速前进步 M0.2，用定时器 T33 监视它的运行情况，T33 的预设值比减速前进步正常运行的时间略长，正常运行时 T33 不会动作。如果前进换向行程开关 I0.2 出现故障，在 T33 设置的时间到时，T33 的常开触点闭合，系统由步 M0.2 转换到步 M0.7，工作台停止运行，触摸屏将通过 M0.7 显示"前进换向行程开关故障"。故障复位按钮 I1.2 的作用如前所述。

本节对 PLC 控制系统的主要干扰源进行了分析，介绍了可供选用的抗干扰措施。在实际应用中，应根据系统具体的情况，有针对性地采用其中的某些抗干扰措施。

## 8.2　PLC 在模拟量闭环控制中的应用

### 8.2.1　模拟量闭环控制系统

#### 1.　模拟量闭环控制系统的组成

PLC 模拟量闭环控制系统的框图如图 8-3 所示。图中的点划线部分在 PLC 内。在模拟量闭环控制系统中，被控量 $c(t)$（即系统的输出量，如压力、温度、流量和转速等）是连续变化的模拟量，某些执行机构（例如直流调速装置、电动调节阀和变频器等）要求 PLC 输出模拟量信号 $M(t)$，而 PLC 的 CPU 只能处理数字量。$c(t)$ 首先被测量元件和变送器转换为标准量程（例如 DC 4～20mA 和 0～10V）的直流电流信号或直流电压信号 $PV(t)$。

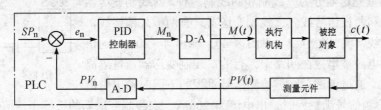

图 8-3　PLC 模拟量闭环控制系统框图

模拟量与数字量之间的相互转换和 PID 程序的执行都是周期性的操作，其间隔时间称为采样周期 $T_S$。各数字量中的下标 n 表示该变量是第 n 次采样计算时的数字量。

图 8-3 中的 $SP_n$ 是设定值，$PV_n$ 为过程变量，误差 $e_n = SP_n - PV_n$。模拟量输出模块的 D/A 转换器将 PID 控制器的数字量输出值 $M_n$ 转换为模拟量（直流电压或直流电流）$M(t)$，再去控制执行机构。

例如，在加热炉温度闭环控制系统中，被控对象为加热炉，被控制的物理量 $c(t)$ 为温度。用热电偶检测炉温，温度变送器将热电偶输出的微弱的电压信号转换为标准量程的电流或电压 $PV(t)$，然后送给模拟量输入模块，经 A/D 转换后得到与温度成比例的数字量 $PV_n$。CPU 将它与温度设定值 $SP_n$ 比较，以误差值 $e_n$ 为输入量，进行 PID 控制运算。将数字量运算结果 $M_n$ 送给模拟量输出模块，经 D/A 转换后变为电流信号或电压信号 $M(t)$，用来控制电动调节阀的开度。通过它控制加热用的天然气的流量，以实现对温度的闭环控制。

#### 2.　闭环控制的工作原理

闭环负反馈控制可以使过程变量（反馈量）$PV_n$ 等于或跟随设定值 $SP_n$。以炉温控制系统为例，假设被控量温度值 $c(t)$ 低于给定的温度值，过程变量 $PV_n$ 小于设定值 $SP_n$，误差 $e_n$ 为正，控制器的输出值 $M(t)$ 将增大，使执行机构（电动调节阀）的开度增大，进入加热炉的天然气流量增加，加热炉的温度升高，最终使实际温度接近或等于设定值。

天然气压力的波动、工件进入加热炉这些因素称为扰动，它们会破坏炉温的稳定，有的扰动量很难进行检测和补偿。闭环控制具有自动减小和消除误差的功能，可以有效地抑制闭环中各种扰动量对被控量的影响，使过程变量 $PV_n$ 等于或跟随设定值 $SP_n$。

闭环控制系统的结构简单，容易实现自动控制，因此在各个领域得到了广泛的应用。

#### 3.　变送器的选择

变送器用来将电量或非电量转换为标准量程的电流或电压，然后送给模拟量输入模块。

变送器分为电流输出型变送器和电压输出型变送器。电压输出型变送器具有恒压源的性质，PLC 的模拟量输入模块的电压输入端的输入阻抗很高，例如电压输入时模拟量输入模块 EM 231 的输入阻抗大于、等于 2MΩ。如果变送器距离 PLC 较远，微小的干扰信号电流将在模块的输入阻抗上产生很高的干扰电压。例如，5μA 干扰电流在 2MΩ 输入阻抗上将产生 10V 的干扰电压信号，所以远程传送的模拟量电压信号的抗干扰能力很差。

电流输出型变送器具有恒流源的性质，恒流源的内阻很大。PLC 模拟量输入模块的输入为电流时，输入阻抗较低，例如电流输入时 EM 231 的输入阻抗为 250Ω。线路上的干扰信号在模块的输入阻抗上产生的干扰电压很低，所以模拟量电流信号适于远程传送。电流信号的传送距离比电压信号的传送距离远得多，使用屏蔽电缆信号线时可达数百米。

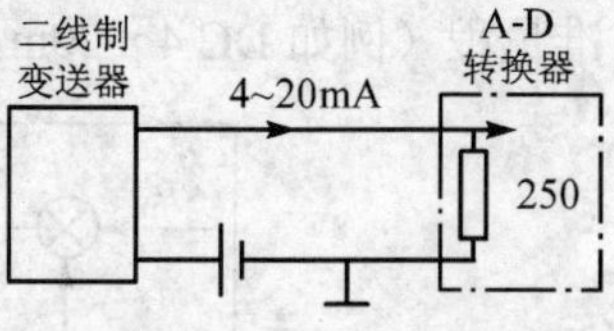

电流输出型变送器分为二线制和四线制两种，四线制变送器有两根电源线和两根信号线。二线制变送器只有两根外部接线，它们既是电源线，又是信号线（见图 8-4），输出 4～20mA 的信号电流，直流电源被串接在回路中。有的二线制变送器通过隔离式安全栅供电。通过调试，在被检测信号量程的下限时输出电流

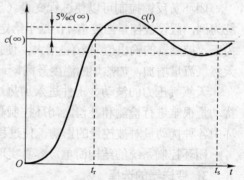

图 8-4　二线制变送器

为 4mA，被检测信号满量程时输出电流为 20mA。二线制变送器的接线少，信号可以远传，在工业中得到了广泛的应用。

### 4．闭环控制反馈极性的确定

闭环控制必须保证系统是负反馈（误差=设定值-过程变量），而不是正反馈（误差=设定值+过程变量）。如果系统接成了正反馈，将会失控，被控量会往单一方向增大或减小，给系统的安全带来极大的威胁。

闭环控制系统的反馈极性与很多因素有关。例如因为接线改变了变送器的输出电流或输出电压的极性，或改变了绝对式位置传感器的安装方向，都会改变反馈的极性。

可以用下述方法来判断反馈的极性：在调试时断开模拟量输出模块与执行机构之间的连线，在开环状态下运行 PID 控制程序。如果控制器有积分环节，因为反馈被断开了，所以不能消除误差，模拟量输出模块的输出电压或电流将会向一个方向变化。这时，如果假设接上执行机构能减小误差，则为负反馈，反之为正反馈。

以温度控制系统为例，假设开环运行时设定值大于过程变量，若模拟量输出模块的输出值 $M(t)$ 不断增大，形成闭环后，将使电动调节阀的开度增大，闭环后温度测量值将会增大，使误差减小，由此可以判定系统是负反馈。

### 5．闭环控制系统主要的性能指标

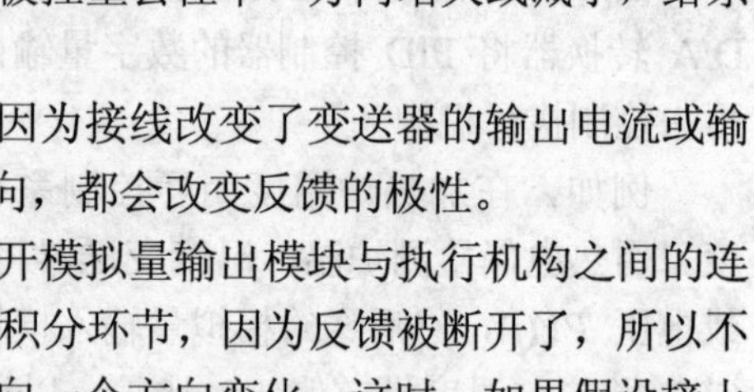

由于给定输入信号或扰动输入信号的变化使系统的输出量发生变化，在系统输出量达到稳态值之前的过程称为过渡过程或动态过程。系统的动态过程的性能指标用阶跃响应的参数来描述，被控对象的阶跃响应曲线如图 8-5 所示。阶跃响应是指系统的输入信号阶跃变化（例如从 0 突变为某一恒定值）时系统的输出。

一个系统要正常工作，阶跃响应曲线应该是

图 8-5　被控对象的阶跃响应曲线

收敛的，最终能趋近于某一个稳态值 $c(\infty)$。系统进入并停留在 $c(\infty)$ 上下 ±5%（或 2%）的误差带内的时间 $t_s$ 称为调节时间。到达调节时间表示过渡过程已基本结束。

被控量 $c(t)$ 从 0 上升，第一次到达稳态值 $c(\infty)$ 的时间称为上升时间 $t_r$。

系统的相对稳定性可以用超调量来表示。设动态过程中输出量的最大值为 $c_{max}(t)$，如果它大于输出量的稳态值 $c(\infty)$，定义超调量为

$$\sigma\% = \frac{c_{max}(t) - c(\infty)}{c(\infty)} \times 100\%$$

超调量越小，动态稳定性越好。一般希望超调量小于 10%。通常用稳态误差来描述控制的准确性和控制精度，稳态误差是指响应进入稳态后，输出量的期望值与实际值之差。

**6. 闭环控制带来的问题**

使用闭环控制后，并不能保证得到良好的动静态性能，这主要是系统中的滞后因素造成的。闭环中的滞后因素主要来源于被控对象。以调节洗澡水的温度为例，人们用皮肤检测水的温度，人的大脑是闭环控制器。假设水温偏低，往热水增大的方向调节阀门后，因为从阀门到出水口有一段距离，所以需要经过一定的时间延迟，人才能感觉到水温的变化。如果阀门开度调节量过大，将会造成水温忽高忽低，来回震荡。如果没有滞后，调节阀门后马上就能感觉到水温的变化，那就是很好调节了。

如果 PID 控制器的参数整定得不好，使 $M(t)$ 的变化幅度过大，调节过头，阶跃响应曲线将会产生很大的超调量，系统甚至会不稳定，响应曲线出现等幅震荡或振幅越来越大的发散震荡。

## 8.2.2 PID 控制器

### 1. PID 控制器的数字化

模拟量 PID 控制系统中的各物理量均为模拟量，PID 控制器由运算放大器组成，$SP(t)$ 是设定值，$PV(t)$ 为过程变量，误差信号 $e(t) = SP(t) - PV(t)$，控制器的输出为

$$M(t) = K_C[e(t) + \frac{1}{T_I}\int_0^t e(t)\mathrm{d}t + T_D\frac{\mathrm{d}e(t)}{\mathrm{d}t}] + M_{initial} \qquad (8\text{-}1)$$

式中，$M(t)$ 为 PID 控制器的输出值，$K_C$ 为控制器的增益，$T_I$ 和 $T_D$ 分别为积分时间和微分时间，$M_{initial}$ 是 $M(t)$ 的初始值。PID 控制程序的主要任务就是实现式（8-1）中的运算，因此有人将 PID 控制器称为 PID 控制算法。

式（8-1）中等号右边前 3 项分别是输出量中的比例（P）部分、积分（I）部分和微分（D）部分，它们分别与误差 $e(t)$、误差的积分和误差的一阶导数成正比。如果取其中的一项或两项，可以组成 P、PD 或 PI 调节器。需要较好的动态品质和较高的稳态精度时，可以选用 PI 控制方式；控制对象的惯性滞后较大时，应选择 PID 控制方式。

（1）积分的几何意义与近似计算

式（8-1）中的积分 $\int_0^t e(t)\mathrm{d}t$ 对应于图 8-6 中的误差曲线 $e(t)$ 与坐标轴包围的面积（图中的灰色部分）。PID 程序是周期性执行的，执行 PID 程序的时间间隔为 $T_S$（即 PID 控制的采样周期）。只能使用连续的误差曲线上间隔时间为 $T_S$ 的一些离散点的值来计算积分，因此不可能计算出准确的积分值，只能对积分进行近似计算。一般用图 8-6 中的矩形面积之和来近

似精确积分，每块矩形的面积为 $e_j T_S$。各小块矩形面积累加后的总面积为 $T_S \sum_{j=1}^{n} e_j$。$T_S$ 较小时，积分的误差不大。

（2）微分部分的几何意义与近似计算

在误差曲线 $e(t)$ 上作一条切线（见图 8-7），该切线与 $x$ 轴正方向的夹角 $\alpha$ 的正切值 $\tan \alpha$ 即为该点处误差的一阶导数 $de(t)/dt$。PID 控制器输出表达式中的导数用下式来近似，即

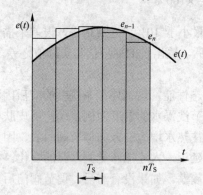

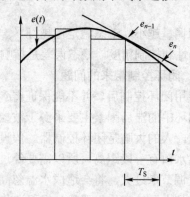

图 8-6　积分的近似计算　　　　　　　　　　　　图 8-7　导数的近似计算

$$\frac{de(t)}{dt} \approx \frac{\Delta e(t)}{\Delta t} = \frac{e_n - e_{n-1}}{T_S}$$

式中，$e_{n-1}$ 是第 $n-1$ 次采样时的误差值（见图 8-7）。将积分和导数的近似表达式代入式（8-1）中，第 $n$ 次采样时控制器的输出为

$$M_n = K_C \left[ e_n + \frac{T_S}{T_I} \sum_{j=1}^{n} e_j + \frac{T_D}{T_S}(e_n - e_{n-1}) \right] + M_{\text{initial}} \tag{8-2}$$

改写为

$$M_n = K_C e_n + (K_I \sum_{j=1}^{n} e_j + M_{\text{initial}}) + K_D(e_n - e_{n-1}) \tag{8-3}$$

式中，$e_n$ 是第 $n$ 次采样时的误差值，$e_{n-1}$ 是第 $n-1$ 次采样时的误差值。积分项系数 $K_I = K_C \times T_S / T_I$，微分项系数 $K_D = K_C \times T_D / T_S$。

设上一次的积分项为 $MX$，带入式（8-3），得

$$M_n = K_C e_n + (K_I e_n + MX) + K_D(e_n - e_{n-1}) \tag{8-4}$$

每一次计算结束后需要保存 $e_n$ 和积分项，作为下一次计算的 $e_{n-1}$ 和 $MX$。

微分项与误差的变化率成正比，其计算式为

$$K_D(e_n - e_{n-1}) = K_D[(SP_n - PV_n) - (SP_{n-1} - PV_{n-1})]$$

为了消除设定值变化引起的微分部分的跳变，令设定值不变（$SP_n = SP_{n-1}$），微分项的算式变为 $K_D(PV_{n-1} - PV_n)$。带入式（8-3）中，得

$$M_n = K_C e_n + (K_I e_n + MX) + K_D(PV_{n-1} - PV_n) \tag{8-5}$$

**2. 反作用调节**

正作用与反作用是指 PID 的输出值与过程变量之间的关系。在开环状态下，PID 输出值

控制的执行机构的输出增加使被控量增大的是正作用；使被控量减小的是反作用。

如果加热炉温度控制系统的 PID 输出值增大，将使调节阀的开度增大，被控对象的温度升高，这就是一个典型的正作用。制冷则恰恰相反，如果 PID 输出值增大，使空调压缩机的输出功率增加，被控对象的温度将会降低，这就是反作用。把 PID 回路的增益 $K_C$ 设为负数，就可以实现 PID 反作用调节。

### 8.2.3　PID 参数的物理意义

#### 1．对比例控制作用的理解

控制器输出量中的比例、积分、微分部分都有明确的物理意义。了解它们的物理意义，有助于调整控制器的参数。PID 的控制原理可以用人对炉温的手动控制来理解。

人工控制实际上也是一种闭环控制，操作人员用眼睛读取数字仪表，检测到炉温的测量值，并与炉温的设定值比较，得到温度的误差值。用手操作电位器，调节加热的电流，使炉温保持在设定值附近。有经验的操作人员通过手动操作可以得到很好的控制效果。

操作人员知道使炉温稳定在设定值时电位器的位置（称为位置 $L$），并根据当时的温度误差值调整电位器的转角。炉温小于设定值时，误差为正，在位置 $L$ 的基础上顺时针增大电位器的转角，以增大加热的电流；炉温大于设定值时，误差为负，在位置 $L$ 的基础上反时针减小电位器的转角，以减小加热的电流。令调节后的电位器转角与位置 $L$ 的差值与误差成正比，误差绝对值越大，调节的角度越大。上述控制策略就是比例控制，即 PID 控制器输出中的比例部分与误差成正比，增益（即比例系数）为式（8-1）中的 $K_C$。

闭环中存在着各种各样的延迟作用。例如，调节电位器转角后，到温度上升为新的转角对应的稳态值时有较大的延迟。加热炉的热惯性、温度的检测、模拟量转换为数字量和 PID 的周期性计算都有延迟。由于延迟因素的存在，所以调节电位器转角后不能马上看到调节的效果，闭环控制系统调节困难的主要原因是系统中的延迟作用。

如果增益太小，即调节后电位器转角与位置 $L$ 的差值太小，调节的力度不够，使温度的变化缓慢，调节时间过长；如果增益过大，即调节后电位器转角与位置 $L$ 的差值过大，调节力度太强，造成调节过头，可能使温度忽高忽低，来回振荡。

如果闭环系统没有积分作用，由理论分析可知，单纯的比例控制有稳态误差，稳态误差与增益成反比。如果系统的增益小，超调量和振荡次数小，或者没有超调，但是稳态误差大。增益增大后，起动时被控量的上升速度加快，稳态误差减小，但是超调量增大，振荡次数增加，调节时间加长，动态性能变坏，增益过大甚至会使闭环系统不稳定。因此，单纯的比例控制很难兼顾动态性能和静态性能。

#### 2．对积分控制作用的理解

（1）积分控制的物理意义

每次 PID 运算时，积分运算是在原来的积分值（矩形面积的累加值）的基础上，增加一个与当前误差值成正比的微小部分（$K_I e_n$）。误差 $e_n$ 为正时，积分项增大；误差为负时，积分项减小。

（2）积分控制的作用

在上述的温度控制系统中，积分控制相当于根据当时的误差值，每个采样周期都要微调一下电位器的角度。温度低于设定值时误差为正，积分项增大，使加热电流增加；反之积分项减小。因此,只要误差不为零,控制器的输出就会因为积分作用而不断变化。积分这种微调的"大方向"是正确的,只要误差不为零,积分项就会向减小误差的方向变化。在误差很小的时候,比例部分和微分部分的作用几乎可以忽略不计,但是积分项仍然不断变化,用"水滴石穿"的力量,使误差趋近于零。

在系统处于稳定状态时,误差恒为零,比例部分和微分部分均为零,积分部分不再变化,并且刚好等于稳态时需要的控制器的输出值,对应于上述温度控制系统中电位器转角的位置 $L$。因此,积分部分的作用是消除稳态误差,提高控制精度。一般来讲,积分作用是必须的。在纯比例控制的基础上增加积分控制,将使被控量最终等于设定值(见图 8-18),稳态误差被消除。

(3)积分控制的缺点

积分虽然能消除稳态误差,但是如果参数整定得不好,积分也会有负面作用。如果积分作用太强,相当于每次微调电位器的角度值过大,累积为积分项后,其作用与增益过大相同,将会使系统的动态性能变差,超调量增大,甚至使系统不稳定;如果积分作用太弱,则消除稳态误差的速度太慢。

比例控制作用与误差同步,是没有延迟的。只要误差变化,比例部分就会立即跟着变化,使被控制量朝着误差减小的方向变化。积分项则不同,它由当前误差值和过去的历次误差值累加而成。因此,积分运算本身具有严重的滞后特性,对系统的稳定性不利。如果积分时间设置得不好,其负面作用很难通过积分作用本身迅速地修正。

(4)积分控制的应用

具有滞后特性的积分作用很少单独使用,它一般与比例控制和微分控制联合使用,组成 PI 或 PID 控制器。PI 和 PID 控制器既克服了单纯的比例调节有稳态误差的缺点,又避免了单纯的积分调节响应慢、动态性能不好的缺点,因此被广泛使用。如果控制器有积分作用(采用 PI 或 PID 控制),积分能消除阶跃输入的稳态误差,这时可以将增益调得小一些。

(5)积分部分的调试

因为积分时间 $T_I$ 在式(8-1)中积分项的分母中,$T_I$ 越小,积分项变化的速度越快,积分作用越强。综上所述,积分作用太强(即 $T_I$ 太小),系统的稳定性变差,超调量增大;积分作用太弱(即 $T_I$ 太大),系统消除稳态误差的速度太慢,所以应将 $T_I$ 的值取得适中。

**3. 对微分控制作用的理解**

(1)微分分量的物理意义

PID 输出的微分分量与误差的变化速率(即导数)成正比,误差变化越快,微分项的绝对值越大。微分项的符号反映了误差变化的方向。在图 8-8 的 $A$ 点和 $B$ 点之间、$C$ 点和 $D$ 点之间,误差不断减小,微分项为负;在 $B$ 点和 $C$ 点之间,误差不断增大,微分项为正。控制器输出量的微分部分反映了被控量变化的趋势。

有经验的操作人员在温度上升过快、但是尚未达到设定值时,会根据温度变化的趋势,预感到温度将会超过设定值,出现超调。于是调节电位器的转角,提前减小加热的电流,以减小超调量。这相当于士兵射击远方的移动目标时,考虑到子弹运动的时间,需要一定的提前量一样。

在图 8-8 中启动过程的上升阶段（ $A$ 点到 $E$ 点），被控量尚未超过其稳态值，超调还没有出现。但是因为被控量不断增大，误差 $e(t)$ 不断减小，控制器输出量的微分分量为负，使控制器的输出量减小，相当于减小了温度控制系统加热的功率，提前给出了制动作用，以阻止温度上升过快，所以可以减少超调量。因此，微分控制具有超前和预测的特性，在温度尚未超过稳态值之前，根据被控量变化的趋势，微分作用就能提前采取措施，以减小超调量。在图 8-8 中的 $E$ 点和 $B$ 点之间，被控量继续增大，控制器输出量的微分分量仍然为负，继续起制动作用，以减小超调量。

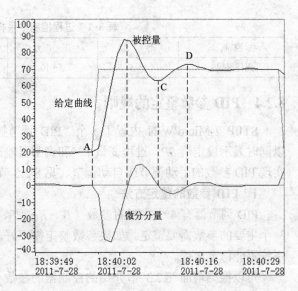

图 8-8　PID 控制器输出中的微分分量

闭环控制系统振荡甚至不稳定的根本原因在于有较大的滞后因素，微分控制的超前作用可以抵消滞后因素的影响。适当的微分控制作用可以使超调量减小，调节时间缩短，增加系统的稳定性。对于有较大惯性或滞后的被控对象，在控制器输出量变化后，要经过较长的时间才能引起过程变量的变化。如果 PI 控制器的控制效果不理想，可以考虑在控制器中增加微分作用，以改善闭环系统的动态特性。编者在使用 PI 控制器调试某转速控制系统时，不管怎样调节参数，超调量老是压不下去。增加了微分控制作用后，超调量很快就降到了期望的范围内。

（2）微分部分的调试

微分时间 $T_D$ 与微分作用的强弱成正比，$T_D$ 越大，微分作用越强。微分作用的本质是阻碍被控量的变化，如果微分作用太强（$T_D$ 太大），将会使响应曲线变化迟缓，超调量反而可能增大（见图 8-16）。综上所述，应适当调节微分控制作用的强度，太弱作用不大，过强则有负面作用。如果将微分时间设置为 0，微分部分将不起作用。

**4. 采样周期的确定**

PID 控制程序是周期性执行的，执行的周期称为采样周期 $T_S$。采样周期越小，采样值越能反映模拟量的变化情况。但是，$T_S$ 太小会增加 CPU 的运算工作量，所以也不宜将 $T_S$ 取得过小。

在确定采样周期时，应保证在被控量迅速变化的区段（例如启动过程的上升阶段）能有足够多的采样点。将各采样点的过程变量 $PV_n$ 连接起来，应能基本上复现模拟量过程变量 $PV(t)$ 曲线，以保证不会因为采样点过稀而丢失被采集的模拟量中的重要信息。

表 8-1 给出了过程控制中采样周期的经验数据，表中的数据仅供参考。以温度控制为例，一个很小的恒温箱的热惯性比几十立方米的加热炉的热惯性小得多，它们的采样周期显然也应该有很大的差别。实际的采样周期需要经过现场调试后确定。S7-200 中 PID 采样周期的精度用定时中断来保证。

表 8-1 过程控制中采样周期的经验数据

| 被 控 制 量 | 流 量 | 压 力 | 温 度 | 液 位 | 成 分 |
|---|---|---|---|---|---|
| 采样周期/s | 1~5 | 3~10 | 15~20 | 6~8 | 15~20 |

### 8.2.4 PID 参数整定的规则

STEP 7-Micro/WIN 内置了一个"PID 调节控制面板"工具,用于 PID 参数的调试,可以同时显示设定值 $SP$、过程变量 $PV$ 和调节器输出 $Out$ 的波形,还可以用 PID 调节控制面板实现 PID 参数的手动调节或自动调节(见 8.2.5 节)。

**1. PID 参数的整定方法**

PID 调节器有 4 个主要的参数($T_S$、$K_C$、$T_I$、$T_D$)需要整定。如果使用 PI 控制器,也有 3 个主要的参数需要整定。如果参数整定得不好,系统的动静态性能达不到要求,甚至会使系统不能稳定运行。

可以根据前面 8.2.3 节介绍的控制器的参数与系统动静态性能之间的定性关系,用实验方法来调节控制器的参数。在调试中最重要的问题是,在系统性能不能令人满意时,知道应该调节哪一个或哪些参数,参数应该增大还是减小。有经验的调试人员一般可以较快地得到较为满意的调试结果。可以按以下规则来整定 PID 控制器的参数。

1)为了减少需要整定的参数,可以首先采用 PI 控制器。给系统输入一个阶跃给定信号,观察系统输出量的波形。由 $PV$ 的波形可以获得系统性能的信息,例如超调量和调节时间。

2)如果阶跃响应的超调量太大(见图 8-22),经过多次振荡才能进入稳态或者根本不稳定,应减小控制器的增益 $K_C$ 或增大积分时间 $T_I$。如果阶跃响应没有超调量,但是被控量上升过于缓慢(见图 8-24),过渡过程时间太长,应按相反的方向调整上述参数。

3)如果消除误差的速度较慢,应适当减小积分时间,以增强积分作用。

4)反复调节增益和积分时间,如果超调量仍然较大,可以加入微分作用,即采用 PID 控制。微分时间 $T_D$ 从 0 逐渐增大,反复调节 $K_C$、$T_I$ 和 $T_D$,直到满足要求为止。需要注意的是,在调节增益 $K_C$ 时,同时会影响到积分分量和微分分量的值,而不是仅仅影响到比例分量。

5)如果被控量第一次达到稳态值的上升时间太长(上升缓慢),可以适当增大增益 $K_C$。如果因此使超调量增大,可以通过增大积分时间和调节微分时间来补偿。

总之,PID 参数的整定是一个综合的、各参数相互影响的过程,实际调试过程中的多次尝试是非常重要的,也是必需的。

**2. 怎样确定 PID 控制器的初始参数**

如果调试人员熟悉被控对象,或者有类似的控制系统的资料可供参考,PID 控制器的初始参数比较容易确定。反之,确定控制器的初始参数相当困难,随意确定的初始参数与最后调试好的参数相比可能相差数十倍甚至数百倍。很多书籍介绍了确定 PID 控制器初始参数的扩充临界比例度法和扩充响应曲线法。前一种方法需要用闭环比例控制使系统出现等幅震荡,但是有的系统不允许这样做。后一种方法需要做被控对象的开环阶跃响应实验,然后根据响应曲线的特征参数,查表得到 PID 控制器的初始参数。

编者建议采用下面的方法来确定 PI 控制器的初始参数。为了保证系统的安全,避免在首次投入运行时出现系统不稳定或超调量过大的异常情况，在第一次试运行时设置尽量保守的参数，即增益不要太大，积分时间不要太小，以保证不会出现较大的超调量。此外，还应制订被控量响应曲线上升过快、可能出现较大超调量的紧急处理预案，例如迅速关闭系统或马上切换到手动方式。试运行后，再根据响应曲线的特征和上述调整 PID 控制器参数的规则来修改控制器的参数。

### 8.2.5 PID 参数整定的实验

#### 1. PID 指令向导的使用

用鼠标双击指令树的"向导"文件夹中的"PID"，打开"PID 指令向导"对话框，完成每一步的操作后，单击"下一步"按钮。在依次出现的对话框中设置以下内容。

1）设置 PID 回路的编号（0～7）为 0。

2）设置回路设定值范围为 0.0～100.0，比例增益为 2.0、采样时间为 0.2s、积分时间为 0.03min、微分时间为 0.01min。

如果设置微分时间为 0，则为 PI 控制器。如果不需要积分作用，可以将积分时间设为无穷大（"INF"）。因为有积分的初值 $MX$，所以即使没有积分运算，积分项的数值也可能不为零。

3）设置回路输入量（反馈值 $PV$）的极性为默认的单极性，范围为默认的 0～32 000。根据变送器的量程范围，输入类型可以选择单极性、双极性（默认范围为 −32 000～32 000）或单极性 20%偏移量（默认范围为 6 400～32 000，不可修改），后者适用于输入为 4～20mA 的变送器，因为 S7-200 的模拟量输入模块只有 0～20mA 的量程。

设置回路输出量的极性为默认的单极性，范围为默认的 0～32 000。

输出类型可以选择模拟量单极性、双极性、单极性 20%偏移量。如果选择输出类型为数字量，需要设置以秒为单位的输出脉冲的占空比周期。

4）在"回路报警选项"页设置启用过程变量 $PV$ 的上限报警功能，上限值为 95%。未启用下限报警和模拟量输入错误报警。

5）在"为配置分配存储区"页设置用来保存 120B 组态数据的起始地址为 VB200。

6）采用默认的初始化子程序和中断程序的名称，选中复选框"增加 PID 手动控制"。

完成了向导中的设置工作后，将会自动生成第 x（0～7）号回路的初始化子程序 PIDx_INIT、中断程序 PID_EXE、符号表 PIDx_SYM 和数据块 PIDx_DATA。应在主程序中用 SM0.0 调用 PIDx_INIT（见图 8-10），初始化 PID 控制中使用的变量，起动 PID 中断程序。以后 CPU 根据在向导中设置的 PID 采样时间，周期性地调用中断程序 PID_EXE，在 PID_EXE 中执行 PID 运算。

#### 2. 被控对象仿真的 S7-200 PID 控制程序

本节介绍的 PID 闭环实验只需要一块 CPU，广义被控对象（包括检测元件和执行机构）用编者编写的子程序"被控对象"来模拟，被控对象的数学模型为 3 个串联的惯性环节，其增益为 GAIN，3 阶惯性环节的时间常数分别为 TIM1～TIM3。其传递函数为

$$\frac{GAIN}{(TIM1s+1)(TIM2s+1)(TIM3s+1)}$$

式中，分母中的"s"为自动控制理论中拉式变换的拉普拉斯算子。将某一时间常数设为 0，可以减少惯性环节的个数。图 8-9 为使用模拟被控对象的 PID 闭环示意图。图中被控对象的输入值 INV 是 PID 控制器的输出值，DISV 是系统的扰动输入值。被控对象的输出值 OUTV 作为 PID 控制器的过程变量（反馈值）PV。

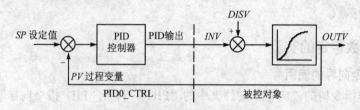

图 8-9　使用模拟被控对象的 PID 闭环示意图

图 8-10 和图 8-11 分别是例程"PID 闭环控制"的主程序和中断程序 INT_0。可以用这个例程和 PID 调节控制面板来学习 PID 的参数整定方法。

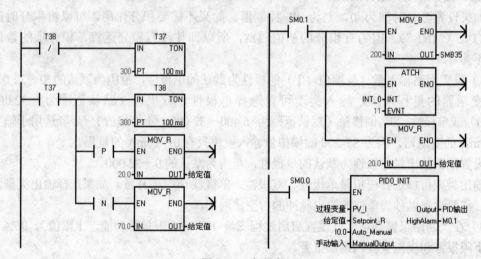

图 8-10　主程序

图 8-10 中的 T37 和 T38 组成了方波振荡器，用来提供周期为 60s、幅值为浮点数 20.0% 和 70.0% 的方波设定值。

PID_EXE 占用了定时中断 0，模拟被控对象的中断程序使用定时中断 1。两个定时中断的时间间隔均为 200ms。首次扫描时将定时中断 1 的时间间隔 200ms 送给 SMB35，用 ATCH 指令连接中断程序 INT_0 和编号为 11 的定时中断 1 的中断事件。

用一直闭合的 SM0.0 的常开触点调用 PID 向导生成的子程序 PID0_INIT，后者初始化 PID 控制使用的变量，CPU 按 PID 向导中组态的采样周期调用 PID 中断程序 PID_EXE，在 PID_EXE 中执行 PID 运算。

PIDx_INIT 指令中的 PV_I 是数据类型为 INT 的过程变量（反馈值），Setpoint_R 是以百分比为单位的实数设定值（SP）。

BOOL 变量 Auto_Manual 为 ON 时该回路为自动模式（PID 闭环控制），反之为手动模式。ManualOutput 是手动模式时标准化的实数输入值（0.00～1.00）。

Output 是 PID 控制器的 INT 型输出值，HighAlarm 是上限报警。如果组态了启用下限报

警和模拟量模块故障报警,方框右边将会出现输出参
数 LowAlarm 和 ModuleErr。

在中断程序 INT_0 中,用一直闭合的 SM0.0 的
常开触点调用子程序"被控对象"(见图 8-11),被控
对象的增益为 3.0,3 个惯性环节的时间常数分别为
5s、2s 和 0s,实际上只用了两个惯性环节。其采样周
期 CYCLE 为 200ms,COM_RST 用于初始化操作。

实际的 PID 控制程序不需要调用子程序"被控对
象",在主程序中只需要调用子程序 PID0_CTRL,其
输入参数 PV_I 应为实际使用的 AI 模块的通道地址
(例如 AIW0),其输出参数 Output 应为实际使用的 AO 模块的通道地址(例如 AQW0)。

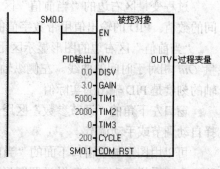

图 8-11  中断程序 INT_0

### 3. PID 调节控制面板

STEP 7-Micro/WIN 的"PID 调节控制面板"(见图 8-12)用图形方式监视 PID 回路的运行情
况,还可以用于 PID 参数自整定或手动调节参数。

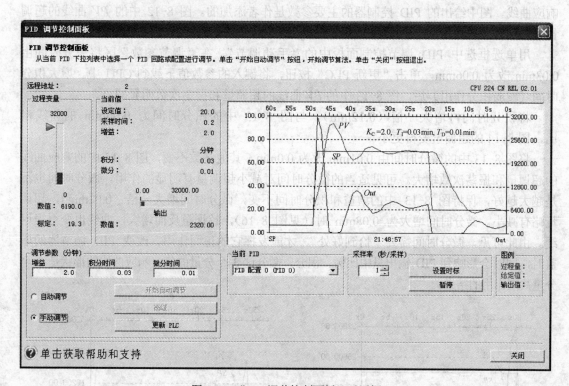

图 8-12  "PID 调节控制面板"对话框

将例程"PID 闭环控制"下载到 CPU 中,令 PLC 处于 RUN 模式。用鼠标双击项目树
的"工具"文件夹中的"PID 调节控制面板",打开控制面板。面板左上角的"远程地址"
显示连接的 PLC 的站地址,右上角显示 PLC 的型号和版本号。远程地址下面是过程变量的
条形图、实际值和用百分数表示的相对值。

过程变量区右边的"当前值"区显示回路设定值、采样时间、增益、积分时间和微分时间的数值。PID 的输出值用带数字值的水平条形图来表示。

"当前值"区右边的图形显示区用不同的颜色显示过程变量 *PV*、设定值 *SP* 和 PID 输出量 *Out* 相对于时间的曲线。左侧纵轴的刻度是用百分数表示的 *PV* 及 *SP* 的相对值，右侧纵轴的刻度是 PID 输出的实际值。

窗口左下角的"调节参数"区用于显示和修改增益、积分时间和微分时间。用单选框选择自动调节或手动调节。

可以用图形显示窗口下面的"当前 PID"选择框来选择希望在控制面板中监视的 PID 回路。在"采样率"区，可以设置图形显示的采样时间间隔（1～480s），用"设置时标"按钮来使修改后的采样速率生效。可以用"暂停"按钮冻结和恢复曲线图的显示。在图形区单击鼠标右键，执行快捷菜单中的"clear"（清除）命令，可以清除图形。

"图例"区标出了过程变量、设定值和输出值曲线的颜色。

**4. PID 闭环控制仿真实验结果介绍**

图 8-12～图 8-20 是用例程"PID 闭环控制"和 PID 调节控制面板得到的 PID 控制阶跃响应曲线。图中给出的 PID 控制器的主要参数是作者添加的。图 8-12 中的 *PV* 曲线的超调量过大，有多次振荡。

用单选框选中 PID 调节控制面板中的"手动调节"，在"调节参数"区将积分时间由 0.03min 改为 0.06min，单击"更新 PLC"按钮，将键入的参数值下载到 CPU 中。增大积分时间（减弱积分作用）后，图 8-13 中的 *PV* 曲线的超调量和振荡次数明显减小。

将积分时间再增大一倍（0.12min），与图 8-13 中的积分时间为 0.06min 的曲线相比，图 8-14 的超调量变得更小。

将图 8-13 中的微分时间由 0.01min 改为 0.0min，其他参数不变，图 8-15 中的响应曲线的超调量和振荡次数增大。可见适当的微分时间对减小超调量有明显的作用。微分时间也不是越大越好，保持图 8-13 中的增益和积分时间不变，微分时间增大一倍（0.02min），超调量略有减小。微分时间增大为 0.08min 时（见图 8-16），超调量反而增大，曲线也变得很迟缓。由此可见，微分时间需要"恰到好处"，才能发挥它的正面作用。改变 PID 调节器的增益时，同时会影响到 PID 输出量中比例、积分、微分这 3 个分量的值。响应曲线的形状是 3 个分量共同作用的结果。

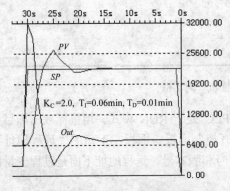

图 8-13  PID 控制阶跃响应曲线

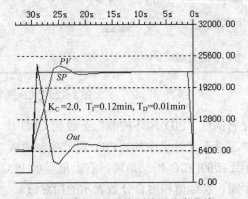

图 8-14  PID 控制阶跃响应曲线

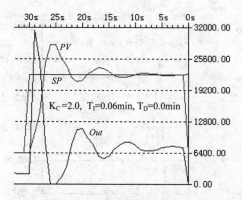

图 8-15　PI 控制阶跃响应曲线

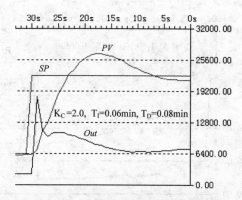

图 8-16　PID 控制阶跃响应曲线

图 8-17 和图 8-18 的微分时间均为 0（即采用 PI 调节），积分时间均为 0.10min。增益 $K_C$ 分别为 2.5 和 0.7，减小了增益后，同时减弱了比例作用和积分作用。可以看出，减小增益能降低超调量。但付出的代价是过程变量第一次达到 70% 设定值的上升时间增大了一倍。

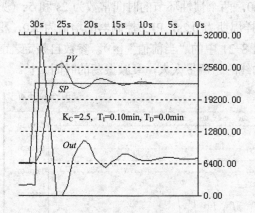

图 8-17　PI 控制阶跃响应曲线

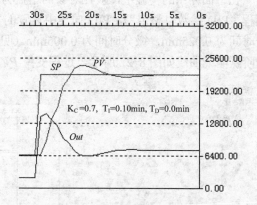

图 8-18　PI 控制阶跃响应曲线

将增益增大到 1.5，减少了上升时间，但是超调量增大到 16%。将积分时间增大到 0.3min，超调量减小到 13%（见图 8-19）。但是因为积分作用太弱，所以在设定值减小后，过程变量下降的速度（即消除误差的速度）太慢。

为了加快消除误差的速度，只好将积分时间减小到 0.15min，超调量为 12%。为了减小超调量，引入了微分作用。反复调节微分时间，0.01min 时效果较好，超调量为 6%，上升时间和消除误差的速度也比较理想（见图 8-20）。

从上面的例子可以看出，为了兼顾超调量、上升时间和消除误差的速度这些指标，有时需要多次反复地调节控制器的 3 个参数，直到最终获得比较好的控制效果。

读者可以修改中断程序 INT_0 中被控对象的参数，下载到 CPU 后，调整 PID 控制器的参数，直到得到较好的响应曲线，即超调量较小，过渡过程时间较短。做实验时也可以修改采样周期，了解采样周期与控制效果之间的关系。通过仿真实验，可以较快地掌握 PID 参数的整定方法。

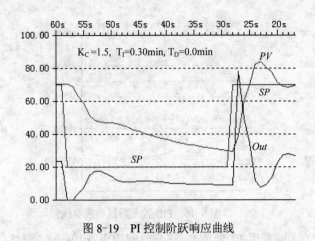

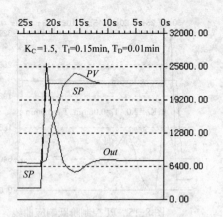

图 8-19　PI 控制阶跃响应曲线　　　　　　图 8-20　PID 控制阶跃响应曲线

### 5. PID 参数自整定简介

S7-200 具有 PID 参数自整定功能，自整定时应处于自动调节模式，回路的输出由 PID 控制。起动自整定之前，控制过程应处于稳定状态，过程变量 $PV$ 接近设定值 $SP$。

在下面介绍的实验中，被控对象的增益为 3.0，两个惯性环节的时间常数为 2s 和 5s（见例程 "PID 参数自整定"）。PID 向导中设置的采样周期为 0.2s，PID 控制器的增益为 2.0，积分时间为 0.025min，微分时间为 0.005min（见图 8-21 中的 "当前值" 区）。参数自整定之前的阶跃响应曲线如图 8-22 所示，过程变量 $PV$ 曲线的超调量太大，衰减振荡的时间太长。

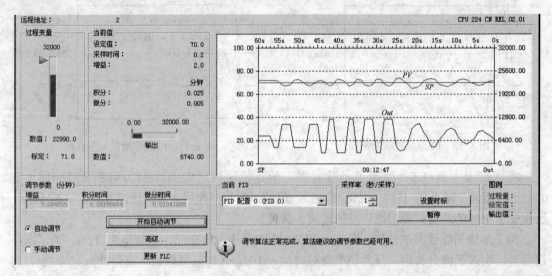

图 8-21　自整定过程的波形图

在过程变量曲线 $PV$ 沿设定值 $SP$ 曲线上下小幅波动，这两条曲线几乎重合时，单击 "开始自动调节" 按钮，启动参数自动整定过程。图 8-21 给出了自整定过程中 PID 控制器的输出 $Out$、过程变量 $PV$ 和设定值 $SP$ 的曲线。

显示 "调节算法正常完成，算法建议的调节参数已经可用" 时，"调节参数" 区给出了 PID 参数的建议值。单击 "更新 PLC" 按钮，将图 8-21 的 "调节参数" 区自整定得到的推荐参数写入 CPU。图 8-23 是使用自整定推荐的参数的阶跃响应曲线，超调量显著减小。如果使用自整定推荐的参数不能完全满足要求，可以手动调节参数。

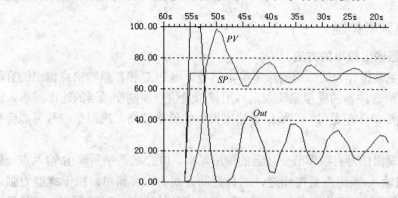

图 8-22　参数自整定之前的阶跃响应曲线

用单选框选中"手动调节"，修改 PID 参数的初始值，设置增益为 0.5，积分时间为 0.5min，微分时间为 0.1min。参数自整定之前的阶跃响应曲线如图 8-24 所示。虽然没有超调，但是响应过于迟缓。

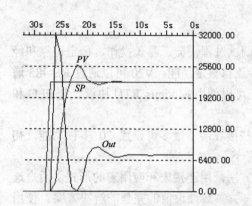

图 8-23　使用自整定推荐参数的阶跃响应曲线　　　图 8-24　参数自整定之前的阶跃响应曲线

使用自整定建议的参数后，响应曲线的形状与图 8-23 的基本上相同。由此可见，即使初始参数在较大范围变化，自整定也能提供较好的推荐参数。

# 8.3　PLC 在变频器控制中的应用

变频器是工业控制中广泛使用的控制设备，在控制系统中主要作为执行机构来使用，有的变频器还有闭环 PID 控制和时间顺序控制的功能。PLC 和变频器都是以计算机技术为基础的现代工业控制产品，将二者有机地结合起来，用 PLC 来控制变频器，是当代工业控制中经常遇到的课题。常见的控制要求有：

1）用 PLC 控制变频电动机的旋转方向、转速以及加速、减速时间。

2）实现电动机的工频电源和变频电源之间的切换。

3）实现变频器与多台电动机之间的切换控制。

4）通过通信，实现 PLC 对变频器的控制，将变频器纳入工厂自动化通信网络。

### 8.3.1 变频器的输出频率控制

**1. PLC 控制变频器输出频率的方法**

1）用 PLC 的模拟量输出作为变频器的频率给定信号。将 PLC 模拟量输出点输出的直流电压或直流电流信号送给变频器的模拟量输入端，用模拟量信号控制变频器的输出频率。这种控制方式的硬件接线简单，但是 PLC 模拟量输出模块的价格较高，模拟量信号可能会受干扰信号的影响。

2）用 PLC 数字量输出信号有级调节变频器的输出频率。PLC 的数字量输出/输入点一般可以与变频器的数字量输入/输出点直接相连，这种控制方式的接线简单，抗干扰能力强。用 PLC 的数字量输出点可以控制变频器的正/反转，有级调节转速和加/减速时间。虽然只能有级调节，但是可以满足大多数系统的要求。

3）用串行通信提供频率给定信号。PLC 和变频器之间的串行通信除了可以提供频率给定信号外，还可以传送各种控制命令和状态信息，读、写变频器的参数。S7-200 和西门子的变频器都有 RS-485 通信端口，7.5.4 节介绍了使用 USS 协议实现 S7-200 与西门子变频器的通信方法。

**2. V20 变频器的连接宏与应用宏**

西门子的基本型变频器 SINAMICS V20 具有调试过程快捷、易于操作、稳定可靠和经济高效的特点。输出功率为 0.12～15kW，有 PID 参数自整定功能。V20 可以通过 RS-485 通信端口，使用 USS 协议与西门子 PLC 进行通信，还可以使用 Modbus RTU 协议，与 PLC 和人机界面（如西门子的 SMART 700 IE）进行通信。

V20 的功能很强，可以采用多种控制方式，某些接线端子最多可设置 20 多种功能。初学者面对变频器数百个需要设置的参数，都会感到茫然。

SINAMICS V20 归纳总结了变频器常用的控制方法，用连接宏和应用宏的形式供用户选用。连接宏类似于配方，提供了包括硬件接线图和有关参数预设值的完整的解决方案。使用连接宏和应用宏，无需直接面对冗长复杂的参数列表，还可以避免因参数设置不当而导致的错误。V20 的连接宏见表 8-2。

表 8-2　V20 的连接宏

| 连接宏 | 描　述 | 连接宏 | 描　述 | 连接宏 | 描　述 |
|---|---|---|---|---|---|
| Cn000 | 出厂默认设置 | Cn004 | 二进制模式下的固定转速 | Cn008 | PID 控制与模拟量参考组合 |
| Cn001 | BOP 为唯一的控制源 | Cn005 | 模拟量输入与固定频率 | Cn009 | PID 控制与固定值参考组合 |
| Cn002 | 通过端子控制 | Cn006 | 外部按钮控制 | Cn010 | USS 控制 |
| Cn003 | 固定转速 | Cn007 | 外部按钮结合模拟量控制 | Cn011 | Modbus RTU 控制 |

V20 的用户手册（见参考文献[6]）提供了每种连接宏的外部接线图和有关参数的预设值。用户选中某种连接宏后，只需按自己的要求修改少量的参数默认值即可。

各连接宏的接线图都有图 8-25 下面的模拟量输出（AO）以及控制运行、故障指示灯的数字量输出 DO1 和 DO2。接线图中的 AI1 和 AI2 是模拟量输入，用数字量输入 DI1～DI4 实现各种控制功能，DIC 是数字量输入的公共点。

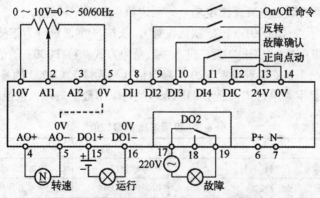

图 8-25　连接宏 Cn002（通过端子控制）

除了外接触点以外，还可以用电子设备（例如 PLC）的数字量输出为变频器提供数字量输入（DI）信号。可以将外部数字量输入的公共端子连接到 24 V 或 0 V 端子上，以改变控制模式（DI 端子外接 NPN 或 PNP 型晶体管）。

应用宏针对某种特定应用提供一组相应的参数设置。选择了一个应用宏后，变频器会自动应用该应用宏的参数设置，从而简化调试过程。默认的应用宏为 AP000（采用出厂时默认的全部参数设置）。此外，有水泵、风机、压缩机和传送带这 4 个应用宏。用户可以选择与其控制要求最为接近的应用宏，然后根据需要进一步更改参数。

**3．变频器的参数设置**

V20 变频器用内置的基本操作面板（简称为 BOP，见图 8-26）来设置变频器的参数。上电后进入显示菜单方式，显示 0.00 Hz。单击（按键时间<2s）M 键，进入参数菜单方式，显示 P003。

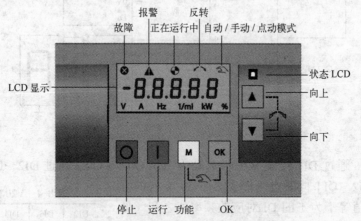

图 8-26　V20 变频器的内置基本操作面板

首先对变频器进行工厂复位。按 ▲、▼ 键增减参数号，长按这两个按钮之一，参数号或参数值将会快速变化。显示出 P0010 时，单击 OK 键，将显示该参数原来的值。用 ▲、▼ 键修改该值为 30（工厂的预设值），单击 OK 键确认。用同样的方法设置 P0970 为 1（参数复位），单击 OK 键后显示"50？"（50Hz）。单击 OK 键，进入设置菜单，显示参数编号 P0304（电动机额定电压）。单击 OK 键显示"in000"，表示该参数方括号内的索引（Index，或称下标）值为 0，可用 ▲、▼ 键修改索引值。按 OK 键显示 P0304[0]原有的值，可以用 ▲、▼ 键修改该值，按 OK 键确认并显示参数号。用同样的方法设置 P0305[0]、P0307[0]、P0310[0]和

P0311[0]（即电动机的额定电流、额定功率、额定频率和额定转速）。

单击Ⓜ键，显示"-Cn000"（出厂默认设置），长按Ⓜ键，设置为连接宏 Cn000，进入显示菜单方式，显示 0.00Hz。单击Ⓜ键，进入参数菜单方式。将 P0003 的值设置为 3，允许读/写所有的参数。按表 8-3 的要求设置 V20 的参数值（与连接宏 Ch003 的参数基本上相同）。最后长按Ⓜ键，进入显示菜单方式，显示 0.00Hz，就可以用数字量输入来控制变频器了。

表 8-3　设置 V20 的参数值

| 参　数 | 描　述 | 参　数 | 描　述 |
|---|---|---|---|
| P0700[0]=2 | 命令源为端子控制 | P0704[0]=17 | DI4 的功能为固定频率选择位 2 |
| P1000[0]=3 | 频率设定为固定给定值 | P1001[0]=5.00 | 固定频率值为 5Hz |
| P1016[0]=1 | 固定频率方式为直接选择模式 | P1002[0]=10.00 | 固定频率值为 10Hz |
| P0701[0]=1 | DI1 的功能为 ON/OFF1 | P1003[0]=15.00 | 固定频率值为 15Hz |
| P0702[0]=15 | DI2 的功能为固定频率选择位 0 | P0732[0]=52.3 | 数字量输出 2 的功能为故障激活 |
| P0703[0]=16 | DI3 的功能为固定频率选择位 1 | | |

#### 4. 用按钮切换电动机的多段转速

多段转速切换的硬件电路如图 8-27 所示。图 8-27 中的 V20 变频器用数字量输入端子

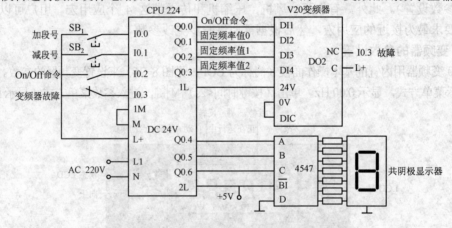

图 8-27　多段转速切换的硬件电路图

控制频率，Q0.0 通过 DI1 控制 V20 的起动/停止，Q0.1～Q0.3 通过 DI2～DI4 选择固定频率值 0～2。DI2～DI4 同时有两个或 3 个为 1（ON）时，频率给定值等于为 1 的 DI 对应的频率值之和（见表 8-4）。

用按钮 SB₁ 和 SB₂ 控制转速的切换。按一次"加段号"按钮 SB₁，转速的段号加 1，第 7 段时按"加段号"按钮段号不变。按一次"减段号"按钮 SB₂，段号减 1，第 0 段时按"减段号"按钮段号不变。

段号用一只 7 段 LED 共阴极显示器来显示，用共阳极 7 段译码驱动芯片 4547 来控制 7 段显示器。CPU 224 的继电器型输出点分为 3 组，1L～3L 是各组的公共点。

表 8-4　V20 的参数设置

| DI2 | DI3 | DI4 | 给定频率/Hz |
|---|---|---|---|
| 0 | 0 | 0 | 0 |
| 1 | 0 | 0 | 5 |
| 0 | 1 | 0 | 10 |
| 1 | 1 | 0 | 15 |
| 0 | 0 | 1 | 15 |
| 1 | 0 | 1 | 20 |
| 0 | 1 | 1 | 25 |
| 1 | 1 | 1 | 30 |

控制段速的 Q0.0～Q0.3 为第 1 组，使用 V20 的 DC 24V 电源；显示段号的 Q0.4～Q0.6 为第 2 组，使用 DC 5V 外接电源。

参数 r0052 的第 3 位 r0052.3 为"变频器故障激活"，它的输出在 DO2 的输出端反向，r0052.3 为 ON 时，无故障；r0052.3 为 OFF 时，有故障。图 8-27 和图 8-28 中使用的是 DO2 的常闭触点，无故障时 I0.3 为 OFF。

下面是控制 8 段转速的程序。

```
LD      I0.2            //起动命令为 ON
AN      I0.3            //且变频器没有故障
=       Q0.0            //起动变频器运行
LD      SM0.1
MOVB    0, MB10         //开机时设置段号的初始值
LD      I0.0
EU                      //在 I0.0 的上升沿
AB<     MB10, 7         //并且 MB10 的段号值小于 7
INCB    MB10            //段号 MB10 加 1
LD      I0.1
EU                      //在 I0.1 的上升沿
AB>     MB10, 0         //并且 MB10 的段号值大于 0
DECB    MB10            //段号 MB10 减 1
LD      M10.0
=       Q0.1            //段号送变频器
=       Q0.4            //段号送显示器
LD      M10.1
=       Q0.2            //段号送变频器
=       Q0.5            //段号送显示器
LD      M10.2
=       Q0.3            //段号送变频器
=       Q0.6            //段号送显示器
```

接通 I0.2 外接的小开关，令 DI1 为 ON。段号为 0 时，DI2～DI4 均为 OFF，BOP 显示运行指示灯，电动机未被起动。用 I0.0 和 I0.1 外接的小开关改变段号值，电动机按表 8-4 中的频率运行，BOP 显示出频率值。断开 I0.2 外接的小开关，DI1 变为 OFF，电动机停机。

**5. 用 4 位二进制数选择固定频率值**

V20 还可以用 DI1～DI4 组成选择固定频率值的 4 位二进制数，DI1 为最低位，DI4 为最高位。4 位二进制数对应于十进制数 0～15，其中 0 对应频率 0Hz，1～15 分别选择固定频率 1～固定频率 15。任意一个 DI 为 ON 时，变频器均起动运行；所有的 DI 均为 OFF 时，变频器才停止运行。

下面是 V20 的参数预设值（与连接宏 Ch003 的基本上相同）：P0700[0]=2，P1000[0]=3，P1016[0]=2（固定频率用二进制选择）。P0701[0]～P0704[0]（固定频率选择位 0～3）分别为 15～18，P0840[0]=1025.0（ON/OFF1 功能选择为任意一个或多个 DI），P1001[0]～P1015[0] 为固定频率值 1～15。

### 8.3.2 用 PLC 切换电动机的变频电源和工频电源

为了保证在变频器出现故障时设备还能继续运行，很多设备都要求设置工频运行和变频运行两种模式。有的还要求在变频器出现故障时，自动切换为工频运行模式，同时发出报警信号。

**1. 单台电动机的电源切换**

在工频/变频电源切换的主电路和控制电路（见图 8-28）中，接触器 $KM_1$ 和 $KM_2$ 动作时，为变频运行；$KM_3$ 动作时，工频电源直接接到电动机上。工频电源如果接到变频器的输出端，将会损坏变频器，所以 $KM_2$ 和 $KM_3$ 绝对不能同时动作，它们相互之间必须设置可靠的互锁。为此，在 PLC 的输出电路中，用它们的常闭触点组成硬件互锁电路。

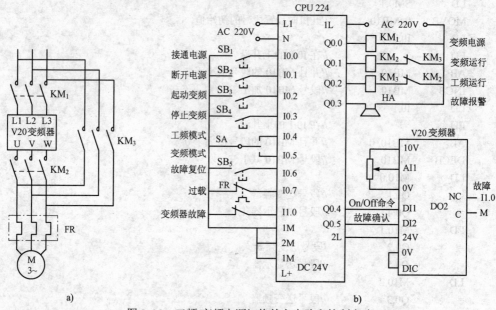

图 8-28　工频/变频电源切换的主电路和控制电路

a) 主电路　b) 控制电路

即使采取了上述措施，也仅能保证 $KM_2$ 和 $KM_3$ 的线圈不会同时通电。如果在运行时维修人员或操作人员用手按压某个接触器的活动触点部分，仍有可能使 $KM_2$ 和 $KM_3$ 的主触点同时接通，导致变频器损坏。为了防止出现这样的事故，$KM_2$ 和 $KM_3$ 可以采用有机械连锁的交流接触器。

在工频运行时，由于变频器不能对电动机进行过载保护，所以设置了热继电器 FR，用它提供工频运行时的过载保护。

旋钮开关 SA 用于切换 PLC 的工频运行模式和变频运行模式，按钮 $SB_5$ 用于变频器出现故障后对故障信号复位。

（1）工频运行

在工频运行时，将选择开关 SA 扳到"工频模式"位置，I0.4 为 ON，为工频运行做好准备。按下"接通电源"按钮 $SB_1$，I0.0 变为 ON，使 Q0.2 的线圈通电并保持（见图 8-29），接触器 $KM_3$ 动作，电动机在工频电压下起动并运行。

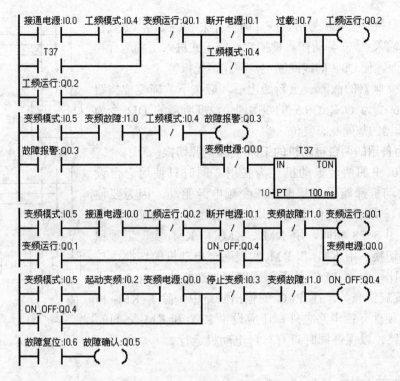

图 8-29 电源切换控制梯形图

在工频运行时，I0.4 的常闭触点断开，按下"断开电源"按钮 SB$_2$，I0.1 的常闭触点断开，使 Q0.2 的线圈断电，接触器 KM$_3$ 失电，电动机停止运行。如果电动机过载，热继电器 FR 的常闭触点断开，I0.7 变为 OFF，Q0.2 的线圈也会断电，使接触器 KM$_3$ 失电，电动机停止运行。

（2）变频运行

在变频运行时，将选择开关 SA 旋至"变频模式"位置，I0.5 为 ON，为变频运行做好准备。按下"接通电源"按钮 SB$_1$，I0.0 变为 ON，使 Q0.0 和 Q0.1 的线圈通电，接触器 KM$_1$ 和 KM$_2$ 动作，接通变频器的电源，并将电动机接至变频器的输出端。

在接通变频器电源后，按下"起动变频"按钮 SB$_3$，I0.2 变为 ON，使 Q0.4 的线圈通电，变频器的 DI1 为 ON，电动机在变频模式运行。Q0.4 的常开触点闭合后，使断开电源的按钮 SB$_2$（I0.1）的常闭触点不起作用，以防止在电动机变频运行时切断变频器的电源。按下"停止变频"按钮 SB$_4$，I0.3 的常闭触点断开，使 Q0.4 的线圈断电，变频器的 DI1 为 OFF，电动机减速和停机。

（3）故障时的电源切换

变频器出现故障时，在变频器内部 NC 与 C 端子之间的 DO2 的常闭触点闭合，使 I1.0 变为 ON，Q0.1、Q0.0 和 Q0.4 的线圈断电，接触器 KM$_1$ 和 KM$_2$ 线圈断电，变频器的电源被断开。Q0.4 使变频器的 DI1 变为 OFF，变频器停止工作。另一方面，Q0.3 的线圈通电并保持，声光报警器 HA 动作，开始报警。同时 T37 开始定时，定时时间到时，使 Q0.2 的线圈通电并保持，电动机自动进入工频运行状态。

操作人员接到报警信号后，应立即将开关 SA 扳到"工频模式"位置，输入点 I0.4 动作，使控制系统正式进入工频运行模式。另一方面，使 Q0.3 的线圈断电，停止声光报警。

处理完变频器的故障、重新通电后，应按下故障复位按钮 SB₅，使 I0.6 变为 ON，Q0.5 的线圈通电。变频器的 DI2 变为 ON，使变频器的故障状态复位。

**2. 互为备用的两台电动机的工频/变频电源切换**

图 8-30 中的两台电动机互为备用，同时只使用一台设备，两台电动机都能用工频电源或变频电源驱动。因为要使用工频电源，所以对每台电动机均应配备用于过载保护的热继电器。与图 8-28 相同，用 KM₁、KM₂ 和 KM₃ 实现工频和变频电源的切换，用 KM₄ 和 KM₅ 实现两台电动机的切换。与图 8-28 相比，应对 PLC 的输入回路增加选择电动机 M₁ 或 M₂ 的两位置旋钮开关。在 PLC 的输出回路中，除了 KM₂ 和 KM₃ 之间的硬件互锁电路之外，还应设置 KM₄ 和 KM₅ 之间的硬件互锁电路，以保证同时只有一台电动机运行。

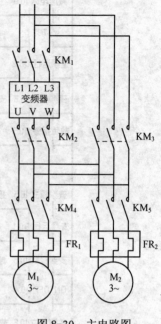

图 8-30　主电路图

# 8.4　触摸屏的组态与应用

## 8.4.1　人机界面与触摸屏

### 1. 人机界面

人机界面（Human Machine Interface，HMI）从广义上说，是泛指计算机（包括 PLC）与操作人员交换信息的设备。在控制领域，人机界面一般特指用于操作人员与控制系统之间进行对话和相互作用的专用设备。人机界面可以在恶劣的工业环境中长时间连续运行，是 PLC 的最佳搭档。

人机界面用字符、图形和动画动态显示现场数据和状态，操作员可以通过人机界面来控制现场的被控对象。此外，人机界面还具有报警、用户管理、数据记录、趋势图、配方管理、显示和打印报表以及通信等功能。

随着技术的发展和应用的普及，近年来人机界面的价格已经大幅下降，西门子的 SMART 700 IE 触摸屏的价格在千元左右。一个大规模应用人机界面的时代正在到来。人机界面已经成为现代工业控制领域广泛使用的设备之一。

### 2. 触摸屏

触摸屏是人机界面的发展方向，用户可以在触摸屏的屏幕上生成满足自己要求的触摸式按键。触摸屏使用直观方便，易于操作。屏幕画面上的按钮和指示灯可以取代相应的硬件元器件，减少 PLC 需要的 I/O 点数，降低系统的成本，提高设备的性能和附加价值。

STN 液晶显示器支持的彩色数有限（例如 8 色或 16 色），被称为"伪彩"显示器。STN 显示器的图像质量较差，可视角度较小，但是功耗小、价格低。已很少使用。

TFT 液晶显示器称为"真彩"显示器，每一液晶像素点都用集成在其后的薄膜晶体管来驱动，其色彩逼真，亮度高，对比度和层次感强，反应时间短，可视角度大，但是耗电较多，成本较高。

### 3. 人机界面的工作原理

人机界面最基本的功能是显示现场设备（通常是 PLC）中位变量的状态和寄存器中数字变量的值，用监控画面上的按钮向 PLC 发出各种命令，以及修改 PLC 寄存器中的参数。

（1）对监控画面组态

首先需要用计算机上运行的组态软件对人机界面组态，生成满足用户要求的人机界面的画面，实现人机界面的各种功能。画面的生成是可视化的，一般不需要用户编程。组态软件的使用简单方便，很容易掌握。

（2）编译和下载项目文件

编译项目文件是指将用户生成的画面和组态的信息转换成人机界面可以执行的文件。编译成功后，需要将可执行文件下载到人机界面的存储器中。

（3）运行阶段

在控制系统运行时，人机界面与 PLC 之间通过通信来交换信息，从而实现人机界面的各种功能。只需要对通信参数进行简单的组态，就可以实现人机界面与 PLC 之间的通信。将画面中的图形对象与 PLC 的存储器地址联系起来，就可以实现控制系统运行时 PLC 与人机界面之间的自动数据交换。

人机界面具有很强的通信功能。一般有串行通信端口，例如 RS-232C 和 RS-422/RS-485 端口，有的还有 USB 和以太网端口。人机界面能与各主要生产厂家的 PLC 通信，以及与运行它的组态软件的计算机通信。

### 4. SMART LINE IE 触摸屏

S7-200 支持文本显示面板 TD 400C（已停产）、SMART HMI（精彩面板）、Comfort HMI（精智面板）和 Basic HMI（精简面板）这 3 个系列的触摸屏。其中的 SMART 700 IE 和 SMART 1000 IE 是专门与 S7-200 和 S7-200 SMART 配套的触摸屏，显示器的对角线分别为 7in 和 10in。它们采用 800×480 高分辨率宽屏设计、64KB 色真彩色显示、节能的 LED 背光、高速外部总线、64MB DDR 内存和 400MHz 主频的高端 ARM 处理器，使画面切换快速流畅。它支持趋势图、配方管理和报警功能。支持 32 种语言，其中 5 种可以在线转换。

集成的以太网端口和串口（RS-422/485）可以自适应切换，用以太网下载项目文件方便快速。串口通信速率最高为 187.5kbit/s，通过串口可以连接 S7-200 和 S7-200 SMART。串口还支持三菱、欧姆龙、Modican 和台达的 PLC。

SMART 700 IE 的价格便宜，具有很高的性能价格比，建议作为 S7-200 首选的人机界面。

本节通过一个简单的例子，介绍用 SMART 700 IE 控制和显示 PLC 中变量的方法。西门子人机界面组态和应用的详细方法见编者写的《西门子人机界面（触摸屏）组态与应用技术 第 2 版》（参考文献[12]）。

### 5. 组态软件 WinCC flexible

WinCC flexible 是西门子人机界面的组态软件，具有简单、高效、易于上手和功能强大的优点。基于表格的编辑器简化了变量、文本和报警信息等的生成和编辑。通过图形化配置，简化了复杂的组态任务。WinCC flexible 可以处理 Windows 字体。使用图库中大量的图形对象，可以快速方便地生成各种美观的画面。SMART 700 IE 用 WoinCC flexible 2008 SP4 组态。

## 8.4.2 生成项目与组态变量

### 1. PLC 的程序

图 8-31 是 S7-200 的梯形图主程序和符号表（见例程"HMI 例程"）。M0.0 和 M0.1 是触摸屏上的按钮产生的起动信号和停止信号。PLC 进入 RUN 模式时，将定时器 T37 的预置值（10s）传送给 VW2，T37 和它的常闭触点组成了一个锯齿波发生器，T37 的当前值按锯齿波变化（见图 2-23）。用触摸屏显示 VW0 中 T37 的当前值，和修改 VW2 中 T37 的预设值。用画面上的指示灯显示 Q0.0 的状态。

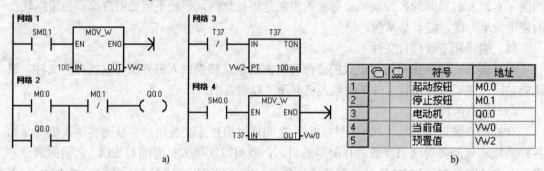

图 8-31　S7-200 梯形图主程序和符号表

a) 梯形图主程序　b) 符号表

### 2. 创建 WinCC flexible 的项目

安装好 WinCC flexible 后，用鼠标双击桌面上的图标，打开 WinCC flexible 项目向导，单击其中的选项"创建一个空项目"。在出现的"设备选择"对话框中，用鼠标双击文件夹"Smart Line"中的 Smart 700 IE，创建一个新的项目。

执行菜单命令"项目"→"另存为"，打开"将项目另存为"对话框，键入项目的名称"HMI 例程"（见同名例程），设置保存项目的文件夹。

图 8-32 是 WinCC flexible 的界面。用鼠标双击项目视图中的某个对象，将会在中间的工作区打开对应的编辑器。单击工作区上面的某个编辑器标签，将会显示对应的编辑器。

单击右边工具箱中的"简单对象"、"增强对象"、"图形"和"库"，将打开对应的文件夹。工具箱包含过程画面经常使用的对象。工具箱内有哪些对象与人机界面的型号有关。

### 3. 组态连接

单击项目视图中的"连接"，打开"连接"编辑器，用鼠标双击连接表的第一行，自动生成的连接默认的名称为"连接_1"，默认的通信驱动程序为"SIMATIC S7-200"。连接表的下面是连接属性视图，用"参数"选项卡设置"接口"为"IF1B"，波特率为 19.2kbit/s（应与 PLC 系统块设置的通信速率相同）。HMI 和 PLC 的 MPI 站地址分别为默认的 1 和 2，其余的参数使用默认值。设置好后，需要用以太网将项目文件下载到 HMI 中。

### 4. 画面的生成与组态

生成项目后，自动生成和打开一个名为"画面_1"的空白画面。用鼠标右键单击项目视图中该画面的图标，执行出现的快捷菜单中的"重命名"命令，将该画面的名称改为"初始画面"。打开画面后，可以使用工具栏上的按钮和来放大或缩小画面。

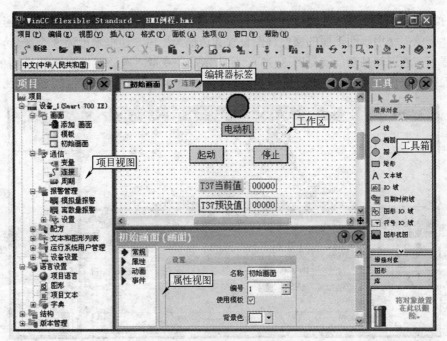

图 8-32　WinCC flexible 的界面

选中画面编辑器下面的属性对话框左边的"常规"类别（见图 8-32），可以设置画面的名称和编号。单击"背景色"选择框的按钮▼，用出现的颜色列表将画面的背景色改为白色。

**5.变量的组态**

变量分为外部变量和内部变量。外部变量是 PLC 存储单元的映像，其值随 PLC 程序的执行而改变。人机界面和 PLC 都可以访问外部变量。内部变量被存储在人机界面的存储器中，与PLC 没有连接关系，只有人机界面才能访问内部变量。内部变量用名称来区分，没有地址。

用鼠标双击项目窗口中的"变量"图标，打开变量编辑器。用鼠标双击变量表的第一行，将会自动生成一个新的变量，然后修改变量的参数。单击变量表的"数据类型"列单元右侧的按钮▼，在出现的列表中选择变量的数据类型。Int 为有符号的 16 位字，Bool为用于数字量的二进制位。

用鼠标双击下面的空白行，自动生成一个新的变量，新变量的参数与上一行变量的参数基本上相同，其地址与上面一行按顺序排列。图 8-33 是项目"HMI 例程"的变量编辑器中的变量，与图 8-31 的 PLC 符号表中的变量相同。"连接_1"表示是与 HMI 连接的 S7-200 中的变量。

| 名称 | 连接 | 数据类型 | 地址 | 采集周期 |
|---|---|---|---|---|
| 当前值 | 连接_1 | Int | VW 0 | 100 ms |
| 起动按钮 | 连接_1 | Bool | M 0.0 | 100 ms |
| 停止按钮 | 连接_1 | Bool | M 0.1 | 100 ms |
| 电动机 | 连接_1 | Bool | Q 0.0 | 100 ms |
| 预设值 | 连接_1 | Int | VW 2 | 100 ms |

图 8-33　变量编辑器中的变量

## 8.4.3　组态指示灯与按钮

**1.组态指示灯**

指示灯用来显示位变量"电动机"的状态。在画面上放置一个圆作为指示灯（见图 8-34）。单击右边工具箱中的"简单对象"，单击选中其中的"圆"，按住鼠标左键并移动鼠标，将它拖到画面上希望的位置。松开左键，对象被放在当前所在的位置。这个操作简称为"拖放"。用画面下面的属性视图设置其边框为黑色，边框宽度为 3 个像素点，填充色为深绿色，通过动画功能（见图 8-35），使指示灯在变量"电动机"为 0 和 1 时的颜色分别为深绿色和绿色。

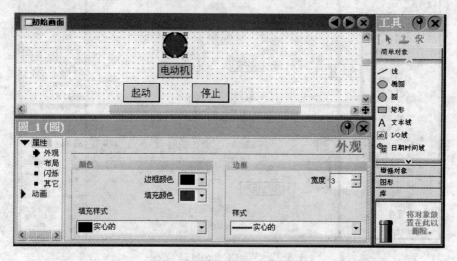

图 8-34　组态指示灯

图 8-35　动画功能

## 2. 用鼠标改变对象的位置和大小

用鼠标左键单击图 8-36a 中的指示灯，它的四周出现 8 个小正方形。将鼠标的光标放到指示灯上，光标变为图中的十字箭头图形。按住鼠标左键并移动鼠标，将选中的对象拖到希望的位置，松开左键，对象就被放在当前所在的位置上。

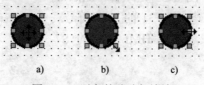

a)　　　　　　　b)　　　　　　　c)

图 8-36　对象的移动与缩放

a) 移动指示灯　b) 放大与缩小指示灯　c) 调节水平或垂直方向的尺寸

用鼠标左键选中某个角的小正方形，鼠标的光标变为 45°的双向箭头（见图 8-36b），按住左键并移动鼠标，可以同时改变对象的长度和宽度，长宽的比例不变。

用鼠标左键选中 4 条边中点的某个小正方形，鼠标的光标变为水平或垂直的双向箭头（见图 8-36c），按住左键并移动鼠标，可将选中的对象沿水平方向或垂直方向放大或缩小。可以用同样的方法放大或缩小窗口。

**3．组态按钮**

（1）按钮的生成

画面上的按钮的功能与接在 PLC 输入端的物理按钮的功能相同，都是用来将操作命令发送给 PLC，通过 PLC 的用户程序来控制生产过程。

单击工具箱中的"简单对象"，将其中的按钮图标 **OK** 拖放到画面上。用前面介绍的鼠标使用方法来调整按钮的位置和大小。

（2）设置按钮的属性

单击选中生成的按钮，选中属性视图的"常规"类别，用单选框选中"按钮模式"和"文本"域中的"文本"。将"'OFF'状态文本"中的 Text 修改为起动（见图 8-37）。

图 8-37 组态按钮的常规属性

如果选中复选框"ON 状态文本"，可以分别设置按下和释放按钮时按钮上面的文本。一般不选中该复选框，按下按钮和释放按钮时显示的文本相同。

选中属性视图左边窗口"属性"类别的"外观"子类别，可以在右边窗口修改它的前景（文本）色和背景色。还可以用复选框设置按钮是否有三维效果。

选中属性视图左边窗口"属性"类别的"文本"子类别，设置按钮上文本的字体为宋体、12 个像素点。水平对齐方式为"居中"，垂直对齐方式为"中间"。

（3）按钮功能的设置

选中属性视图的"事件"类别中的"按下"子类别（见图 8-38），单击右边窗口最上面一行右侧的按钮，再单击出现的系统函数列表的"编辑位"文件夹中的函数"SetBit"（置位）。

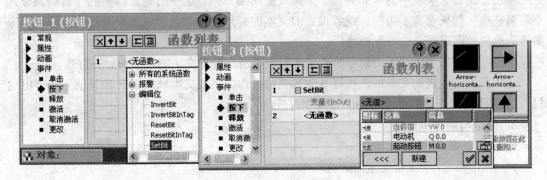

图 8-38 组态按钮按下时执行的函数

直接单击表中第 2 行右侧隐藏的 按钮，打开出现的对话框中的变量表，单击其中的变量"起动按钮"（M0.0）。在运行时按下该按钮，将变量"起动按钮"置位为 ON。

用同样的方法，设置在释放该按钮时调用系统函数"ResetBit"，将变量"起动按钮"复位为 OFF。该按钮具有点动按钮的功能，按下按钮时，PLC 中的变量"起动按钮"被置位；放开按钮时，它被复位。

单击画面上组态好的起动按钮，先后执行"编辑"菜单中的"复制"和"粘贴"命令，生成一个相同的按钮。用鼠标调节它在画面上的位置，选中属性视图的"常规"类别，将按钮上的文本修改为"停止"。打开"事件"类别，组态在按下和释放按钮时分别将变量"停止按钮"置位和复位。

### 8.4.4 组态文本域和 IO 域

**1. 生成与组态文本域**

将工具箱中标有"A"的文本域图标（见图 8-32）拖放到画面上，默认的文本为 Text。单击生成的文本域，选中属性视图的"常规"类别，在右边窗口的文本框中键入"T37 当前值"。选中属性视图左边窗口"属性"类别中的"外观"子类别，可以在右边窗口（见图 8-39）修改文本的颜色、背景色和填充样式。在"边框"域中的"样式"选择框中，可以选择"无"（没有边框）或"实心"（有边框），还可以设置边框以像素点为单位的宽度和颜色，用复选框设置是否有三维效果。

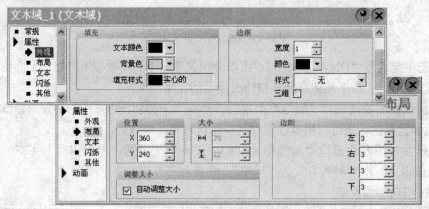

图 8-39　组态文本域的外观和布局

单击"属性"类别中的"布局"子类别（见图 8-39），选中右边窗口中的"自动调整大小"复选框。如果设置了边框，或者设置的文本的背景色与画面背景色不同，建议设置以像素点为单位的四周的"边距"相等。

选中左边窗口"属性"类别中的"文本"子类别，设置文字的大小和对齐方式。

选中画面上生成的文本域，执行复制和粘贴操作，生成文本域"T37 预设值"和"电动机"（见图 8-32），然后修改它们的边框和背景色。

**2. 生成与组态 IO 域**

IO 域有以下 3 种模式。

1）输出域：用于显示变量的数值。

2）输入域：用于操作员键入数字或字母，并将它们保存到指定的 PLC 的变量中。

3）输入/输出域：同时具有输入和输出功能，操作员可以用它来修改 PLC 中变量的数值，并将修改后 PLC 中的数值显示出来。

将工具箱中的 IO 域图标 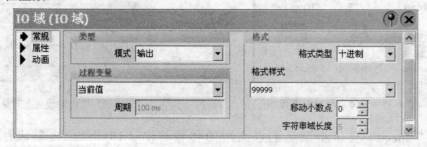（见图 8-34）拖放到画面上，选中生成的 IO 域。单击属性视图的"常规"类别（见图 8-40），用"模式"选择框设置 IO 域为输出域，连接的过程变量为当前值。在"格式"域，采用默认的格式类型"十进制"，设置"格式样式"为99999（5 位整数）。

图 8-40　组态 IO 域

IO 域属性视图的"外观"、"布局"和"文本"子类别的参数设置与文本域的基本上相同，将外观设置为有边框，背景色为白色。

选中画面上生成的 IO 域，执行复制和粘贴操作。放置好新生成的 IO 域后选它，单击属性视图的"常规"类别，设置该 IO 域连接的变量为"T37 预设值"，模式为输入/输出，其余的参数不变。

### 8.4.5　用控制面板设置触摸屏的参数

下面将 Smart 700 IE 组态为用以太网端口下载项目文件，用 RS-485 端口与 PLC 通信。

**1. 启动触摸屏**

接通电源后，Smart 700 IE 的屏幕点亮，几秒后显示进度条。启动后出现"装载程序"对话框（见图 8-41）。"Transfer"（传送）按钮用于将触摸屏切换到传送模式。"Start"（启动）按钮用于打开保存在触摸屏中的项目，显示初始画面。启动时，如果触摸屏已经装载了项目，在出现装载对话框后经过设置的延时时间，将自动打开项目。

**2. 控制面板**

Smart 700 IE 使用 Windows CE 操作系统，与计算机的Windows 操作系统一样，用控制面板设置触摸屏的各种参数。单击图 8-41 中的"Control Panel"按钮，打开触摸屏的控制面板

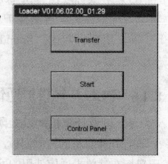

图 8-41　"装载程序"对话框

（见图 8-42）。《Smart 700 IE、Smart 1000 IE 操作说明》详细地介绍了控制面板的使用方法。

**3. 设置以太网端口的通信参数**

用鼠标双击控制面板的"Ethernet"图标，打开"Ethernet Settings"（以太网设置）对话框。用单选框选中"Specify an IP address"（用户指定 IP 地址）。在"IP Address"文本框中，输入 IP 地址 192.168.1.3，"Subnet Mask"（子网掩码）是自动生成的。如果没有使用网关，不用输入"Def. Gateway"（网关）。选中复选框"Auto Negotiation"（复选框中出现

叉），激活自动检测和设置以太网的连接模式和传输速率，同时激活"自动交叉"功能。

图 8-42 触摸屏的控制面板

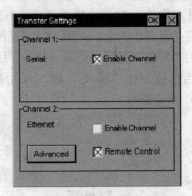

图 8-43 "传输设置"对话框

采用"Speed"文本框默认的以太网的传输速率（10Mbit/s）和默认的通信连接"Half-Duplex"（半双工）。

单击"OK"按钮，关闭对话框并保存设置。

**4. 传输设置**

用鼠标双击控制面板中的"Transfer"图标，打开"传输设置"对话框（见图 8-43）。选中"Channel 1"（通道 1）域中串行端口（Serial）的"Enable Channel"（激活通道）复选框，复选框中出现叉，Smart 700 IE 使用 RS-485/422 端口与 PLC 通信。

**5. 控制面板的其他功能**

1）用鼠标双击图 8-42 中的"OP"图标，可以设置启动时的延迟时间（0～60s）和校准触摸屏。

2）用鼠标双击"Password"图标，可以设置控制面板的密码保护。

3）用鼠标双击"Screen Saver"图标，可以设置屏幕保护程序的等待时间，输入"0"将禁用屏幕保护。屏幕保护程序有助于防止出现残影滞留，建议使用屏幕保护程序。

4）用鼠标双击"Sound Settings"图标，可以设置在触摸屏幕或显示消息时是否产生声音反馈。

## 8.4.6 PLC 与触摸屏通信的实验

**1. 设置计算机的以太网端口参数**

打开计算机的控制面板，用鼠标双击其中的"网络连接"图标。在"网络连接"对话框中，用鼠标右键单击通信使用的网卡对应的连接图标，例如"本地连接"图标，执行出现的快捷菜单中的"属性"命令，打开"本地连接属性"对话框。选中"此连接使用下列项目"列表框最下面的"Internet 协议（TCP/IP）"，单击"属性"按钮，打开"Internet 协议（TCP/IP）属性"对话框。

用单选框选中"使用下面的 IP 地址"，键入计算机以太网端口的子网地址 192.168.1.x，IP 地址第 4 个字节的数值 x 是子网内设备的地址，可以取 0～255 的某个值，但是不能与 HMI 的 IP 地址重叠。单击"子网掩码"输入框，自动出现默认的子网掩码 255.255.255.0。不用设置网关的 IP 地址。设置结束后，单击各级对话框中的"确定"按钮，最后关闭"网络连接"对话框。

**2．设置 WinCC flexible 与触摸屏通信的参数**

单击 WinCC flexible 工具栏上的 ![button] 按钮，打开"选择设备进行传送"对话框，设置"通信模式"为以太网。将 Smart 700 IE 的 IP 地址设置为 192.168.1.3，应与用 Smart 700 IE 的控制面板设置的 IP 地址相同。

**3．下载项目文件到 HMI**

下载时可以用以太网电缆直接连接计算机和 Smart 700 IE 的以太网端口，也可以通过交换机连接它们。

单击"选择设备进行传送"对话框中的"传送"按钮，首先自动编译项目，如果没有编译错误和通信错误，该项目将被传送到触摸屏。如果 Smart 700 IE 正在运行，将会自动切换到传输模式，出现"Transfer"对话框，显示下载的进程。下载成功后，Smart 700 IE 会自动返回运行状态，显示下载的项目的初始画面。

**4．将程序下载到 PLC**

打开 STEP 7-Micro/WIN，用系统块设置端口 0 的传输速率为 19.2kbit/s，站地址采用默认的 2 号站（应与 WinCC flexible "连接"编辑器中组态的相同）。用 USB/PPI 电缆连接 PLC 和计算机，将程序下载到 S7-200。

**5．系统运行实验**

关闭 Smart 700 IE 和 S7-200 的电源，用 MPI 通信电缆连接它们的 RS-485 通信端口。接通它们的电源，令 S7-200 进入运行模式。

触摸屏显示出初始画面（见图 8-44）后，可以看到 PLC 中 T37 的预设值 100 和不断变化的 T37 的当前值，在达到预设值时又从 0 开始增大。

单击画面上"T37 预设值"右侧的输入/输出域，画面上出现一个数字键盘（见图 8-45）。其中的〈ESC〉是取消键，单击它后数字键盘消失，退出键入过程，键入的数字无效。〈BSP〉是退格键，与计算机键盘上的〈Backspace〉键的功能相同，单击该键，将删除光标左侧的数字。〈+/-〉键用于改变输入的数字的符号。 ← 和 → 分别是光标左移键和光标右移键， ←┘ 是确认〈Enter〉键，单击它使键入的数字有效（被确认），并在输入域中显示，同时关闭数字键盘。

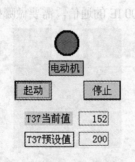

图 8-44　运行中的初始画面

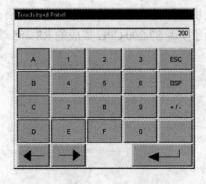

图 8-45　数字键盘

用弹出的小键盘键入 200（见图 8-45），按确认键后传送给 PLC 中保存 T37 预设值的 VW2。屏幕显示的 T37 的当前值将在 0～200 之间变化。

单击画面上的"起动"按钮，PLC 的位存储器 M0.0（起动按钮）变为 ON 后又变为

OFF，由于图 8-31 中 PLC 程序的运行，变量"电动机"（Q0.0）变为 ON，画面上与该变量连接的指示灯被点亮。单击画面上的"停止"按钮，PLC 的位存储器 M0.1（停止按钮）变为 ON 后又变为 OFF，其常闭触点断开后又被接通，由于 PLC 程序的运行，变量"电动机"变为 OFF，画面上的指示灯熄灭。

## 8.5 习题

1. 在有强烈干扰的环境下，可以采取什么可靠性措施？
2. 布线时应采取哪些抗干扰措施？
3. 电缆的屏蔽层应怎样接地？
4. 为什么在模拟量信号远传时应使用电流信号，而不是电压信号？
5. 怎样判别闭环控制中反馈的极性？
6. 超调量反映了系统的什么特性？
7. 什么是反作用调节？怎样实现反作用调节？
8. 增大增益对 PID 控制系统的动态性能有什么影响？
9. PID 中的积分部分有什么作用？增大积分时间对系统的性能有什么影响？
10. PID 中的微分部分有什么作用？
11. 如果闭环响应的超调量过大，应调节 PID 控制器的哪些参数？怎样调节？
12. 阶跃响应没有超调，但是被控量上升过于缓慢，应调节哪些参数？怎样调节？
13. 消除误差的速度太慢，应调节什么参数？
14. 上升时间过长应调节什么参数？怎样调节？
15. 怎样确定 PID 控制的采样周期？
16. 怎样确定 PID 控制器参数的初始值？
17. 怎样控制变频器的输出频率？
18. 怎样切换电动机的变频电源和工频电源？
19. 什么是人机界面？它的英文缩写是什么？
20. 人机界面的内部变量和外部变量各有什么特点？
21. 为了实现 S7-200 CPU 集成的 RS-485 端口与 Smart 700 IE 的通信，需要做哪些操作？

# 附　录

## 附录 A　实验指导书

### A.1　编程软件的使用练习

**1．实验目的**

1）了解 S7-200 的结构和外部接线方法。

2）了解和熟悉 STEP 7-Micro/WIN 编程软件的使用方法。

3）了解输入和编辑用户程序的方法。

4）了解下载和调试用户程序的方法。

**2．实验装置**

1）CPU 模块一只。

2）安装了 STEP 7-Micro/WIN 的计算机一台。

3）USB/PPI 编程电缆一根。

4）数字量输入开关板一块，上面的小开关用来产生数字量输入信号，使用 CPU 的 DC 24V 传感器电源作为 PLC 输入回路的电源。PLC 输出点的状态用对应的 LED（发光二极管）来观察，调试程序时一般可以不接实际的外部负载。

如果未加说明，后面的实验装置同本实验。

**3．实验内容**

（1）准备工作

1）在断电的情况下，将数字量输入开关板接到 PLC 的输入端。用编程电缆连接 PLC 的 RS-485 端口和计算机的 USB 端口，接通 PLC 的电源。

2）打开 STEP 7-Micro/WIN，自动生成一个新的项目。

3）执行菜单命令"PLC"→"类型"，设置 PLC 的型号。

4）设置通信参数，建立起计算机与 PLC 的通信连接。

（2）输入和编辑用户程序

1）在主程序 OB1 中分两个网络输入图 2-4b 所示的梯形图程序，然后编译程序，分别用 3 种编程语言显示程序。用计算机的〈Insert〉键在"插入"（INS）和"覆盖"（OVR）两种模式之间切换（见状态栏上的符号），观察这两种模式对程序输入（例如添加一个触点）的影响。

2）输入图 2-1 中的程序注释和网络 1 的注释。反复单击工具栏上的"切换 POU 注释"按钮⬜和"切换网络注释"按钮⬜，观察这两个按钮的作用。

3）分别单击项目树中的某个文件夹或文件夹中的对象、项目树中的指令列表或程序编辑器中的某条指令，或按住工具栏上的某个按钮，或打开某个窗口，然后按〈F1〉键，查看有关的在线帮助。使用在线帮助中的目录和索引功能，熟悉帮助功能的使用方法。

4）执行"工具"菜单中的"选项"命令，打开"选项"对话框（见图 2-6），设置梯形图编辑器中网格的宽度、字体的类型、字形、字号等属性，观察修改参数后的效果。选中左边窗口的"常规"菜单命令，设置保存文件的默认的文件夹位置。

5）单击工具栏上的"编译"按钮☑或"全部编译"按钮☑，编译输入的程序。故意制造一些语法错误（例如删除某个线圈、在一个网络中放置两块独立电路），观察编译后输出窗口显示的错误信息。双击某一条错误，程序编辑器中的矩形光标将移到该错误所在的网络。改正程序中所有的错误，直到编译成功为止。

6）单击快速访问工具栏上的"保存"按钮🖫，在出现的"另存为"对话框中输入项目的名称"电机起动"，设置保存项目的文件夹。单击"保存"按钮，将所有的项目数据保存在扩展名为 mwp 的文件中。

7）编译成功后，用鼠标双击指令树中的"交叉引用表"图标，观察出现的交叉引用表。用鼠标双击表中的某一行，观察是否能显示出对应的网络。

（3）下载和调试用户程序

1）断开数字量输入板上的全部输入开关，CPU 模块上输入侧的 LED 全部熄灭。

2）计算机与 PLC 建立连接后，将 CPU 模块上的模式开关扳到 RUN 位置。单击工具栏上的"下载"按钮➚，在下载对话框中单击"选项"按钮，在"选项"区选择要下载的块。单击"下载"按钮，开始下载。

3）下载后，如果 CPU 处于 STOP 模式，单击工具栏上的"运行"按钮▶，开始运行用户程序，此时 CPU 模块上的"RUN" LED 亮。

4）用接在端子 I0.0 上的小开关来模拟起动按钮信号，将开关接通后马上断开。通过 CPU 模块上的 LED 观察 Q0.0 是否变为 ON，延时 10s 后 Q0.1 是否变为 ON；用接在端子 I0.1 或 I0.2 上的小开关来模拟停止按钮信号或过载信号，观察 Q0.0 和 Q0.1 是否变为 OFF。

（4）上载用户程序

生成一个新的项目，上载 CPU 中的用户程序。

## A.2 符号表的应用实验

### 1．实验目的

了解生成符号地址和在程序中使用符号地址的方法。

### 2．实验内容

（1）生成符号和查看符号表

打开上一个实验生成的项目后，打开符号表，输入图 2-12 中的符号。用各种方式对符号表中的符号进行排序。查看图 2-13 中的 POU 符号表中的符号。

（2）地址显示方式的切换

执行"查看"菜单中的"符号寻址"命令，交替显示绝对地址和符号地址，执行"工具"菜单中的"选项"命令，用"选项"对话框（见图 2-6）中的"符号寻址"选择框切换"仅显示符号"和"显示符号和地址"。观察这两种显示方式的区别。

单击工具栏上的按钮▦，打开和关闭符号信息表。在显示绝对地址时单击工具栏上的"应用项目中的所带符号"按钮🔤，将符号表中所有的符号名称应用到项目中。

（3）在程序编辑器中定义、编辑和选择符号

用右键单击程序编辑器中未定义符号的地址（例如 T37），执行出现的快捷菜单中的

"定义符号"命令，为该地址定义符号。观察程序编辑器和符号表中是否出现该符号。

用右键单击程序编辑器中的某个符号，执行快捷菜单中的"编辑符号"命令，修改该符号的地址和注释。用右键单击程序编辑器中的某个变量，执行快捷菜单中的"选择符号"命令，为该变量选用符号表中的符号。

## A.3　用编程软件调试程序的实验

### 1．实验目的

熟悉用程序状态和状态表调试程序的方法。

### 2．实验内容

（1）用程序状态调试程序

打开前两个实验的项目，输入图 2-19 中的程序，下载到 CPU 后运行程序，单击工具栏上的"程序状态监控"按钮图，启用程序状态监控。用外接的小开关改变程序中各输入点的状态，观察梯形图中有关触点、线圈和定时器状态的变化（见图 2-18）。

关闭程序状态监控后，切换到语句表显示方式，在 RUN 模式启用程序状态监控，用小开关提供输入信号，观察各变量的状态变化。启用程序状态监控时，如果出现"时间戳记不匹配"的对话框（见图 2-17），单击"比较"按钮，显示出"已通过"后，单击"继续"按钮，开始监控。

（2）用状态表监控变量

打开状态表，输入图 2-22 中的地址。单击工具栏上的"状态表监控"按钮图，启动监控功能。用接在 I0.0 和 I0.1 端子上的小开关来产生起动按钮和停止按钮信号，观察状态表中各变量的状态变化。

在 Q0.0 和 Q0.1 的"新值"列分别写入 1 和 0，用工具栏上的"全部写入"按钮图将新值写入 CPU。观察写入的值与程序执行的关系。在 T37 的使能输入为 ON 时改写 T37 的当前值。

多次单击工具栏上的"趋势图"按钮图，在状态表和趋势图之间切换。观察趋势图中 T38 的当前值和 M10.0 的波形图是否如图 2-23 的趋势图所示。用鼠标右键单击趋势图，修改趋势图的时间基准。

显示趋势图时多次单击工具栏上的"暂停趋势图"按钮图，"冻结"和重新显示趋势图。

（3）用状态表强制变量

在状态表中用十六进制格式监视 VW0、VB0 和 VW1（见图 2-24）。在 VW0 的"新值"单元键入一个 4 位十六进制数。单击工具栏上的"强制"按钮图，观察出现的显式强制、隐式强制和部分隐式强制图标。尝试是否能直接解除隐式强制和部分隐式强制。

将 PLC 断电，等到 CPU 上的 LED 熄灭后再上电。启动监控，观察强制符号是否消失。

用工具栏上的"取消强制"按钮图，解除对 VW0 的强制，观察解除的效果。

（4）在程序状态监控时写入和强制变量

启用程序状态监控，在 I0.0 和 I0.1 为 OFF 时，用鼠标右键单击程序状态中的 Q0.0，执行出现的菜单中的"写入"命令，分别写入 ON 和 OFF，观察写入的效果。T37 的常开触点断开时，是否能用"写入"命令将 Q0.1 置为 ON？为什么？

用右键菜单命令将 I0.0 强制为 ON，观察是否能用外接的小开关改变梯形图中 I0.0 的状态。分别对 I0.0 和 I0.1 进行"强制"为 ON、OFF 和"取消强制"的操作，以此代替外接的小开关来调试程序。

## A.4 仿真软件的使用练习

### 1. 实验目的
熟悉 S7-200 的仿真软件的使用方法。

### 2. 实验内容
1）用鼠标双击仿真软件中的可执行文件，打开仿真软件，输入密码 6596，执行菜单命令"配置"→"CPU 型号"，将 CPU 的型号改为 CPU 224。

2）打开 A.3 节所用的项目，单击工具栏上的"编译"按钮☑或"全部编译"按钮☑，编译当前打开的程序或所有的程序。编译成功后，执行菜单命令"文件"→"导出"，在出现的对话框中设置保存导出的 ASCII 文本文件的文件夹和文件名，文件扩展名为 awl。

3）单击仿真软件工具栏中的下载按钮📥，出现"装入 CPU"对话框，可以选择只下载逻辑块。单击"确定"按钮，在出现的"打开"对话框中，选中刚生成的*.awl 文件，单击"打开"按钮，开始下载。下载结束后，可以关闭出现的"语句表"窗口。

4）单击工具栏上的"运行"按钮▶，切换到 RUN 模式，CPU 上的"RUN"LED 亮。

5）两次单击仿真软件中 CPU 模块下面 I0.0 对应的小开关，模拟起动按钮的操作，观察 CPU 模块上 Q0.0 对应的输出点的 LED 是否被点亮，Q0.1 是否延时起动。两次单击 CPU 模块下面 I0.1 对应的小开关，模拟停止按钮的操作，观察 CPU 模块上 Q0.0 和 Q0.1 对应的输出点的 LED 是否熄灭。

6）在 RUN 模式单击工具栏上的"程序状态"按钮🖼，用程序状态功能监视梯形图中触点和线圈的状态。两次单击 CPU 模块下面 I0.0 或 I0.1 对应的小开关，模拟按钮的操作，观察梯形图中各触点和线圈的状态以及定时器当前值的变化是否正确。

7）单击工具栏上的"状态表"按钮🖼，或执行菜单命令"查看"→"状态表"，在出现的状态表中，键入下列要监视的变量的地址，即数据格式为 Bit（二进制的位）的 I0.0、I0.1、Q0.0 和 Q0.1；以及数据格式为 With sign（有符号字）的 T37 的当前值。单击"开始"按钮，启动监控。两次单击 CPU 模块下面 I0.0 或 I0.1 对应的小开关，模拟按钮的操作，观察状态表中有关元件状态的变化。

## A.5 位逻辑指令的功能与应用实验

### 1. 实验目的
了解位逻辑指令的功能和使用方法。

### 2. 实验内容
（1）梯形图和语句表之间的相互转换

打开例程"位逻辑指令"，将程序下载到 CPU 中。用"查看"菜单中的"STL"和"梯形图"命令在梯形图和语句表之间进行转换，观察程序中网络 1～9（对应于图 3-10～图 3-18）中的梯形图和语句表程序之间的关系。书中各图一般没有标出网络号。

写出图 3-31、图 3-32（第 3 章习题 17、18）中的梯形图对应的语句表。生成一个新的项目，将上述梯形图输入到 OB1 中，转换为语句表后，检查写出的语句表是否正确。

画出图 3-34（第 3 章习题 20）中的语句表对应的 3 个梯形图。将图 3-34 中的语句表输入到 OB1（注意需要正确地划分网络）中，转换为梯形图后，检查手工画出的梯形图是否正确。

（2）置位、复位指令

将例程"位逻辑指令"下载到 CPU 中，将 CPU 切换到 RUN 模式，用状态表监视 M0.3，用 I0.1 和 I0.2 产生的脉冲分别将 M0.3 置位和复位（见图 3-19 和网络 10、11），观察置位和复位的效果，是否有保持功能。

（3）RS、SR 双稳态触发器指令

扳动 I0.2～I0.5 对应的小开关，检查图 3-20（见网络 12、13）中的 SR 和 RS 双稳态触发器指令的基本功能，特别注意置位输入和复位输入同时为 ON 时触发器输出位的状态。

（4）正、负向转换触点指令

用状态表监控 M1.0（见图 A-1 和网络 14、15），扳动 I0.6 和 I1.1 对应的小开关，接通和断开由它们的常开触点组成的串联电路，观察在正向转换触点能流输入的上升沿和负向转换触点能流输入的下降沿是否能分别将 M1.0 复位和置位？

在状态表中监视 VW10，扳动图 A-2 中 I0.6 对应的小开关（见网络 17），观察 VW10 的值是否在 I0.6 的上升沿时加 5。删除（短接）图中的正向转换触点，下载程序后重复上述的操作，解释观察到的现象。

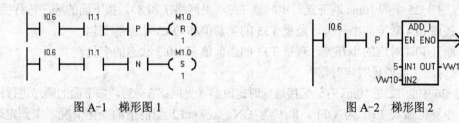

图 A-1　梯形图 1　　　　　　　　　　图 A-2　梯形图 2

（5）取反触点指令

扳动图 3-21 中 I0.7 和 I1.0 对应的小开关（见图 3-21 和网络 16），接通和断开由它们的触点组成的串联电路，观察取反触点左边和右边能流的状态是否相反。

（6）间接寻址

生成一个新的项目，将例 3-1 中的查表程序键入 OB1 中。在状态表中监控 VW100～VW146、VD20 和 VW30，各地址的格式均为"有符号"。首先键入 VW100，选中它后多次按〈Enter〉键，将会自动生成下一个字，用这样的方法快速地生成地址 VW100～VW146。

将程序下载到 PLC 后运行该程序，单击工具栏上"状态表监控"按钮🖳，启动监控功能。在 VW100～VW146 的"新值"列键入任意的值，单击工具栏上的"全部写入"按钮🖍，各行的"新值"均被写入 PLC 中，并在该行的"当前值"列显示出来。

在 VD20 的"新值"列键入表格的偏移量（小时值 0～23），单击按钮🖍，将它写入 PLC 中，观察 VW30 读取到的给定值是否正确？改变 VD20 的值，重复上述的操作。

## A.6 定时器的应用实验

### 1. 实验目的

了解定时器的编程与监控的方法。

### 2. 实验内容

下载例程"定时器应用"后，运行用户程序，启动程序状态监控功能。该例程已用系统块设置定时器 T0~T31 有断电保持功能。

（1）接通延时定时器

启动程序状态监控功能，按下面的顺序操作，观察图 3-23 中定时器 T37 的当前值和 Q0.0 的状态变化。

1）接通 I0.0 对应的小开关，未到预设值时断开它。

2）接通 I0.0 对应的小开关，到达预设值后断开它。

3）将 T37 的预设值 PT 由常数改为 VW0，下载后运行程序。用状态表将 150 写入 VW0，重复上述的操作。

（2）脉冲定时器

用程序状态监控图 3-24 中的脉冲定时器（见网络 6），令 I0.3 为 ON 的时间分别小于和大于 T38 的预设值 30，观察 Q0.2 输出的脉冲宽度是否等于其预设值。

（3）断开延时定时器

监控图 3-25 中的 10ms 断开延时定时器 T33（见网络 7 和 8），按下面的顺序进行操作。

1）接通 I0.4 对应的小开关，监视 T33 的当前值和 Q0.3 状态的变化。

2）断开 I0.4 对应的小开关，观察 T33 的当前值和 Q0.3 状态的变化。

（4）有记忆接通延时定时器

图 3-26 中的 T2 是 10ms 有记忆接通延时定时器（见网络 3~5），按下面的顺序进行操作。

1）令复位输入 I0.2 为 OFF，I0.1 为 ON，观察 T2 当前值的变化情况。未到定时时间时，断开 I0.1 对应的小开关，观察 T2 的当前值是否保持不变。

2）重新接通 I0.1 对应的小开关，观察 T2 当前值和 Q0.1 状态变化的情况。

3）接通复位输入 I0.2 对应的小开关后马上断开，观察 T2 的当前值和 Q0.1 状态的变化。

4）T2 被设置为有断电保持功能。在 T2 的定时时间到之后，断开 I0.1 对应的小开关，观察在 PLC 断电又上电后，T2 的当前值和常开触点状态的变化情况。

## A.7 计数器的应用实验

### 1. 实验目的

了解计数器的编程和监控的方法。

### 2. 实验内容

下载例程"计数器应用"后，运行用户程序，启动程序状态监控功能。

（1）加计数器

对图 3-28 中的加计数器 C0，按下面的顺序进行操作。

1）断开复位输入 I0.1 对应的小开关，用 I0.0 对应的小开关发出计数脉冲，观察 C0 的当前值和 Q0.0 变化的情况。在 C0 的当前值等于预设值后再发计数脉冲，观察 C0 的当前值是否变化。

2）接通 I0.1 对应的小开关，观察 C0 的当前值是否变为 0，Q0.0 是否变为 OFF。此时用 I0.0 对应的开关发出计数脉冲，观察 C0 的当前值是否变化。

3）已用系统块设置计数器 C0～C31 有断电保持功能。在 C0 的常开触点闭合时，观察在 PLC 断电后又上电，C0 的当前值和常开触点状态的变化情况。将计数器改为 C40，下载后检查它是否有断电保持功能。

（2）减计数器

对图 3-29 中的减计数器 C1，按下面的顺序进行操作。

1）接通装载输入 I0.3 对应的小开关后再断开它，观察 C1 的当前值是否变为预设值 3，Q0.1 是否变为 OFF。

2）用 I0.2 对应的小开关发出计数脉冲，观察 C1 的当前值减至 0 时，Q0.1 是否变为 ON。在当前值为 0 后再发计数脉冲，观察 C1 的当前值是否变化。

（3）加减计数器

对图 3-30 中的加减计数器 C2，按下面的顺序进行操作。

1）断开复位输入 I0.6 对应的小开关，用 I0.4 或 I0.5 对应的小开关发出加计数脉冲或减计数脉冲，观察 C2 的当前值和 Q0.2 状态之间的关系。

2）接通 I0.6 对应的小开关，观察 C2 的当前值和 Q0.2 的变化。此时用 I0.4 或 I0.5 对应的开关发出计数脉冲，观察 C2 的当前值是否变化。

## A.8 定时器计数器应用的编程实验

### 1. 实验目的

进一步了解定时器和计数器指令的使用方法。

### 2. 实验内容

（1）长延时电路

打开例程"定时器计数器应用"，下载到 CPU 后运行程序。令图 4-2 中的 I0.1 为 ON（见网络 1、2），观察 C3 的当前值是否每分钟加 1，I0.1 为 OFF 时 C3 是否被复位。

为了减小等待的时间，减小图 4-3 中 T37 和 C4 的预设值，用 I0.2 启动 T37 定时。观察总的定时时间是否等于 C4 和 T37 预设值乘积的 1/10（单位为 s）。

（2）闪烁电路

闪烁电路如图 4-4 和网络 6、7 所示。接通 I0.3 对应的小开关，用程序状态观察 T41 和 T42 是否能交替定时，使 Q0.7 控制的指示灯闪烁。Q0.7 为 ON 和 OFF 时间应分别等于 T42 和 T41 的预设值。改变这两个预设值，下载后重复上述的操作。

（3）两条运输带的控制程序

用状态表监视图 4-6 中的 M0.0、Q0.4、Q0.5、T39 和 T40 的当前值，用 I0.5 对应的小开关模拟起动按钮的操作，开关接通后马上断开。观察 M0.0 和 Q0.4 是否变为 ON，T39 是否开始定时。8s 后 Q0.5 是否变为 ON。

用 I0.6 对应的小开关模拟停止按钮的操作，观察 M0.0 和 Q0.5 是否变为 OFF，T40 是否开始定时。8s 后 Q0.4 是否变为 OFF。

## A.9　自动往返的小车控制系统的编程实验

### 1.　实验目的

了解用经验设计法编写简单的梯形图程序的方法和程序调试的方法。

### 2.　实验内容

（1）自动往返的小车控制程序实验

打开例程"小车自动往返控制"（见图 4-9），下载后运行程序。用小开关模拟各输入信号，通过观察 Q0.0 和 Q0.1 对应的 LED，检查程序的运行情况。按以下步骤检查程序是否正确。

1）用接在 I0.0 输入端的小开关模拟右行起动按钮信号，将开关接通后马上断开，观察 Q0.0 是否变为 ON。

2）用接在 I0.4 输入端的小开关模拟右限位开关信号，将开关接通后马上断开，观察 Q0.0 是否变为 OFF，Q0.1 是否变为 ON。

3）用接在 I0.3 输入端的小开关模拟左限位开关信号，将开关接通后马上断开，观察 Q0.1 是否变为 OFF，Q0.0 是否变为 ON。

4）重复第 2）步和第 3）步。

5）用接在 I0.2 输入端的小开关模拟停车按钮被按下，或者用接在 I0.5 输入端的小开关模拟过载信号，观察为 ON 的输出点是否变为 OFF，控制制动的 Q0.2 是否变为 ON，8s 后 Q0.2 是否自动变为 OFF。

若发现 PLC 的输入/输出关系不符合要求，则应检查程序，改正错误。

（2）较复杂的自动往返小车控制程序的编程和调试

在图 4-9 的基础上，增加下述功能：①小车碰到右限位开关 I0.4 后停止右行，延时 5s 后自动左行；②小车碰到左限位开关 I0.3 后停止左行，延时 6s 后自动右行。

输入、下载和调试程序，直至满足要求为止。注意，调试时限位开关接通的时间应大于定时器延时的时间。在小车离开某一限位开关后，应将该限位开关对应的小开关断开。

## A.10　异步电动机自耦减压起动控制

### 1.　实验目的

熟悉将继电器控制电路转换为梯形图的方法以及程序的调试方法。

### 2.　实验内容

了解图 4-10 中的自耦减压起动电路的工作原理以及将继电器控制电路转换为梯形图的方法。

在调试继电器控制电路转换的梯形图时，建议根据继电器控制系统的工作原理和工作过程，画出 PLC 有关输入、输出点的波形图，供调试时使用。图 A-3 是自耦减压起动控制中 PLC 输入点、输出点的波形图。如果有必要，还需要画出某些定时器位、计数器位和存储器位 M 的波形图，在调试时用程序状态功能或状态表来监控它们。

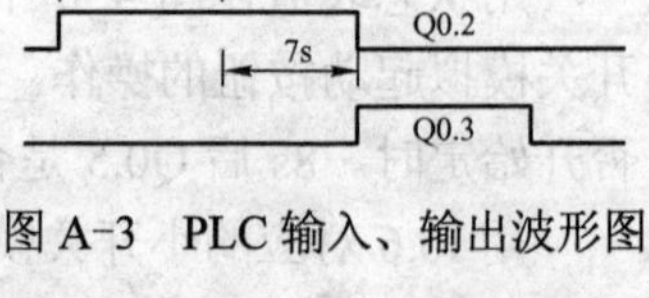

图 A-3　PLC 输入、输出波形图

将例程"自耦降压起动"（见图 4-12c）下载到 PLC 后运行该程序。接通 I0.2 对应的小开关，模拟热继电器 FR 的常闭触点闭合。用接在 I0.0 输入端的小开关模拟起动按钮，将开关接通后马上断开，观察 Q0.1

和 Q0.2 是否同时变为 ON，8s 后 Q0.1 是否自动变为 OFF。再过 7s 后，Q0.2 应变为 OFF，同时 Q0.3 变为 ON。用接在 I0.1 输入端的开关模拟停止按钮，将开关接通后马上断开，观察 Q0.3 是否变为 OFF。

如果调试结果与图 A-3 中的波形图不符合，应仔细检查输入的梯形图是否正确，用程序状态或状态表等监控功能来监控程序的运行情况，找到出错的原因，修改程序后继续调试，直到符合图 A-3 中的波形图为止。

在电动机起动后，断开 I0.2 对应的小开关，观察 PLC 外接的 FR 的常闭触点的作用。

## A.11  使用置位/复位指令的顺序控制程序的编程实验

### 1. 实验目的
熟悉使用置位/复位指令的顺序控制程序的设计和调试的方法。

### 2. 实验内容
（1）简单顺序控制程序的调试

将例程"使用 SR 指令的运输带控制程序"（见图 5-3）下载到 PLC 中。在状态表中用二进制格式监视 MB0、QB0 和 IB0，观察步的活动状态的变化和控制两台运输带的 Q0.0 和 Q0.1 的状态变化，看它们是否符合顺序功能图的要求。

将 PLC 切换到 RUN 模式后，用外接的小开关来模拟输入信号提供的转换条件。可以通过 PLC 上各输出点对应的 LED 的状态或状态表来了解系统运行的状况和当前处于哪一步。调试步骤如下。

1）进入 RUN 模式后，用状态表观察是否初始步对应的 M0.0 为 ON，M0.1~M0.3 为 OFF。

2）在初始步接通 I0.2 对应的小开关后马上断开，模拟起动按钮的操作。观察 M0.0 是否变为 OFF，M0.1 和 Q0.0 是否变为 ON，运输带 A 开始运行。

3）步 M0.1 为活动步时，接通 I0.0 对应的小开关（不要马上断开），模拟中限位开关动作。观察 M0.1 是否变为 OFF，M0.2、Q0.0 和 Q0.1 是否同时为 ON，两条运输带是否同时运行。

4）步 M0.2 为活动步时，将 I0.0 对应的小开关断开，模拟被运输的物体后沿离开中限位开关，观察在 I0.0 的下降沿 M0.2 和 Q0.0 是否变为 OFF，M0.3 是否变为 ON。Q0.1 应保持 ON 不变，仅有运输带 B 运行。

5）步 M0.3 为活动步时，接通 I0.1 对应的小开关一段时间后断开它，模拟被运输的物体后沿离开右限位开关，观察在 I0.1 的下降沿是否返回初始步，即 M0.3 和 Q0.1 变为 OFF，M0.0 变为 ON。

（2）小车控制程序的调试

将例程"使用 SR 指令的小车控制程序"下载到 PLC 后运行程序。顺序功能图如图 5-4 所示。在状态表中用二进制格式监视 MB0、QB0、IB0 和 T38 的当前值。

1）进入 RUN 模式后，用状态表观察是否初始步 M0.0 为 ON，M0.1~M0.3 为 OFF。

2）在初始步接通 I0.2 对应的小开关，模拟左限位开关动作。接通 I0.0 对应的小开关后马上断开，模拟起动按钮的操作。观察 M0.0 是否变为 OFF，M0.1 和 Q0.0 是否变为 ON，即是否转换到了第 2 步。转换后断开 I0.2 对应的小开关，模拟左限位开关断开。

3）步 M0.1 为活动步时，将 I0.1 对应的小开关接通后马上断开，模拟右限位开关动作，观察 M0.1 和 Q0.0 是否变为 OFF，M0.2 和 Q0.1 是否变为 ON，即是否转换到了步 M0.2。

4）步 M0.2 为活动步时，接通 I0.2 对应的小开关，观察 M0.2 和 Q0.1 是否变为 OFF，小车停止运行；M0.3 和 Q0.2 是否变为 ON，即是否转换到了步 M0.3，电机开始制动。

5）步 M0.3 为活动步时，观察经过 T38 设置的延时时间后，M0.3 和 Q0.2 是否变为 OFF，M0.0 是否变为 ON，即是否返回了初始步。

（3）增加暂停功能的小车控制程序实验

在图 5-4 所示的小车运动的基础上，要求小车碰到右限位开关 I0.1 时，在最右边暂停 10s。延时时间到时开始左行。画出顺序功能图，根据顺序功能图画出梯形图，输入到 OB1 后下载到 PLC 中。调试的步骤由读者拟定。

## A.12　使用置位/复位指令的复杂的顺序控制程序的编程实验

**1. 实验目的**

熟悉使用置位/复位指令的顺序控制程序的设计和调试方法。

**2. 实验内容**

（1）复杂的顺序控制程序的调试

将例程"使用 SR 指令的复杂的顺控程序"下载到 PLC 后运行程序。顺序功能图如图 5-6 所示。用图 5-5 中的状态表监控 MB0、QB0 和 IB0。

首先调试经过步 M0.1、最后返回初始步的流程，然后调试跳过步 M0.1、最后返回初始步的流程。应注意并行序列中各子序列的第 1 步（步 M0.3 和步 M0.5）是否同时变为活动步，各子序列的最后一步（步 M0.4 和步 M0.6）是否同时变为不活动步。

（2）液体混合控制系统的调试

将例程"使用 SR 指令的液体混合控制程序"下载到 PLC 后运行程序。

在状态表中，用二进制格式监视 MB0、QB0、IB0 和 M1.0，以及格式为"有符号"的 T37、T38、C0、C1、VW10 和 VW12 的当前值。在 VW10 和 VW12 中写入 C0 和 C1 的预设值。为了节约调试的时间，C0 和 C1 的预设值不要设得太大。

根据图 5-8 中的顺序功能图进行调试，调试步骤简述如下。

1）初始步为活动步时，用 I0.0 对应的小开关模拟起动按钮信号，观察 M0.1、M0.3 和连续标志 M1.0 是否变为 ON。

2）步 M0.1 为活动步时，用 I0.3（见图 5-9）对应的小开关模拟计量泵的计数脉冲信号，在 C0 的当前值等于预设值时，观察是否能转换到步 M0.2，C0 的当前值是否被复位为 0。

3）步 M0.3 为活动步时，用 I0.4（见图 5-9）对应的小开关模拟计量泵的计数脉冲信号，在 C1 的当前值等于预设值时，观察是否能转换到步 M0.4，C1 的当前值是否被复位为 0。

4）M0.2 和 M0.4 均为活动步时，观察是否能转换到步 M0.5。

5）步 M0.5 为活动步时，观察经过 T37 的延时后，是否能自动转换到步 M0.6。

6）步 M0.6 为活动步时，用外接的小开关使下限位信号 I0.1 为 ON，观察是否能转换到步 M0.7。

7）步 M0.7 为活动步，且 T38 的定时时间到时，观察是否能返回步 M0.1 和步 M0.3。

8）在运行过程中，用 I0.2（见图 5-9）对应的小开关模拟停止按钮信号，观察连续标志 M1.0 是否变为 OFF。执行完一个工作周期剩余的操作后，在 T38 的定时时间到时，是否能从步 M0.7 返回初始步。

## A.13　人行横道交通灯与 3 运输带顺序控制程序的编程实验

**1．实验目的**

熟悉使用置位/复位指令的顺序控制程序的设计和调试的方法。

**2．实验内容**

（1）人行横道交通信号灯控制

将例程"使用 SR 指令的交通灯控制程序"下载到 PLC 后运行程序。根据图 5-10b 中的顺序功能图，从初始步开始调试。在状态表中用二进制格式监视 MB0、QB0、IB0 和 M1.4 以及格式为"有符号"的 T37～T41 的当前值。

调试时注意，在按了起动按钮 I0.0 后，连续标志 M1.4、步 M0.1 和步 M0.5 是否同时变为 ON。Q0.0～Q0.4 是否按波形图所示的顺序变化，T37～T41 提供的各步的定时时间是否正确。T41 的定时时间到时，是否能从步 M0.4 和步 M0.7 转换到步 M0.1 和步 M0.5，按顺序功能图的规定自动循环运行。在按了停止按钮 I0.1 后，M1.4 是否变为 OFF，在完成最后一次工作循环、T41 的定时时间到时，是否能返回初始步。

（2）3 条运输带控制程序的调试

将例程"使用 SR 指令的 3 运输带顺控程序"下载到 PLC 后运行程序。根据图 4-19 中的顺序功能图调试程序，用状态表监控 MB0、QB0 和 IB0 以及 T37～T40 的当前值。调试步骤简述如下。

1）从初始步开始，按正常起动和停车的顺序调试程序，即从初始步 M0.0 开始，按步 M0.0、M0.1、M0.2、M0.3、M0.4 和 M0.5 的顺序依次转换，最后返回初始步。

2）从初始步开始，模拟调试在起动了一条运输带时停机的过程，即在步 M0.1 为活动步时，接通停止按钮 I0.1 对应的小开关后马上断开，观察是否能返回初始步。

3）从初始步开始，模拟调试在起动了两条运输带时停机的过程，即在步 M0.2 为活动步时，接通停止按钮 I0.1 对应的小开关后马上断开，观察是否能跳过步 M0.3 和步 M0.4，进入步 M0.5，经过 T40 设置的时间后，是否能返回初始步。

## A.14　使用 SCR 指令的顺序控制程序的编程实验

**1．实验目的**

熟悉使用顺序控制继电器指令的顺序控制程序的设计和调试的方法。

**2．实验内容**

（1）简单的顺序控制程序的调试

1）将例程"使用 SCR 指令的运输带控制程序"下载到 PLC 后运行程序。顺序功能图如图 5-12b 所示。用状态表监控二进制格式的 SB0、QB0 和 IB0，以及显示格式为"有符号"的 T37 和 T38 的当前值。

2）用外接的小开关模拟起动信号和停车信号，观察步的活动状态的变化以及控制两台运输带的 Q0.0 和 Q0.1 的状态变化，看它们是否符合顺序功能图的要求，最后是否能返回初始步。

3）用程序状态功能监视程序的执行过程，注意观察是否只有活动步对应的 SCR 段内的 SM0.0 的常开触点闭合，SCRE 线圈通电；其他 SCR 段内的触点、线圈、方框指令是否均为灰色，SCRE 线圈是否断电。

（2）具有选择序列的顺序控制程序的调试

将例程"使用 SCR 指令的复杂的顺控程序"下载到 PLC 后运行程序。用状态表监控程序的运行。顺序功能图如图 5-13 所示。调试步骤如下。

首先调试经过步 S0.1、最后返回初始步的流程，然后调试经过步 S0.2、最后返回初始步的流程。应注意并行序列中各子序列的第 1 步（步 S0.4 和步 S0.6）是否同时变为活动步，各子序列的最后一步（步 S0.5 和步 S0.7）是否同时变为不活动步。

## A.15 使用 SCR 指令的剪板机顺序控制程序的编程实验

### 1. 实验目的

熟悉使用顺序控制继电器指令的顺序控制程序的设计和调试的方法。

### 2. 实验内容

将例程"使用 SCR 指令的剪板机控制程序"下载到 PLC 后运行程序。在状态表中监控二进制的 SB0、QB0、IB0 和 C0 的当前值。根据图 5-16 中的顺序功能图，从初始步开始调试。调试步骤如下。

1）进入初始步 S0.0 后，观察 C0 是否被复位，其当前值是否为 0。

2）在初始步用外接的小开关使两个上限位开关对应的 I0.0 和 I0.1 为 ON（压钳和剪刀均在最上面）。用 I1.0 对应的小开关发出起动信号，观察是否能转换到步 S0.1。

3）步 S0.1 为活动步时，用小开关提供"右行到位"信号 I0.3，观察是否能转换到步 S0.2。

4）步 S0.2 为活动步时，压钳下行，令压钳的上限位开关 I0.0 为 OFF。用小开关提供压力上升信号 I0.4，观察是否能转换到步 S0.3。在步 S0.3，观察 C0 的当前值是否被加 1。

5）步 S0.3 为活动步时，剪刀下行，令剪刀的上限位开关 I0.1 为 OFF。用小开关提供"已剪完"信号 I0.2，观察是否能转换到步 S0.4 和步 S0.6。

6）步 S0.4 为活动步时，用小开关提供"压钳已上升"信号 I0.0，观察是否能转换到步 S0.5。

7）步 S0.6 为活动步时，用小开关提供"剪刀已上升"信号 I0.1，观察是否能转换到步 S0.7。步 S0.5 和步 S0.7 同时为活动步时，观察是否能返回步 S0.1。

8）重复步骤 3）～步骤 7）的操作。观察 C0 的当前值等于 3（剪了 3 块料）时，是否能从步 S0.5 和步 S0.7 返回初始步。

## A.16 具有多种工作方式的系统顺序控制程序的调试实验

### 1. 实验目的

熟悉具有多种工作方式的系统的顺序控制程序的设计和调试的方法。

### 2. 实验内容

打开和下载例程"机械手控制"。调试步骤如下。

1）检查公用程序（见图 5-23）的运行是否正常，分别在刚进入 RUN 模式、手动方式或回原点方式，检查在满足原点条件时初始步 M0.0 是否被置位，不满足时 M0.0 是否被复位。

2）令 I2.0 为 ON，在手动工作方式检查各手动按钮是否能控制相应的输出量（见

图 5-24），各限位开关是否起作用。

3）在 M0.0 为 ON 时，从手动方式切换到单周期工作方式，按图 5-25 中的顺序功能图的要求，依次提供相应的转换条件，观察步与步之间的转换是否符合顺序功能图的规定，工作完一个周期后是否能返回并停留在初始步。

调试较复杂的顺序控制程序时，应仔细分析系统的运行过程，在每一步各输入信号应该是什么状态，应提供什么转换条件，并列出相应的表格（见表 A-1）。

表 A-1　调试机械手顺序控制程序的表格

| 步 | M0.0 初始 | M2.0 下降 | M2.1 夹紧 | M2.2 上升 | M2.3 右行 | M2.4 下降 | M2.5 松开 | M2.6 上升 | M2.7 左行 |
|---|---|---|---|---|---|---|---|---|---|
| 复位操作 | | 复位 I0.2 | | 复位 I0.1 | 复位 I0.4 | 复位 I0.2 | | 复位 I0.1 | 复位 I0.3 |
| 转换条件 | M0.5·I2.6 | I0.1 置位 | T37 | I0.2 置位 | I0.3 置位 | I0.1 置位 | T38 | I0.2 置位 | I0.4 置位 |
| 其他输入的状态 | I0.2=1<br>I0.4=1 | —<br>I0.4=1 | I0.1=1<br>I0.4=1 | —<br>I0.4=1 | I0.2=1<br>— | —<br>I0.3=1 | I0.1=1<br>I0.3=1 | —<br>I0.3=1 | I0.2=1<br>— |

表 A-1 中的 I0.1~I0.4 分别是下限位、上限位、右限位和左限位开关。I0.1 置位是指调试时用外接的小开关将 I0.1 置为 ON 并保持该状态不变，直到它被复位为 OFF（将小开关断开）为止。在下降步对 I0.2 复位，是因为下降后上限位开关 I0.2 会自动断开。

4）在连续工作方式，按顺序功能图的要求提供相应的转换条件，观察步与步之间的转换是否正常，是否能多周期连续运行。按下停止按钮，是否在完成最后一个周期全部的工作后才能停止工作，返回初始步。将运行方式由连续改为手动，检查除初始步外，其余各步对应的存储器位和连续标志 M0.7 是否被复位。

5）在单步工作方式，检查是否能从初始步开始，在转换条件满足且按了起动按钮 I2.6 时才能转换到下一步，按顺序功能图的要求工作一个循环后，是否能返回初始步。

6）根据回原点的顺序功能图（见图 5-27），在手动方式设置各种起始状态，然后切换到回原点工作方式。按下起动按钮 I2.6 后，观察是否能按顺序功能图运行，最后使初始步对应的 M0.0 变为 ON。

## A.17　比较指令与传送指令的应用实验

### 1. 实验目的

了解比较指令和传送指令的编程和调试方法。

### 2. 实验内容

（1）使能输入与使能输出

将例程"比较指令与传送指令"下载到 CPU 后，运行用户程序，启动程序状态监控功能。接通 I0.4 对应的小开关，执行网络 1 中的整数除法指令 DIV_I（见图 6-1），分别令除数 VW2 为 0 和非零，观察指令 DIV_I 的使能输出 ENO 的状态和除法指令框的变化。关闭程序状态监控和状态表监控功能，将程序切换为语句表，观察方框指令 ENO 对应的 AENO 指令。删除前两条 AENO 指令，转换回梯形图后，观察梯形图的变化。

（2）比较指令

启动程序状态监控功能，用鼠标右键单击网络 2 中的触点比较指令中的某个地址（见图 6-4），用快捷菜单中的"写入"命令改写该地址的值，观察满足比较条件和不满足比较条件时比较触点的状态。

用状态表监视图 6-5 中 T33 的当前值和 Q0.0 的状态，"格式"分别为"有符号"和"位"。单击工具栏上的"状态表监控"和"趋势图"按钮，启动趋势图监控功能。用外接的小开关令 I0.1 为 ON，观察 T33 的当前值是否按锯齿波变化，比较指令是否能使 Q0.0 输出方波。

修改 T33 的预设值和比较指令中的常数，下载和运行程序，观察是否能按要求改变 Q0.0 输出波形的周期和脉冲宽度。

（3）传送指令与字节交换指令

用状态表写入 VW16、VB20～VB22 和 VW26 的值，VW26 的显示格式为十六进制，其余地址的显示格式为"有符号"。观察在 I0.2 的上升沿（见图 6-6 和网络 6），字传送指令 MOV_W 和字块传送指令 BLKMOV_B 的功能是否正常，字节交换指令 SWAP 是否能交换 VW26 高、低字节的值。短接正向转换触点，下载后重复上述的操作，观察 SWAP 指令的执行情况，并解释原因。

（4）填充指令

用状态表监视 VW30～VW36 的值，格式为"有符号"。观察在 I0.3 的上升沿（见图 6-15 和网络 7），常数 5678 是否被写入 VW30～VW36 中。改变写入的常数和要填充的字数，下载后重复上述的操作。

## A.18　移位与循环移位指令的应用实验

**1. 实验目的**

了解移位指令和循环移位指令的使用方法。

**2. 实验内容**

（1）指令的基本功能

将例程"移位指令与彩灯控制程序"下载到 CPU 中，运行用户程序。

用状态表设置图 6-7 中 VB20 和 VB0 的二进制格式的值，观察在 I0.2 的上升沿，左移指令 SHL_B（见网络 1）是否能将 VB20 的值左移 4 位；循环右移指令 ROR_B 是否能将 VB0 的值循环右移 2 位。分别将移位位数改为 6 位、8 位、10 位后下载程序，重复上述的实验。

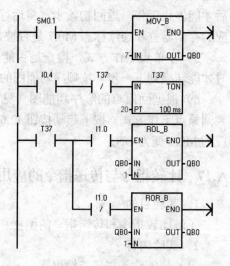

图 A-4　8 位彩灯控制程序

（2）8 位彩灯控制程序

图 A-4 是 8 位彩灯控制程序（见网络 3～5），首次扫描时用 MOV_B 指令给 Q0.0～Q0.7 置初值（最低 3 位彩灯亮）。通过观察 CPU 模块上 Q0.0～Q0.7 对应的 LED 灯，检查彩灯的运行效果。

1）观察 I0.4 为 ON 时，彩灯的循环移位是否正常，初值是否与设置的值相符。

2）改变 I1.0 的状态，观察是否能改变移位的方向。

3）修改 MOV_B 指令中 QB0 的初值，下载后运行程序，观察彩灯的初始状态是否变化。

4）修改 T37 的预设值，下载后观察彩灯移位速度的变化。

5）要求在 I1.1 的上升沿，用接在 I0.0～I0.7 的小开关来改变彩灯的初值，修改程序，下载后检查是否满足要求。

（3）10 位彩灯循环移位控制程序

要求用 Q0.0～Q1.1 来控制 10 位彩灯的循环左移，即从 Q1.1 移出的位要移入 Q0.0 中。为了不影响 Q1.2～Q1.7 的值，用 MW0 来移位，然后将 M0.0～M1.1 的值传送到 Q0.0～Q1.1 中。

10 位循环移位的关键是将 M1.1 移到 M1.2 的数传送到 M0.0 中（见图 A-5）。程序见例程"10 位彩灯左移程序"，语句表中有注释。阅读程序后下载和运行程序，观察是否能实现10 位彩灯循环左移位。

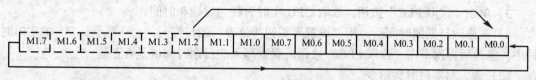

图 A-5　10 位循环左移位

（4）设计 10 位彩灯循环右移程序，即 Q0.0～Q1.1 的各位循环右移，程序设计的关键是将图 A-5 中 M0.0 移到 M1.7 的数传送到 M1.1 中。将程序下载到 PLC 后调试程序。

## A.19　数据转换指令的应用实验

### 1. 实验目的
了解数据转换指令的使用方法。

### 2. 实验内容
（1）BCD 码与整数的相互转换指令

将例程"数据转换指令"下载到 CPU 中，运行用户程序。启动程序状态监控功能。令I0.0 为 ON，用鼠标右键单击图 6-9 的 BCD_I 指令中 VW0 的值，执行快捷菜单中的"写入"命令，写入一个十六进制格式的 BCD 码值，观察转换结果是否正确。写入一个非 BCD 码（十六进制数中包含 A～F），观察程序执行的情况。

用同样的方法，将一个十进制数写入 I_BCD 指令的输入参数 VW4 中，观察转换后得到BCD 码是否正确。写入一个大于 9 999 的数，观察程序执行的情况。

（2）段码指令

将数字 0～9 中的某个数写入 VB40 中，观察 SEG 指令输出的二进制值是否正确。

（3）长度转换程序

令 I0.1 为 ON，观察网络 2 中求圆周长的程序（见例 6-2）的中间运算结果和最终运算结果是否正确。

（4）解码指令与编码指令

令 I0.2 为 ON，将 0～15 中的某个值写入 DECO 指令（见图 6-10 和网络 3）的输入参数 VB14 中，观察 VW16 的对应位是否被置 1。将一个十六进制数写入编码指令 ENCO 的输入参数 VW18 中，观察 VB15 的值是否是 VW18 为 1 的最低有效位的位数。

## A.20　实时时钟指令的应用实验

### 1. 实验目的
熟悉用 STEP 7-Micro/WIN 读取和设置实时时钟的方法以及实时时钟指令的使用方法。

**2．实验内容**

（1）用 STEP 7-Micro/WIN 读、写实时时钟

1）计算机与 PLC 建立通信连接后，执行"PLC"菜单中的"实时时钟"命令，打开 "CPU 时钟操作"对话框（见图 6-16）。

2）如果显示"实时时钟未设置"，单击"读取 PC"按钮，显示出计算机实时时钟的时间，用"设置"按钮将它下载到 CPU 中。

3）单击"读取 PLC"按钮，读取 CPU 实时时钟的日期和时间。

4）在修改日期或时间后，用"设置"按钮将修改后的日期时间值下载到 CPU 的实时时钟中。修改后再次单击"读取 PLC"按钮，观察写入的日期时间值是否正确。

（2）读、写实时时钟指令

将例程"实时时钟指令"下载到 CPU 中，运行用户程序。在状态表中用十六进制格式监视 VD0 和 VD4 中的 BCD 码日期时间值，用外接的小开关产生 I0.0 的上升沿（见图 6-17），观察 VD0 和 VD4 中读取的 CPU 实时时钟的日期时间。

在状态表中将十六进制格式的 BCD 码日期时间值写入 VD10 和 VD14 中，用外接的小开关产生 I0.1 的上升沿（见图 6-18），执行设置实时时钟指令 SET_RTC。打开"CPU 时钟操作"对话框，观察设置的日期时间值是否写入了 CPU。

（3）用实时时钟控制设备

将例 6-3 中的程序写入 OB1 中，下载到 PLC 后运行程序。实验步骤如下。

1）在状态表中监控地址 VW23、VW30 和 VW32，格式均为十六进制。VW23 中的 BCD 码为读取到的小时和分钟的值。VW30 和 VW32 用来设置起动和停止的时、分值。

2）起动状态表监控功能，观察 VW23 中是否为当前的时、分值。

3）在状态表中 VW30 和 VW32 的"新值"列键入"16#"格式的起动和停止的时、分值，将它们写入 CPU 中。为了减少等待的时间，设置启动时间比当前时间稍晚一点。

假设当前时间为 10 点 12 分，可以设置 VW30 和 VW32 的启动、停止时间值分别为 16#1015 和 16#1017，Q0.1 应在 10 点 15 分到 10 点 17 分为 ON。观察是否能按程序中设置的时间段控制 Q0.1。

## A.21 数学运算指令的应用实验

**1．实验目的**

了解数学运算指令的使用和编程方法。

**2．实验内容**

（1）整数运算指令的应用

将例程"数学运算指令"下载到 CPU 后，运行用户程序。

用状态表监视 SMB28、用来保存 T37 预设值的 VW10（见图 6-19）、T37 的当前值和 T37 的位。用小螺钉旋具反时针旋转电位器 0 到最小位置，使 SMB28 的值为 0。接通 I0.3 对应的外接小开关后马上断开，SMB28 的值被读取，经过程序的运算后 VW10 的值应为 50。

接通 I0.4 对应的小开关，使 T37 的线圈通电，观察 T37 的定时时间是否为 5s。

顺时针将电位器 0 调到最大位置，使 SMB28 的值为 255。接通 I0.3 对应的外接小开关后马上断开，经过程序运算后 VW10 的值应为 200。接通 I0.4 对应的小开关，观察 T37 的定

时时间是否为 20s。

将电位器 0 调到中间位置，接通 I0.3 对应的外接小开关后马上断开，观察 SMB28 的值和 VW10 的值是否符合计算公式。

要求在输入信号 I0.6 的上升沿，用电位器 1 来设置定时器 T38 的预设值，设定的时间范围为 0～10s，即从电位器读出的数字 0～255 对应于 0～10s。T38 在 I0.7 为 ON 时开始定时。设计出程序，检查是否能满足要求。

（2）函数运算指令的应用

启动程序状态监控，用外接的小开关令 I0.2 为 ON。用鼠标右键单击 VD14 的值（见图 6-20 和网络 3），写入浮点数格式的角度值。观察指令 SIN 输出的正弦值是否正确。可以输入 60.0、45.0 等特殊的角度值。

根据公式 $5^{3/2}=EXP$（（3/2）*LN（5）），编写求 5 的 3/2 次方的程序，下载到 PLC 后运行和调试程序。用计算器检查运算结果是否正确。

## A.22　逻辑运算指令的应用实验

### 1．实验目的
了解逻辑运算指令的使用和编程的方法。

### 2．实验内容

（1）逻辑运算指令

将例程"逻辑运算指令"下载到 CPU 中，运行用户程序，启动程序状态监控。在状态表中监控 VB22～VB32，显示格式均为二进制（见图 6-22）。

在"新值"列键入图 6-21 中的取反和逻辑运算指令各输入参数的任意值，将它们写入 CPU 中。接通 I0.0 对应的小开关，观察状态表监控的各逻辑运算指令输出参数的值是否正确。

（2）求整数的绝对值

例 6-6 中的程序用于求整数的绝对值（见网络 2）。在程序状态或状态表中分别将正数和负数写入 VW0 中，扳动外接的小开关，观察在 I0.1 的上升沿是否能求出 VW0 的绝对值，结果仍存放在 VW0 中。

（3）将字节中的某些位置为 1

用状态表将二进制格式的数写入 QB0（见图 6-23）中，观察在 I0.3 的上升沿，QB0 的第 2～4 位是否均被 WOR_B 指令置为 1，其余各位的状态保持不变。

（4）将字中的某些位清零

用状态表将图 6-23 中 WAND_W 指令的输入参数 IW2 强制为任意的二进制数。观察在 I0.3 的上升沿，VW2 中运算结果的高 4 位是否为 0，低 12 位的值是否与 IW2 的相同。

（5）用异或运算检测位变量的变化

在状态表中监控 M0.0，用 I1.0 外接的小开关将 M0.0 复位（见例程中的网络 5）。用外接的小开关改变 IB0 中任意 1 位的状态，观察异或运算是否使 VB5 为非 0（见图 6-24），比较触点接通，将 M0.0 置位。

## A.23 跳转指令的应用实验

### 1. 实验目的

了解跳转指令的特点和编程的方法。

### 2. 实验内容

（1）跳转指令的基本功能

将例程"跳转指令"下载到 PLC 后运行程序，启动程序状态监控。

分别令图 6-25 中的 I0.4 为 ON 和 OFF，检查两种情况下 I0.3 是否能控制 Q0.0，以及跳转对程序状态显示的影响。

（2）跳转指令对定时器的影响

1）用状态表监视图 6-26 中的 T32、T33、T37 的当前值和 Q0.1、Q0.2 的状态。

2）令 I0.0 为 OFF（跳转条件不满足），用 I0.1～I0.3 启动各定时器开始定时。

3）定时时间未到时，令 I0.0 为 ON，跳转条件满足。观察因为跳转，在哪个定时器停止定时，当前值保持不变；哪些定时器继续定时，当前值继续增大；在继续定时的定时器的定时时间到时，它们在跳转区之外的常开触点是否能闭合。

4）在跳转时断开 I0.0 对应的小开关，观察跳转期间停止定时的定时器是否在保持的当前值的基础上继续定时。

（3）跳转对功能指令的影响

分别观察在跳转和没有跳转时，是否执行图 6-26 中的 INC_B 指令。

（4）跳转指令的应用

将例 6-7 中的程序写入 OB1 中，下载到 PLC 后执行程序。在状态表中监视 VW4，用小开关改变 I0.5 的状态，观察写入 VW4 的数值是否满足图 6-27 的要求。

（5）用跳转指令实现多分支程序

图 A-6 中的流程图用 I0.6 和 I0.7 来控制程序的流程。参考例 6-7 中的程序，编写满足要求的程序。将程序写入 OB1 中，下载后执行程序。用状态表监控 VW6，用外接的小开关改变 I0.6 和 I0.7 的状态，观察写入 VW6 的数值是否满足图 A-6 的要求。

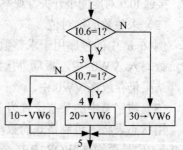

图 A-6 流程图

## A.24 循环指令的实验

### 1. 实验目的

了解循环指令的编程方法。

### 2. 实验内容

（1）用循环程序求多字节的异或值

将例程"程序控制指令"下载到 PLC 后运行程序。图 6-28 是求多字节的异或值的程序。在状态表中监视 VB10～VB14，显示格式均为二进制（见图 6-30）。将任意的二进制数写入 VB10～VB13 中，接通 I0.5 对应的小开关，观察 VB14 中的运算结果是否正确。

（2）双重循环

在状态表中监视图 6-29 中的 VW6。分别接通和断开 I0.2 对应的小开关，观察在 I0.1 的上升沿，反映内层循环次数的 VW6 的值是否被加 80。删除（短接）FOR 指令左边的上升沿检测触点，下载后观察对循环程序执行结果的影响，并解释原因。

（3）用循环指令求多字节的累加和

按习题 6.19 的要求，求 5 个整数的累加和。编写、下载和调试程序，检查程序执行的结果是否正确。

## A.25　子程序的编程实验

### 1．实验目的

了解局部变量和子程序的基本概念，熟悉子程序的创建、调用和调试的方法。

### 2．实验内容

（1）调用模拟量计算子程序

将例程"子程序调用"下载到 PLC 后运行程序。打开主程序，启动程序状态监控，接通 I0.4 对应的小开关，将 AIW2 强制为某个值，将"系数 1"的值写入 VW20 中，观察子程序"模拟量计算"（见图 6-32）用 VD40 输出的计算结果与计算器计算的结果是否相同。

（2）使用间接寻址的子程序

在状态表中监视 VB10～VB14，显示格式均为二进制（见图 6-36）。将任意的二进制数写入 VB10～VB13 中，接通 I0.5 对应的小开关，调用子程序"异或运算"，观察 VB14 中的异或运算结果是否正确。

（3）子程序中的定时器的特性

实验步骤如下。

1）在状态表中监视 T37、T33 和 T32 的当前值和 Q0.0、Q0.1（见图 6-37）。

2）令 I0.0 为 OFF（调用子程序"定时器控制"的条件不满足），检查是否能用 I0.1～I0.3 启动各定时器开始定时。

3）令 I0.0 为 ON（调用条件满足），用 I0.1～I0.3 启动各定时器开始定时（见图 6-37b）。

4）定时时间未到时，令 I0.0 为 OFF。观察因为停止调用"定时器控制"，哪个定时器停止定时，当前值保持不变；哪些定时器继续定时，当前值继续增大；是否能用 I0.2 对应的小开关停止 T33 的定时。观察继续定时的定时器的定时时间到时，主程序中 T33 和 T32 的触点是否能分别控制 Q0.0 和 Q0.1？

5）令 I0.0 为 ON，观察被停止定时的定时器是否能在保存的当前值的基础上继续定时。

## A.26　中断程序的编程实验

### 1．实验目的

了解中断的基本概念，熟悉 I/O 中断和定时中断的中断程序的设计方法。

### 2．实验内容

（1）I/O 中断实验

将例程"IO 中断程序"（见例 6-10）下载到 PLC 后，运行程序。观察是否能在 I0.0 的上升沿，通过中断使 Q0.0 立即置位，在 I0.0 的下降沿，通过中断使 Q0.0 立即复位。用状态表监控 VB10～VB17 和 VB20～VB27，观察中断程序读取的日期时间值是否正确。

修改程序，用 I0.2 的上升沿和 I0.3 的下降沿分别使 Q0.2 置位和复位，运行和调试程序。

（2）定时中断实验

将例程"定时中断程序"（见例 6-11）下载到 PLC 后，运行程序。通过 CPU 输出点的 LED，观察是否能通过中断，使 QB0 的值每 2s 加 1。

修改程序，通过定时中断 1，使 QB0 的值每 3.5s 加 1。

（3）使用定时中断的彩灯控制程序实验

设计程序，首次扫描时设置彩灯的初始值。通过定时中断 0，每 2s 将 QB0 循环移动 1 位。用 I0.1 控制移位的方向。下载和调试程序，直到满足要求为止。

（4）使用 T32 中断的彩灯控制程序实验

将例程"T32 中断程序"（见例 6-12）下载到 PLC 后，运行程序。观察 QB0 是否能每 2.5s 循环左移一位。修改程序，用 T96 的中断每 3.45s 将 QW0 循环右移 1 位。下载和调试程序，直到满足要求为止。

## A.27 高速计数器与高速输出的应用实验

### 1. 实验目的

了解高速计数器向导和高速输出向导的应用和编程方法。

### 2. 实验内容

如果使用直流电源型（DC/DC/DC）的 CPU，可以用它本身的 Q0.0 输出的 PWM 信号作为高速计数器（HSC）的计数脉冲信号。PLC 的输入回路和输出回路都采用 CPU 提供的 DC 24V 电源，PLC 的外部接线见图 A-7，有脉冲输出时 Q0.0 与 I0.0 对应的 LED 同时亮。

如果 CPU 模块是继电器输出型的，可以用外接的脉冲信号发生器提供脉冲信号，应注意脉冲发生器的输出电压和输出电路的类型是否与 PLC 的输入电路匹配。

将例程"高速输入高速输出"下载到 PLC 后，运行程序。用 I0.1 的上升沿将 HSC0 初始化，启动高速计数。I0.1 为 ON 时，Q0.0 给高速计数器提供高速计数脉冲（见图 A-8）。用图 6-43 中的趋势图观察 HSC0 的当前值和 Q0.1、Q0.2 的状态变化是否满足图 6-42 的要求。

按图 A-9 的要求，用高速计数器向导生成工作在模式 0 的 HSC0 的初始化程序和中断程序。在这些程序中添加对 Q0.1 和 Q0.2 置位和复位的指令。用鼠标双击项目树"向导"文件夹中的"PTO/PWM"，组态 PWM0 的时间基准为微秒。在 OB1 中调用自动生成的子程序 PWM0_RUN（见图 A-8），脉冲周期和宽度分别为 1000μs 和 500μs。将程序下载到 PLC 后调试程序，直到满足要求为止。

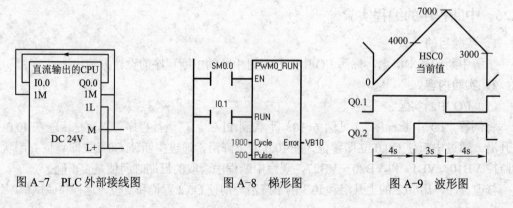

图 A-7　PLC 外部接线图　　　　图 A-8　梯形图　　　　图 A-9　波形图

## A.28 数据块与字符串指令的应用实验

**1. 实验目的**

了解数据块与字符串指令的使用方法。

**2. 实验内容**

（1）数据块的实验

生成一个项目，用数据块给 V 区的单个和连续的若干个字节、字和实数指定地址和数值，给 1 个、两个、4 个字符常量指定地址和赋值，定义一个字符串。下载到 PLC 后切换到 RUN 模式，用状态表检查数据块对 V 存储区赋值的情况。

（2）字符串指令

接通 I0.3 对应的小开关（见例 6-14），用状态表观察执行 SCPY 和 SCAT 指令后，VB70 开始的字符串是否正确。

接通 I0.4 对应的小开关（见图 6-48），用状态表观察执行 SSTR_CPY 指令后，VB83 开始的字符串是否正确；执行 STR_FIND 指令后，VB89 中字符串搜索的结果是否正确。

## A.29 使用网络读/写指令的通信实验

**1. 实验目的**

熟悉使用网络读/写指令向导的通信程序的生成和调试的方法。

**2. 实验内容**

（1）主站读/写从站的 V 区

生成一个项目，按例 7-1 的要求，用网络读/写指令向导组态网络读、写操作，在主程序中调用向导生成的子程序 NET_EXE。

生成另一个项目，用系统块设置其通信端口的 PPI 站地址为 3，通信的波特率与主站的相同。将两个项目分别下载到两块 CPU 中，也可以直接下载例程"网络读/写指令通信主站"和"网络读/写指令通信从站"。按 7.5.1 节的要求检查通信是否能实现。

（2）用网络读/写指令读/写 I、Q 区

用网络读/写指令向导实现下述网络读、写功能：要求将主站（2 号站）的 IB0 写入从站（3 号站）的 QB0 中；主站读取 3 号站的 IB0，用 QB0 保存。将程序下载到主站和从站后，用电缆连接两块 CPU 的 RS-485 端口。通电后将两块 CPU 切换到 RUN 模式，检查是否能用本站的 IB0 控制对方的 QB0。

## A.30 PID 控制器参数整定实验

**1. 实验目的**

熟悉 PID 指令向导、PID 调节控制面板的使用方法和 PID 参数的整定方法。

**2. 实验内容**

本实验用程序来模拟被控对象，实现 PID 闭环控制。

（1）PID 指令向导的应用

根据 8.2.5 节的要求，用 PID 指令向导生成 PID 初始化指令和中断程序。

（2）手动整定 PID 的参数

下载例程"PID 闭环控制"，将 PLC 切换到 RUN 模式。T37 和 T38 产生周期为 1min、幅值为 20.0%和 70.0%的方波设定值。

令 I0.0 为 ON（见图 8-10），启动 PID 控制。打开 PID 调节控制面板，应能看到 3 条动

态变化的曲线（见图 8-12）。用单选框选中"手动调节"，在"调节参数"区键入新的 PID 参数。单击"更新 PLC"按钮，将键入的参数值传送给 CPU，"当前值"区显示的是 CPU 中的参数。

根据过程变量 *PV* 响应曲线的形状判断 PID 控制器存在的问题，根据 8.2.4 节所述的 PID 参数整定的规则修改 PID 控制器的参数。下载后观察参数整定的效果，直到得到比较好的 *PV* 响应曲线为止，即超调量较小，调节时间较短。调试时可以参考图 8-13～图 8-20 中的 PID 参数。

修改中断程序 INT_0 中被控对象的参数后（见图 8-11），调节 PID 控制器的参数，直到得到较好的响应曲线为止。

## A.31  PID 控制器参数的自整定实验

**1．实验目的**

熟悉 PID 调节控制面板的使用方法和 PID 参数的自整定方法。

**2．实验内容**

（1）第一次 PID 参数自整定实验

本节的实验用程序来模拟被控对象，实现 PID 闭环控制。下载例程"PID 参数自整定"，将 PLC 切换到 RUN 模式。打开"PID 调节控制面板"，令 I0.0 为 ON，启动 PID 控制。

首先使用 PID 指令向导中预设的 PID 参数，增益为 2.0，采样周期为 0.2s，积分时间为 0.025min，微分时间为 0.005min。令 I0.3 为 ON，产生一个从 0 到 70.0%的上升沿。观察响应曲线是否与图 8-22 中的一样。用单选框选中"自动调节"，在过程变量 *PV* 曲线几乎与设定值 *SP* 曲线重合时，单击"开始自动调节"按钮，启动自动调节过程，面板的右下部出现"调节算法正常完成……"时，表示自整定结束。"调节参数"区给出了 PID 参数的建议值。

单击"更新 PLC"按钮，将自整定得到的建议的 PID 参数写入 CPU 中。令 I0.3 为 OFF，设定值变为 0。待 *PV* 下降为 0 后，用 I0.3 产生一个 0 到 70.0%设定值的上升沿，观察使用自整定参数后的响应曲线。手动调节积分时间，进一步减小超调量。

（2）第二次 PID 参数自整定实验

用单选框选中"手动调节"，用手动方式设置增益为 0.5，积分时间为 0.5min，微分时间为 0.1min。用"更新 PLC"按钮写入 CPU 后，观察响应曲线是否与图 8-24 中的一样。

在 *PV* 曲线趋近于 *SP* 水平线时，用单选框选中"自动调节"，单击"开始自动调节"按钮，启动参数自整定。观察使用自整定参数后的响应曲线。

（3）第三次 PID 参数自整定实验

修改中断程序 INT_0 中被控对象的参数和 PID 控制器的参数后，下载到 PLC，启动参数自整定过程，观察参数自整定的效果。

## A.32  用 PLC 控制变频器的实验

**1．实验目的**

熟悉用 PLC 控制变频器的硬件接线、参数设置、编程和调试的方法。

**2．实验内容**

按图 8-27 连接 S7-200 和 V20 的接线，做实验时可以不接 7 段显示器。连接好变频器的 3 相电源线和与电动机的主线。按表 8-3 用基本操作面板设置变频器的参数（见 8.3.1 节）。

将 8.3.1 节的程序输入到主程序中，下载后将 PLC 切换到 RUN 模式。用外接的小开关模拟加段号按钮和减段号按钮，观察 MB10 中和 Q0.4～Q0.6 指示的段号是否正确，BOP 显示的频率值是否与表 8-4 中的频率值相符；段号为 0 时，电动机是否停转。

### A.33　触摸屏的组态与通信实验

**1. 实验目的**

熟悉触摸屏 Smart 700 IE 与 PLC 通过 RS-485 端口通信的方法。

**2. 实验内容**

1）输入图 8-31a 中的梯形图，按图 8-31b 定义符号，将程序下载到 S7-200 中。

2）生成一个 WinCC flexible 的项目，HMI 的型号为 Smart 700 IE。按 8.4.2 节的要求组态连接。按 8.4.3 和 8.4.4 节的要求，组态 HMI 的画面。

3）按 8.4.5 节的要求，用 Smart 700 IE 的控制面板设置触摸屏的参数。

4）按 8.4.6 节的要求，设置通信的参数，用以太网将组态的项目（或例程"\HMI 例程"）的项目文件下载到触摸屏中。

5）连接 S7-200 和 Smart 700 IE 的 RS-485 端口，接通它们的电源，令 PLC 运行在 RUN 模式。HMI 显示出画面后，观察是否能用画面上的按钮控制 PLC 的 Q0.0，使画面上的指示灯的状态变化。观察画面上 T37 的当前值是否正常变化，是否能用画面上的 IO 域修改 T37 的预设值。

# 附录 B　常用特殊存储器位

特殊存储器位提供了大量的状态信息和控制功能，用来在 CPU 和用户程序之间交换信息。在编程软件的帮助窗口的"目录"选项卡的"SM 特殊存储区赋值和功能"文件夹中，列出了所有特殊存储器的帮助信息。对常用的特殊存储器位的描述见表 B-1。

表 B-1　对常用的特殊存储器位的描述

| SM 位 | 描　述 |
|---|---|
| SM0.0 | 始终为 ON |
| SM0.1 | 仅在首次扫描时为 ON，可以用于初始化 |
| SM0.2 | 断电保存的数据丢失时，该位将 ON 一个扫描周期 |
| SM0.3 | 上电进入 RUN 模式时，该位将 ON 一个扫描周期 |
| SM0.4 | 提供 ON/OFF 各 30s、周期为 1min 的时钟脉冲 |
| SM0.5 | 提供 ON/OFF 各 0.5s、周期为 1s 的时钟脉冲 |
| SM0.6 | 扫描周期时钟。本次扫描为 ON，下次扫描为 OFF，可以用做扫描计数器的输入 |
| SM0.7 | 模式开关在 RUN 位置为 ON，在 TERM 位置为 OFF |
| SM1.0 | 零标志，执行某些指令的结果为 0 时，该位为 ON |
| SM1.1 | 错误标志，执行某些指令的结果溢出或数值非法时，该位为 ON |
| SM1.2 | 负数标志。数学运算的结果为负时，该位为 ON |
| SM1.3 | 试图除以 0 时，该位为 ON |

（续）

| SM 位 | 描　　述 |
|---|---|
| SM1.4 | 执行填表指令 ATT 超出表的范围时，该位为 ON |
| SM1.5 | LIFO 或 FIFO 指令试图从空表读取数据时，该位为 ON |
| SM1.6 | 试图将非 BCD 数值转换为二进制数值时，该位为 ON |
| SM1.7 | 不能将 ASCII 码转换为有效的十六进制数值时，该位为 ON |

# 附录 C　S7-200 指令表索引

指令表索引见表 C-1。

表 C-1　指令表索引

| 指 令 种 类 | 表格编号 | 页数 | 指 令 种 类 | 表格编号 | 页数 |
|---|---|---|---|---|---|
| 标准触点指令 | 表 3-4 | 59 | 时钟指令 | 表 6-6 | 123 |
| 与堆栈有关的指令 | 表 3-5 | 60 | 数学运算指令 | 表 6-7 | 124 |
| 立即触点指令 | 表 3-6 | 63 | 递增与递减指令 | 表 6-8 | 126 |
| 输出类指令 | 表 3-7 | 63 | 浮点数函数运算指令 | 表 6-9 | 126 |
| 其他位逻辑指令 | 表 3-8 | 65 | 逻辑运算指令 | 表 6-10 | 127 |
| 定时器与计数器指令 | 表 3-10 | 66 | 程序控制指令 | 表 6-11 | 131 |
| 顺序控制继电器（SCR）指令 | 表 5-1 | 100 | 中断指令 | 表 6-13 | 139 |
| 比较指令 | 表 6-1 | 116 | 高速计数器与高速输出指令 | 表 6-16 | 145 |
| 传送指令 | 表 6-2 | 117 | 字符、字符串与数据转换指令 | 表 6-17 | 150 |
| 移位与循环移位指令 | 表 6-3 | 118 | 字符串指令 | 表 6-18 | 151 |
| 数据转换指令 | 表 6-4 | 119 | 通信指令 | 表 7-4 | 164 |
| 表格指令 | 表 6-5 | 121 | | | |

# 附录 D　例程清单

本书配套的例程可以在金书网的下载中心搜索书名后下载。

入门例程.mwp
位逻辑指令.mwp
定时器应用.mwp
计数器应用.mwp
定时器计数器应用.mwp
小车自动往返控制.mwp
自耦降压起动.mwp
使用 SR 指令的运输带控制程序.mwp
使用 SR 指令的小车控制程序.mwp
使用 SR 指令的复杂的顺控程序.mwp
使用 SR 指令的液体混合控制程序.mwp

使用 SR 指令的交通灯控制程序.mwp

使用 SR 指令的 3 运输带控制程序.mwp

使用 SCR 指令的运输带控制程序.mwp

使用 SCR 指令的复杂的顺控程序.mwp

使用 SCR 指令的剪板机控制程序.mwp

机械手控制.mwp

比较指令与传送指令

移位指令与彩灯控制程序.mwp

使用 SR 指令的 10 位彩灯左移程序.mwp

数据转换指令.mwp

表格指令.mwp

实时时钟指令.mwp

数学运算指令.mwp

逻辑运算指令.mwp

跳转指令.mwp

程序控制指令.mwp

子程序调用.mwp

I/O 中断程序.mwp

定时中断程序.mwp

T32 中断程序.mwp

高速输入高速输出.mwp

字符串指令.mwp

网络读写指令通信主站.mwp

网络读写指令通信从站.mwp

PID 闭环控制.mwp

PID 参数自整定.mwp

变频器多段速控制.mwp

变频_工频切换控制.mwp

HMI 例程.mwp

\HMI 例程：WinCC flexible 的项目文件

# 参 考 文 献

[1] SIEMENS AG. S7-200CN 可编程序控制器产品样本. 2013.

[2] SIEMENS AG. S7-200 可编程序控制器系统手册. 2008.

[3] SIEMENS AG. S7-200 system manual. 2008.

[4] SIEMENS AG. Smart 700 IE、Smart 1000 IE 操作说明. 2012.

[5] SIEMENS AG. Smart 700 IE、Smart 1000 IE 样本. 2012.

[6] SIEMENS AG. SINAMICS V20 变频器操作说明. 2013.

[7] 廖常初. PLC 编程及应用[M]. 4 版. 北京：机械工业出版社，2013.

[8] 廖常初. S7-200 PLC 编程及应用[M]. 2 版. 北京：机械工业出版社，2013.

[9] 廖常初. S7-200 SMART PLC 编程及应用 [M]. 2 版. 北京：机械工业出版社，2014.

[10] 廖常初. S7-300/400 PLC 应用技术[M]. 3 版. 北京：机械工业出版社，2012.

[11] 廖常初. 跟我动手学 S7-300/400 PLC[M]. 北京：机械工业出版社，2010.

[12] 廖常初，陈晓东. 西门子人机界面（触摸屏）组态与应用技术[M]. 2 版. 北京：机械工业出版社，2008.

[13] 廖常初. S7-1200 PLC 编程及应用[M]. 2 版. 北京：机械工业出版社，2010.

[14] 廖常初，祖正容. 西门子工业网络的组态编程与故障诊断[M]. 北京：机械工业出版社，2009.

[15] 廖常初. PLC 基础及应用[M]. 3 版. 北京：机械工业出版社，2014.

[16] 廖常初. 跟我动手学 FX 系列 PLC[M]. 北京：机械工业出版社，2012.

[17] 廖常初. FX 系列 PLC 编程及应用[M]. 2 版. 北京：机械工业出版社，2012.

[18] 廖常初. PLC 应用技术问答 [M]. 北京：机械工业出版社，2006.

[19] 中华人民共和国国家标准 电气制图 [S]. 北京：中国标准出版社，1986.

# 精品教材推荐

## 计算机电路基础

书号：ISBN 978-7-111-35933-3

定价：31.00 元　　作者：张志良

**推荐简言：**

　　本书内容安排合理、难度适中，有利于教师讲课和学生学习，配有《计算机电路基础学习指导与习题解答》。

## 高级维修电工实训教程

书号：ISBN 978-7-111-34092-8

定价：29.00 元　　作者：张静之

**推荐简言：**

　　本书细化操作步骤，配合图片和照片一步一步进行实训操作的分析，说明操作方法；采用理论与实训相结合的一体化形式。

## 汽车电工电子技术基础

书号：ISBN 978-7-111-34109-3

定价：32.00 元　　作者：罗富坤

**推荐简言：**

　　本书注重实用技术，突出电工电子基本知识和技能。与现代汽车电子控制技术紧密相连，重难点突出。每一章节实训与理论紧密结合，实训项目设置合理，有助于学生加深理论知识的理解和对基本技能掌握。

## 单片机应用技术学程

书号：ISBN 978-7-111-33054-7

定价：21.00 元　　作者：徐江海

**推荐简言：**

　　本书是开展单片机工作过程行动导向教学过程中学生使用的学材，它是根据教学情景划分的工学结合的课程，每个教学情景实施通过几个学习任务实现。

## 数字平板电视技术

书号：ISBN 978-7-111-33394-4

定价：38.00 元　　作者：朱胜泉

**推荐简言：**

　　本书全面介绍了平板电视的屏、电视驱动板、电源和软件，提供有习题和实训指导，实训的机型，使学生真正掌握一种液晶电视机的维修方法与技巧，全面和系统介绍了液晶电视机内主要电路板和屏的代换方法，以面对实用性人才为读者对象。

## 电力电子技术　第2版

书号：ISBN 978-7-111-29255-5

定价：26.00 元　　作者：周渊深

**获奖情况：**普通高等教育"十一五"国家级规划教材

**推荐简言：**

　　本书内容全面，涵盖了理论教学、实践教学等多个教学环节。实践性强，提供了典型电路的仿真和实验波形。体系新颖，提供了与理论分析相对应的仿真实验和实物实验波形，有利于加强学生的感性认识。

## EDA 技术基础与应用

书号：ISBN 978-7-111-33132-2

定价：32.00 元　　作者：郭勇

推荐简言：

　　本书内容先进，按项目设计的实际步骤进行编排，可操作性强，配备大量实验和项目实训内容，供教师在教学中选用。

## 电子测量仪器应用

书号：ISBN 978-7-111-33080-6

定价：19.00 元　　作者：周友兵

推荐简言：

　　本书采用"工学结合"的方式，基于工作过程系统化；遵循"行动导向"教学范式；便于实施项目化教学；淡化理论，注重实践；以企业的真实工作任务为授课内容；以职业技能培养为目标。

## 高频电子技术

书号：ISBN 978-7-111-35374-4

定价：31.00 元　　作者：郭兵 唐志凌

推荐简言：

　　本书突出专业知识的实用性、综合性和先进性，通过学习本课程，使读者能迅速掌握高频电子电路的基本工作原理、基本分析方法和基本单元电路以及相关典型技术的应用，具备高频电子电路的设计和测试能力。

## 单片机技术与应用

书号：ISBN 978-7-111-32301-3

定价：25.00 元　　作者：刘松

推荐简言：

　　本书以制作产品为目标，通过模块项目训练，以实践训练培养学生面向过程的程序的阅读分析能力和编写能力为重点，注重培养学生把技能应用于实践的能力。构建模块化、组合型、进阶式能力训练体系。

## Verilog HDL 与 CPLD/FPGA 项目开发教程

书号：ISBN 978-7-111-31365-6

定价：25.00 元　　作者：聂章龙

获奖情况：高职高专计算机类优秀教材

推荐简言：

　　本书内容的选取是以培养从事嵌入式产品设计、开发、综合调试和维护人员所必须的技能为目标，可以掌握 CPLD/FPGA 的基础知识和基本技能，锻炼学生实际运用硬件编程语言进行编程的能力，本书融理论和实践于一体，集教学内容与实验内容于一体。

## 电子信息技术专业英语

书号：ISBN 978-7-111-32141-5

定价：18.00 元　　作者：张福强

推荐简言：

　　本书突出专业英语的知识体系和技能，有针对性地讲解英语的特点等。再配以适当的原版专业文章对前述的知识和技能进行针对性联系和巩固。实用文体写作给出范文。以附录的形式给出电子信息专业经常会遇到的术语、符号。